高等职业本科院校自动化类专业系列教材
高等职业教育自动化类应用型人才培养实用教材

# 自动控制原理及其应用

主　编　王晶晶　尹　祀　王　宁
副主编　徐　腾　杨远芳　刘赛军　胡　帅

西南交通大学出版社
·成　都·

图书在版编目（CIP）数据

自动控制原理及其应用 / 王晶晶，尹昶，王宁主编
. —成都：西南交通大学出版社，2023.8（2025.7 重印）
高等职业本科院校自动化类专业系列教材 高等职业教育自动化类应用型人才培养实用教材
ISBN 978-7-5643-9470-7

Ⅰ. ①自… Ⅱ. ①王… ②尹… ③王… Ⅲ. ①自动控制理论－高等职业教育－教材 Ⅳ. ①TP13

中国国家版本馆 CIP 数据核字（2023）第 157309 号

高等职业本科院校自动化类专业系列教材
高等职业教育自动化类应用型人才培养实用教材

Zidong Kongzhi Yuanli ji Qi Yingyong
**自动控制原理及其应用**

**主　编**／王晶晶　尹　昶　王　宁

责任编辑／穆　丰
封面设计／何东琳设计工作室

西南交通大学出版社出版发行
（四川省成都市金牛区二环路北一段 111 号西南交通大学创新大厦 21 楼　610031）
发行部电话：028-87600564　028-87600533
网址：http://www.xnjdcbs.com
印刷：四川煤田地质制图印务有限责任公司

成品尺寸　185 mm × 260 mm
印张　14.25　　字数　354 千
版次　2023 年 8 月第 1 版　　印次　2025 年 7 月第 2 次

书号　ISBN 978-7-5643-9470-7
定价　45.00 元

课件咨询电话：028-81435775

# 前言

二十世纪以来，人类科技快速进步，我们已经进入了电子化、自动化、信息化时代。其中，自动控制技术（Automatic Control）作为 C3I（指挥自动化技术系统）中的重要一员，起着举足轻重的作用，在工业、农业自动化，航空、航天等领域应用十分广泛。

本书是全国首批本科职业教育试点高校——重庆机电职业技术大学按照职业本科教育新理念编写而成。从选择教材的贴合度来看，普通本科院校编写的自动控制原理教材内容偏重理论，深度也较深，不太适合职业本科学生教学。本书的编写初衷是，在首批职业本科教学经验基础上，为学习自动控制原理的职业本科学生提供一部满足职业本科教育需求且难易适中的理实一体化教材。

本书从职业本科学生的学习情况出发，结合经典控制理论的主要内容，确定了主要知识点，包括自动控制相关基本概念、自动控制系统的数学建模、线性定常系统的时域分析法、根轨迹方法、频域分析方法及系统综合校正等方面的知识，并且为顺应数字化时代的要求，讲解了离散控制系统相关知识。

为便于学生学习、理解，每章均配有一定的实际案例，让同学们能够学、做结合，充分理解掌握每章知识要点及基本分析方法；同时，每章均配有一定量的习题，以便于教学实践。

本书仅涉及经典控制理论相关问题，由于学时及篇幅有限，更进一步的现代控制理论相关内容未包含在本书之内。本书可作为电气、自动化及智能制造等控制类相关专业教材（教学建议 64 学时）。

本书由重庆机电职业技术大学组织编写，其中，第 1 章由王宁老师编写，第 2、3、4 章由王晶晶老师编写，第 5、6、7 章由尹昶老师编写，全书由王晶晶老师统稿，徐腾、杨远芳、刘赛军、胡帅参与部分内容编写。

由于编者水平有限，书中内容难免存在疏漏之处，敬请读者不吝指正。

编　者

2023 年 1 月

# 目录

第 1 章 概 述 …… 001

1.1 自动控制与自动控制系统 …… 001
1.2 自动控制系统的分类 …… 003
1.3 对控制系统性能的要求 …… 006
1.4 自动控制理论发展概述 …… 006
1.5 自动控制系统实例 …… 007
习 题 …… 012

第 2 章 控制系统的数学模型 …… 015

2.1 微分方程 …… 015
2.2 传递函数 …… 025
2.3 结构图与信号流图 …… 037
2.4 控制系统建模实例 …… 050
习 题 …… 052

第 3 章 时域分析法 …… 057

3.1 时域分析基础 …… 057
3.2 一阶系统的时域分析 …… 062
3.3 二阶系统的时域分析 …… 066
3.4 高阶系统的时域分析 …… 078
3.5 线性系统的稳定性分析 …… 082
3.6 线性系统的稳态误差分析 …… 089
3.7 实 例 …… 101
习 题 …… 103

第 4 章 根轨迹分析法 …… 108

4.1 根轨迹的基本概念 …… 108

4.2 根轨迹绘制的基本法则 …… 113
4.3 延迟系统的根轨迹 …… 125
4.4 广义根轨迹 …… 129
4.5 控制系统的根轨迹分析法 …… 136
4.6 实例 …… 140
习 题 …… 142

第 5 章 频域分析法 …… 144

5.1 频域特性基本概念 …… 144
5.2 奈奎斯特图 …… 146
5.3 伯德图 …… 150
5.4 奈奎斯特判据 …… 157
5.5 频域稳定裕度 …… 163
5.6 闭环频率特性 …… 168
5.7 案例分析 …… 169
习 题 …… 172

第 6 章 线性系统频域校正 …… 174

6.1 校正概述 …… 174
6.2 串联校正 …… 175
6.3 PID 校正 …… 182
6.4 其他校正方法简介 …… 189
6.5 案例分析 …… 190
习 题 …… 196

第 7 章 线性离散系统分析 …… 199

7.1 采样控制系统及采样定律 …… 199
7.2 $z$ 变换及其特性 …… 201
7.3 脉冲传递函数 …… 204
7.4 离散系统的稳定性分析与稳态误差 …… 209
7.5 离散系统的校正设计 …… 213
7.6 案例分析 …… 215
习 题 …… 218

参考文献 …… 221

# 第 1 章

# 概　述

## 1.1　自动控制与自动控制系统

在现代科学技术的众多领域中，自动控制技术起着越来越重要的作用。所谓自动控制，是指在没有人直接参与的情况下，利用外加的设备或装置（称为控制装置或控制器），使机器、设备或生产过程（统称为被控对象）的某个工作状态或参数（即被控量）自动地按照预定的规律运行。例如，数控车床按照预定程序自动地切削工件；化学反应炉的温度或压力自动地维持恒定；无人驾驶飞机按照预定航迹自动升降和飞行（见图 1-1-1）；人造卫星准确地进入预定轨道运行并回收等，这一切都是以应用高水平的自动控制技术为前提的。

图 1-1-1 无人驾驶的飞机

近几十年来，随着电子计算机技术的发展和应用，在宇宙航行、机器人控制、导弹制导以及核动力等高新技术领域中，自动控制技术更具有特别重要的作用。不仅如此，自动控制技术的应用范围现已扩展到生物、医学、环境、经济管理和其他许多社会生活领域中，自动控制已成为现代社会活动中不可缺少的重要组成部分。

用自动控制理论分析、设计自动控制系统的基本思想是将各种实际问题用微分方程等数学模型描述，然后用数学工具分析这些数学模型的特性，从而分析系统的性能，设计控制器的数学模型。

自动控制理论研究的对象是系统。人们在日常生活中会接触到很多系统，如经常提到的电力系统、计算机操作系统、文教系统、卫生系统等。事实上，系统是一个很广泛的概念，一部机器、一个生物体、一条生产线、一个电力网都是一个系统，一个企业、一个社会组织也是一个系统。

系统一词创成于英文 system 的音译，对英文内涵加以丰富。系统是指将零散的东西进行有序的整理、编排形成的具有整体性的整体。在数字信号处理的理论中，人们把能加工、变换数字信号的实体称作系统。由于处理数字信号的系统是在指定的时刻或时序对信号进行加工运算，所以这种系统被看作是离散时间的，也可以用基于时间的语言、表格、公式、波形四种方法来描述。从抽象的意义来说，系统和信号都可以看作是序列。但是，系统是加工信号的机构，这点与信号是不同的。人们研究系统并设计系统，利用系统加工信号，服务人类，因此还需要其他方法进一步描述。描述系统的方法还有符号、单位脉冲响应、差分方程和图形。中国著名科学家钱学森认为：系统是由相互作用相互依赖的若干组成部分结合而成的，具有特定功能的有机整体，而且这个有机整体又是它从属的更大系统的组成部分。即运动着的若干部分，在相互联系、相互作用之中组成的具有某种确定功能的整体，谓之系统。

为了实现各种复杂的控制任务，首先要将被控对象和控制装置按照一定的方式连接起来，组成一个有机总体，这就是自动控制系统。在自动控制系统中，被控对象的输出量即被控量是要求严格加以控制的物理量，它可以要求保持为某一恒定值，如温度、压力、液位等，也可以要求按照某个给定规律运行，如飞行航迹、记录曲线等；而控制装置则是对被控对象施加控制作用的机构的总体，它可以采用不同的原理和方式对被控对象进行控制，但最基本的一种是基于反馈控制原理组成的反馈控制系统。

在反馈控制系统中，控制装置对被控对象施加的控制作用，是取自被控量的反馈信息，用来不断修正被控量与输入量之间的偏差，从而实现对被控对象进行控制的任务，这就是反馈控制的原理。

其实，人的一切活动都体现出反馈控制的原理，人本身就是一个具有高度复杂控制能力的反馈控制系统。例如，人用手拿取桌上的书，汽车司机操纵方向盘驾驶汽车沿公路平稳行驶等，这些日常生活中习以为常的平凡动作都渗透着反馈控制的深奥原理。

通常，我们把取出输出量送回到输入端，并与输入信号相比较产生偏差信号的过程，称为反馈。若反馈的信号是与输入信号相减，使产生的偏差越来越小，则称为负反馈；反之，则称为正反馈。反馈控制就是采用负反馈并利用偏差进行控制的过程，而且由于引入了被控量的反馈信息，整个控制过程成为闭合过程，因此反馈控制也称为闭环控制。

在工程实践中，为了实现对被控对象的反馈控制，系统必须配置类似具有人的眼睛、大脑和手臂功能的设备，以便用来对被控量进行连续地测量、反馈和比较，并按偏差进行控制。这些设备依其功能分别称为测量元件、比较元件和执行元件，并统称为控制装置。

反馈控制系统是由各种结构不同的元部件组成的。从完成“自动控制”这一职能来看，一个系统必然包含被控对象和控制装置两大部分，而控制装置是由具有一定职能的各种基本元件组成的。在不同系统中，结构完全不同的元部件却可以具有相同的职能，因此，将组成系统的元部件按职能划分，主要有以下几种分类：

测量元件：其职能是检测被控制的物理量，如果这个物理量是非电量，一般要转换为电量。例如，测速发电机用于检测电动机轴的速度并转换为电压；电位器、旋转变压器或自整角机用于检测角度并转换为电压；热电偶用于检测温度并转换为电压等。

给定元件：其职能是给出与期望的被控量相对应的系统输入量（即参据量）。

比较元件：其职能是把测量元件检测的被控量实际值与给定元件给出的参据量进行比较，求出它们之间的偏差。常用的比较元件有差动放大器、机械差动装置、电桥电路等。

放大元件：其职能是将比较元件给出的偏差信号进行放大，用来推动执行元件去控制被控对象。电压偏差信号可用集成电路、晶闸管等组成的电压放大级和功率放大级加以放大。

执行元件：其职能是直接推动被控对象，使其被控量发生变化。用来作为执行元件的有阀、电动机、液压马达等。

校正元件：也叫补偿元件，它是结构或参数便于调整的元部件，用串联或反馈的方式连接在系统中，以改善系统的性能。最简单的校正元件是由电阻、电容组成的无源或有源网络，复杂的则用电子计算机。

## 1.2 自动控制系统的分类

自动控制系统有多种分类方法。例如，按控制方式可分为开环控制、反馈控制、复合控制等；按元件类型可分为机械系统、电气系统、机电系统、液压系统、气动系统、生物系统等；按系统功用可分为温度控制系统、压力控制系统、位置控制系统等；按系统性能可分为线性系统和非线性系统、连续系统和离散系统、定常系统和时变系统、确定性系统和不确定性系统等；按参据量变化规律又可分为恒值控制系统、随动系统和程序控制系统等。一般，为了全面反映自动控制系统的特点，常常将上述各种分类方法组合应用。

### 1.2.1 按信号流向分类

1. 开环控制系统

该系统信号由输入端到输出端单向流动，如图 1-2-1 所示。

图 1-2-1　开环控制系统

2. 闭环控制系统

若控制系统中除从输入端到输出端外的信号，还有输出到输入的反馈信号，则构成闭环控制系统，也称为反馈控制系统，如图 1-2-2 所示。

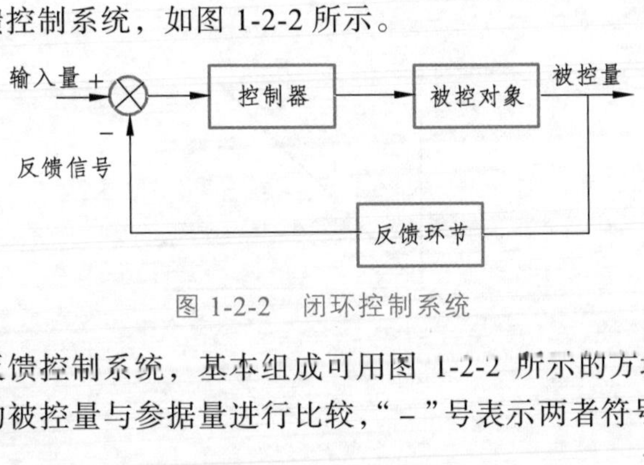


图 1-2-2　闭环控制系统

这是一个典型的反馈控制系统，基本组成可用图 1-2-2 所示的方块图表示。图中，主反馈将测量元件检测到的被控量与参据量进行比较，“－”号表示两者符号相反，即负反馈；“＋”

号表示两者符号相同，即正反馈。信号从输入端沿箭头方向到达输出端的传输通路称为前向通路，系统输出量经测量元件反馈到输入端的传输通路称为主反馈通路，前向通路与主反馈通路共同构成主回路。此外，还有局部反馈通路以及由它构成的内回路。只包含一个主反馈通路的系统称为单回路系统；有两个或两个以上反馈通路的系统称为多回路系统。

一般来说，加到反馈控制系统上的外作用有两种类型，一种是有用输入，一种是扰动。有用输入决定系统被控量的变化规律，如参据量；而扰动是系统不希望有的外作用，它破坏有用输入对系统的控制。在实际系统中，扰动总是不可避免的，而且它可以作用于系统中的任何元部件上，也可能一个系统同时受到几种扰动作用。电源电压的波动，环境温度、压力以及负载的变化，飞行中气流的冲击，航海中的波浪等，都是现实中存在的扰动。

### 1.2.2 按系统输入信号分类

#### 1. 恒值调节系统（自动调节系统）

这种系统的特征是输入量为一个恒值，通常称为系统的给定值。控制系统的任务是尽量排除各种干扰因素的影响，使输出量维持在给定值（期望值）。如工业过程中恒温、恒压、恒速等控制系统。

#### 2. 随动系统（跟踪系统）

该系统的控制输入量是一个事先无法确定的任意变化的量，要求系统的输出量能迅速平稳地复现或跟踪输入信号的变化。如雷达天线的自动跟踪系统和高炮自动瞄准系统就是典型的随动系统。

#### 3. 程序控制系统

系统的控制输入信号不是常值，而是事先确定的具有运动规律的变量，编成程序装在输入装置中，即控制输入信号是事先确定的程序信号，控制的目的是使被控对象的被控量按照要求的程序动作。如数控机床就属于此类系统。

### 1.2.3 线性系统和非线性系统

#### 1. 线性系统

线性系统组成系统元器件的特性均为线性的（见图 1-2-3），可用一个或一组线性微分方程来描述系统输入和输出之间关系。线性系统的主要特征是具有齐次性和叠加性。

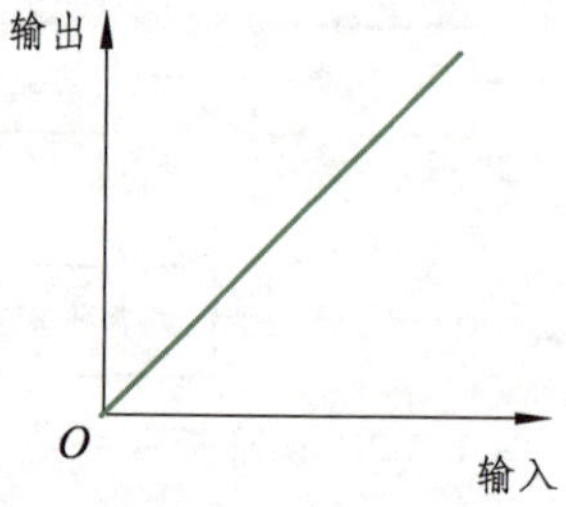


图 1-2-3　线性系统

### 2. 非线性系统

系统中只要有一个元部件的输入-输出特性是非线性的（见图 1-2-4），这类系统就称为非线性控制系统。这时，要用非线性微分（或差分）方程描述其特性。

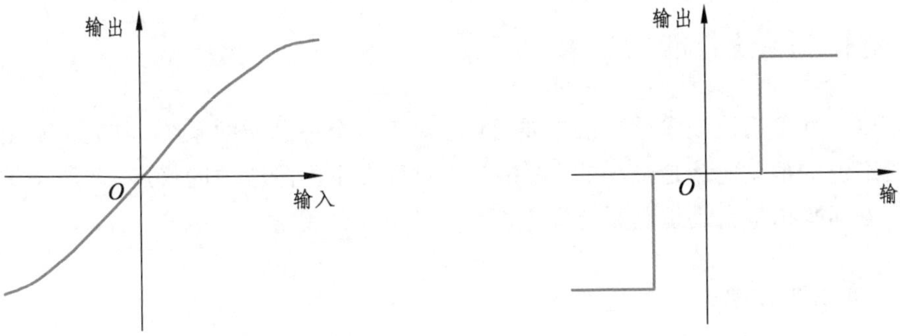


图 1-2-4　非线性系统

严格地说，实际物理系统中都含有程度不同的非线性元部件，如放大器和电磁元件的饱和特性，运动部件的死区、间隙和摩擦特性等。由于非线性方程在数学处理上较困难，目前对于不同类型的非线性控制系统的研究还没有统一的方法。但对于非线性程度不太严重的元部件，可采用在一定范围内线性化的方法，从而将非线性控制系统近似为线性控制系统。

线性系统的主要特征是满足叠加原理。即当输入信号分别为 $r_1(t)$ 、$r_2(t)$ 时，系统的输出分别为 $c_1(t)$ 、$c_2(t)$ ，如果输入信号满足 $ar_1(t)+br_2(t)$ ，则系统的输出为 $ac_1(t)+bc_2(t)$ 。其中，系数 $a$ 、$b$ 可以是常数，也可以是时变参数 $a(t)$ 、$b(t)$ 。这样的系统称为线性系统，否则称为非线性系统。

由于线性系统的理论比较成熟，特别是线性定常系统，可以方便地用于系统的分析与设计，因此本书主要研究和讨论的是线性定常系统。

## 1.2.4　连续系统和离散系统

### 1. 连续系统

连续系统是指系统中所有元件的信号都是随时间连续变化的，信号的大小均是可任意取值的模拟量。

### 2. 离散系统

离散系统是指系统中有一处或多处的信号是脉冲序列或数码。若系统中采用了采样开关，将连续信号转变为离散的脉冲形式的信号，此类系统称为采样控制系统或脉冲控制系统。若采用数字计算机或数字控制器，其离散信号是以数码形式传递的，则此类系统称为数字控制系统。

## 1.2.5　单输入单输出系统与多输入多输出系统

### 1. 单输入单输出系统（单变量系统）

系统的输入量和输出量各为一个的系统，称为单输入单输出系统。

2. 多输入多输出系统（多变量系统）

若系统的输入量和输出量多于一个的系统，称为多输入多输出系统。对于线性多输入多输出系统，系统的任何一个输出等于数个输入单独作用下输出的叠加。

## 1.3 对控制系统性能的要求

控制精度是衡量系统技术性能的重要尺度。对于一个高品质的系统，在整个运行过程中，被控量对给定值的偏差应该是最小的。考虑动态过程在不同阶段中的特点，工程上通常从稳、准、快三个方面来衡量自动控制系统。

### 1.3.1 稳定性（稳）

稳定工作是对所有自动控制系统的最基本要求，是系统能否工作的前提。不稳定的系统根本无法完成控制任务。考虑到实际系统工作环境或参数的变动可能导致系统不稳定，因此，我们除要求系统稳定外，还要求其具有一定的稳定裕量。

### 1.3.2 稳态精度（准）

稳态精度是指系统过渡到新的平衡工作状态以后，或系统对抗干扰重新恢复平衡后，最终保持的精度。稳态精度与控制系统的结构、参数及输入信号形式有关。

### 1.3.3 动态过程（快）

动态过程是指控制系统的被控量在输入信号作用下随时间变化的全过程，衡量动态过程的品质好坏常采用单位阶跃信号作用下过渡过程中的超调量、过渡过程时间等性能指标来衡量。

## 1.4 自动控制理论发展概述

自动控制科学是研究自动控制共同规律的技术科学，它的诞生与发展源于自动控制技术的应用。

最早的自动控制技术的应用可以追溯到公元前我国古代的自动计时器和漏壶指南车，而自动控制技术的广泛应用则开始于欧洲工业革命时期。英国人瓦特在发明蒸汽机的同时，应用反馈原理，于1788年发明了离心式调速器。当负载或蒸汽供给量发生变化时，离心式调速器能够自动调节进气阀门的开度，从而控制蒸汽机的转速。1868年，以离心式调速器为背景，物理学家麦克斯韦尔研究了反馈系统的稳定性问题，发表了《论调速器》论文。随后，源于物理学和数学的自动控制原理开始逐步形成。1892年，俄国学者李雅普诺夫发表了《论运动稳定性的一般问题》的博士论文，提出了李雅普诺夫稳定性理论。20世纪初，PID（比例-积分-微分）控制器出现，并获得广泛应用。

1927 年，为了使广泛应用的电子管在其性能发生较大变化的情况下仍能正常工作，反馈放大器正式诞生。从而确立了“反馈”在自动控制技术中的核心地位，并且有关系统稳定性和性能品质分析的大量研究成果也应运而生。

20 世纪 40 年代是系统和控制思想空前活跃的年代，1945 年贝塔朗菲提出了《系统论》，1948 年维纳提出了著名的《控制论》，至此形成了完整的控制理论体系——以传递函数为基础的经典控制理论，主要研究单输入单输出、线性定常系统的分析和设计问题。

20 世纪 50~60 年代，人类开始探索太空。1957 年，苏联成功发射了第一颗人造地球卫星，1968 年，美国阿波罗飞船成功登上月球。在这些举世瞩目的成功中，自动控制技术起着不可磨灭的作用，也因此催生了 20 世纪 60 年代第二代控制理论——现代控制理论，其中包括以状态为基础的状态空间法、贝尔曼的动态规划法和庞特里亚金的极小值原理，以及卡尔曼滤波器。

现代控制理论主要研究具有高性能、高精度和多耦合回路的多变量系统的分析和设计问题。从 20 世纪 70 年代开始，随着计算机技术的不断发展，出现了许多以计算机控制为代表的自动化技术，如可编程控制器和工业机器人，自动化技术发生了根本性的变化，其相应的自动控制科学研究也出现了许多分支，如自适应控制，混杂控制，模糊控制，以及神经网络控制等。此外，控制论的概念、原理和方法还被用来处理社会、经济、人口和环境等复杂系统的分析与控制，形成了经济控制论和人口控制论等学科分支。目前，控制理论还在继续发展，正朝向以控制论、信息论和仿生学为基础的智能控制理论深入。

然而，纵观百余年自动控制科学与技术的发展，反馈控制理论与技术占据了极其重要的地位。

## 1.5 自动控制系统实例

### 1.5.1 函数记录仪

函数记录仪是一种通用的自动记录仪，它可以在直角坐标上自动描绘两个电量的函数关系。同时，记录仪还带有走纸机构，用以描绘一个电量对时间的函数关系。

函数记录仪通常由衰减器、测量元件、放大元件、伺服电动机、测速机组、齿轮系及绳轮等组成，采用负反馈控制原理工作，其原理如图 1-5-1 所示。系统的输入是待记录电压，被控对象是记录笔，其位移即为被控量。系统的任务是控制记录笔位移，在记录纸上描绘出待记录的电压曲线。

在图 1-5-1 中，测量元件是由电位器 $R_Q$ 和 $R_M$ 组成的桥式测量电路，记录笔就固定在电位器 $R_M$ 的滑臂上，因此，测量电路的输出电压 $u_p$ 与记录笔位移成正比。当有缓慢变化的输入电压 $U_r$ 时，在放大元件输入口得到偏差电压 $\Delta u = u_r - u_p$，经放大后驱动伺服电动机，并通过齿轮系及绳轮带动记录笔移动，同时使偏差电压减小。当偏差电压 $\Delta u = 0$ 时，电动机停止转动，记录笔也静止不动，此时 $u_p = u_r$，表明记录笔位移与输入电压相对应。如果输入电压随时间连续变化，记录笔便描绘出随时间连续变化的相应曲线。函数记录仪方块图如图 1-5-1 所示，图中测速发电机反馈与电动机速度成正比的电压，用以增加阻尼，改善系统性能。

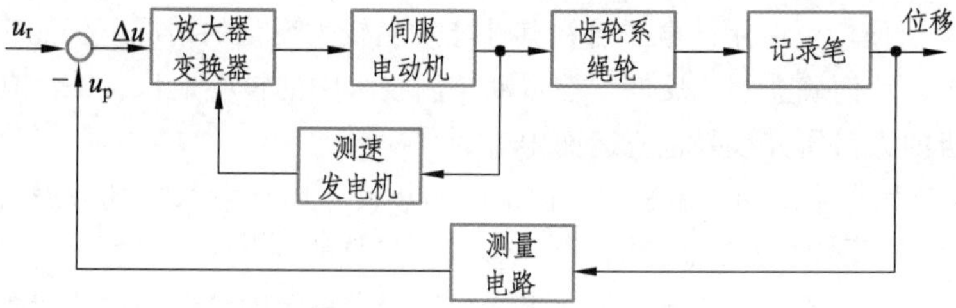


图 1-5-1　函数记录仪方块图

### 1.5.2　飞机-自动驾驶仪系统

飞机自动驾驶仪是一种能保持或改变飞机飞行状态的自动装置。它可以稳定飞行的姿态、高度和航迹，可以操纵飞机爬高、下滑和转弯。飞机与自动驾驶仪组成的自动控制系统称为飞机-自动驾驶仪系统。

如同飞行员操纵飞机一样，自动驾驶仪控制飞机飞行是通过控制飞机的三个操纵面（升降舵、方向舵、副翼）的偏转，改变舵面的空气动力特性，以形成围绕飞机质心的旋转转矩，从而改变飞机的飞行姿态和轨迹。现以比例式自动驾驶仪稳定飞机俯仰角为例，说明其工作原理。图 1-5-2 所示为飞机-自动驾驶仪系统稳定俯仰角的原理。

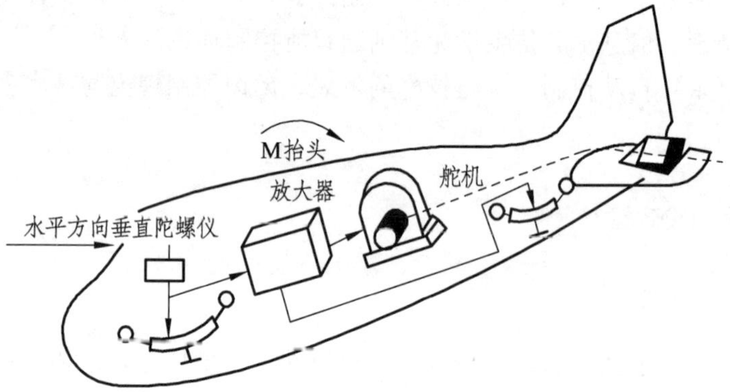


图 1-5-2　飞机-自动驾驶仪系统原理

图 1-5-2 中，垂直陀螺仪作为测量元件用以测量飞机的俯仰角，当飞机以给定俯仰角水平飞行时，陀螺仪电位器没有电压输出；如果飞机受到扰动，使俯仰角向下偏离期望值，陀螺仪电位器输出与俯仰角偏差成正比的信号，经放大器放大后驱动舵机，一方面推动升降舵面向上偏转，产生使飞机抬头的转矩，以减小俯仰角偏差，另一方面还带动反馈电位器滑臂，输出与舵偏角成正比的电压并反馈到输入端。随着俯仰角偏差的减小，陀螺仪电位器输出信号越来越小，舵偏角也随之减小，直到俯仰角回到期望值，这时，舵面也恢复到原来状态。

图 1-5-3 所示为飞机-自动驾驶仪系统稳定俯仰角的系统方块图。图中，飞机是被控对象，俯仰角 $\theta$ 是被控量，放大器、舵机、垂直陀螺仪、反馈电位器等是控制装置，即自动驾驶仪。参据量是给定的常值俯仰角，控制系统的任务就是在任何扰动（如阵风或气流冲击）作用下，始终保持飞机以给定俯仰角飞行。

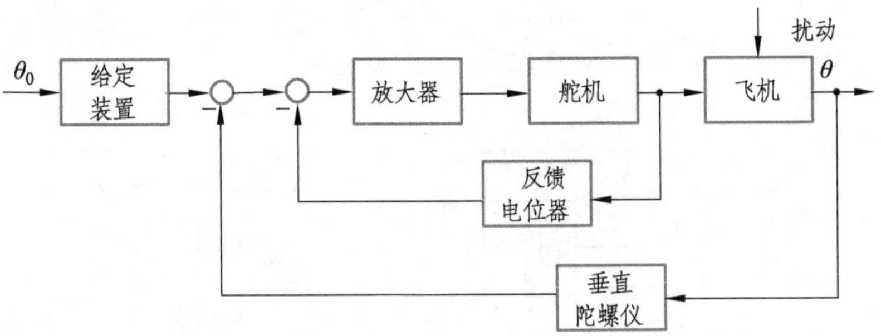


图 1-5-3　俯仰角控制系统方块图

### 1.5.3　电阻炉微型计算机温度控制系统

用于工业生产中炉温控制的微型计算机控制系统，具有精度高、功能强、经济性好、无噪声、显示醒目、读数直观、打印存档方便、操作简单、灵活性和适应性好等一系列优点。用微型计算机控制系统代替模拟式控制系统是今后工业过程控制的发展方向。图 1-5-4 所示为某工厂电阻炉微型计算机温度控制系统原理。图中，电阻丝通过晶闸管主电路加热，炉温期望值用计算机键盘预先设置，炉温实际值由热电偶检测，并转换成电压，经放大、滤波后，由 A/D 变换器将模拟量变换为数字量送入计算机，在计算机中与所设置的温度期望值比较后产生偏差信号，计算机便根据预定的控制算法（即控制规律）计算出相应的控制量，再经 D/A 变换器变换成电流，通过触发器控制晶闸管导通角，从而改变电阻丝中电流大小，达到控制炉温的目的。该系统既有精确的温度控制功能，还有实时屏幕显示和打印功能，以及超温、极值和电阻丝、热电偶损坏报警等功能。

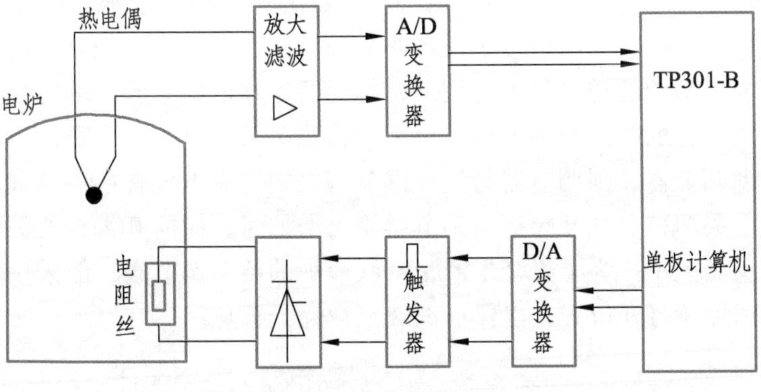


图 1-5-4　电阻炉温微机控制系统

### 1.5.4　锅炉液位控制系统

锅炉是电厂和化工厂里常见的生产蒸汽的设备。为了保证锅炉正常运行，需要维持锅炉液位为正常标准值。锅炉液位过低，易烧干锅而发生严重事故；锅炉液位过高，则易使蒸汽带水并有溢出危险。因此，必须通过调节器严格控制锅炉液位的高低，以保证锅炉正常安全地运行。常见的锅炉液位控制系统示意图如图 1-5-5 所示。

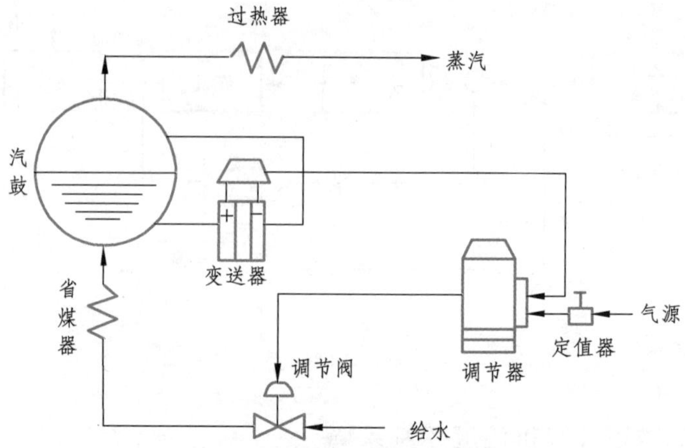


图 1-5-5　锅炉液位控制系统示意图

当蒸汽的耗汽量与锅炉进水量相等时，液位保持为正常标准值。当锅炉的给水量不变，而蒸汽负荷突然增加或减少时，液位就会下降或上升；或者，当蒸汽负荷不变，而给水管道水压发生变化时，引起锅炉液位发生变化。不论出现哪种情况，只要实际液位高度与正常给定液位之间出现了偏差，调节器均应立即进行控制，去开大或关小给水阀门，使液位恢复到给定值。

图 1-5-6 所示为锅炉液位控制系统方块图。图中，锅炉为被控对象，其输出为被控参数液位，作用于锅炉上的扰动是指给水压力变化或蒸汽负荷变化等产生的内外扰动；测量变送器为差压变送器，用来测量锅炉液位，并转变为一定的信号输至调节器；调节器是锅炉液位控制系统中的控制器，有电动、气动等形式，在调节器内将测量液位与给定液位进行比较，得出偏差值，然后根据偏差情况按一定的控制律[如比例（P）、比例-积分（PI）、比例-积分-微分（PID）等]发出相应的输出信号去推动调节阀动作；调节阀在控制系统中起执行元件作用，根据控制信号对锅炉的进水量进行调节，阀门的运动取决于阀门的特性，有的阀门与输入信号呈正比变化，有的阀门与输入信号呈某种曲线关系变化。大多数调节阀为气动薄膜调节阀，若采用电动调节器，则调节器与气动调节阀之间应有电气转换器。气动调节阀的气动阀门分为气开与气关两种。气开阀指当调节器输出增加时，阀门开大；气关阀指当调节器输出增加时，阀门反而关小。为了安全生产，蒸汽锅炉的给水调节阀一般采用气关阀，一旦发生断气现象，阀门保持打开位置，以保证汽鼓不被烧干损坏。

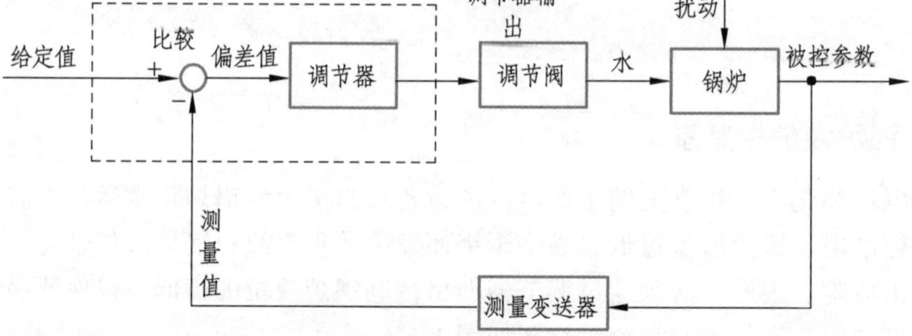


图 1-5-6　锅炉液位控制系统方块图

### 1.5.5 胰岛素注射控制系统

控制系统在生物医学领域已获得广泛应用，其中药物自动注射系统能对血压、血糖、心率等进行自动调节。健康人士的血糖和胰岛素浓度关系如图 1-5-7 所示。

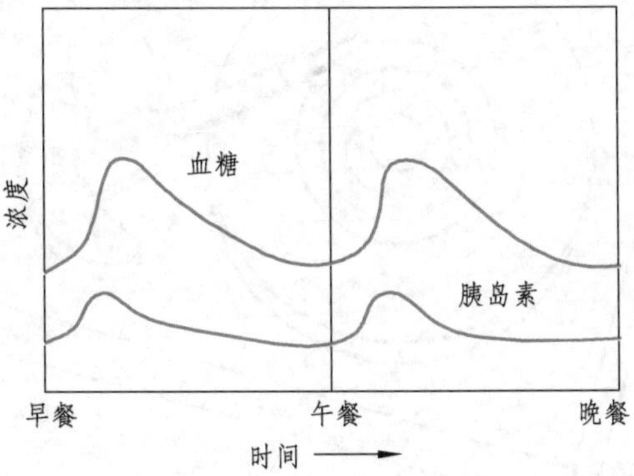


图 1-5-7　健康人士的血糖和胰岛素浓度关系

为了调节糖尿病人的血糖浓度，采用了控制血糖的胰岛素注射控制系统，如图 1-5-8 所示。图 1-5-8（a）所示为开环血糖控制系统，它根据糖尿病人当前一段时间的情况，利用可编程胰岛素注射器向糖尿病人注射剂量适中的胰岛素，使病人的血糖浓度逼近图 1-5-7 健康人士的血糖浓度；图 1-5-8（b）所示为闭环血糖控制系统，它采用了血糖测量传感器，将人体实际血糖浓度测量值与预期血糖浓度进行比较，并在必要时调整电机泵的阀门，以调节胰岛素的注射速度。

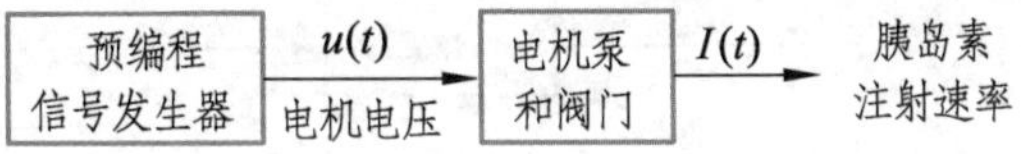


（a）血糖控制的开环系统（无反馈）

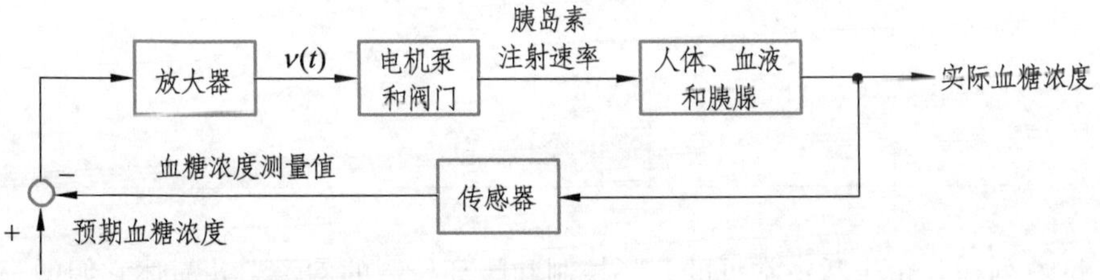


（b）血糖控制的闭环系统（有反馈）

图 1-5-8　胰岛素注射控制系统

### 1.5.6 磁盘驱动读取系统

磁盘驱动器广泛用于各类计算机中，是控制工程的一个重要应用实例。根据图 1-5-9 所示的磁盘驱动器结构示意图可知，磁盘驱动器读取装置的目标是将磁头准确定位，以便正确读取磁盘上磁道的信息，因此需要进行精确控制的变量是安装在滑动簧片上的磁头位置。磁盘旋转速度在 1 800~7 200 r/min，磁头位置精度要求为 1 μm，且磁头由磁道 a 移动到磁道 b 的时间应小于 50 ms。图 1-5-10 给出了该系统的初步方案，其闭环系统利用电机驱动磁头臂到达预期的位置。

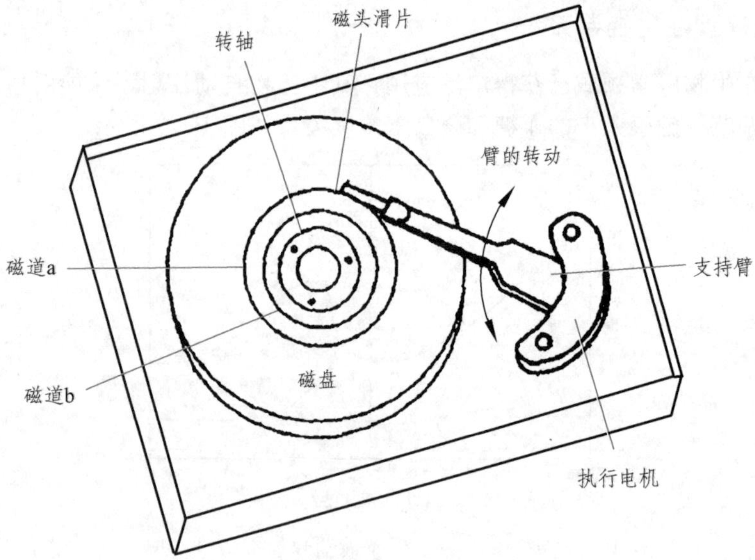


图 1-5-9　磁盘驱动器结构示意图

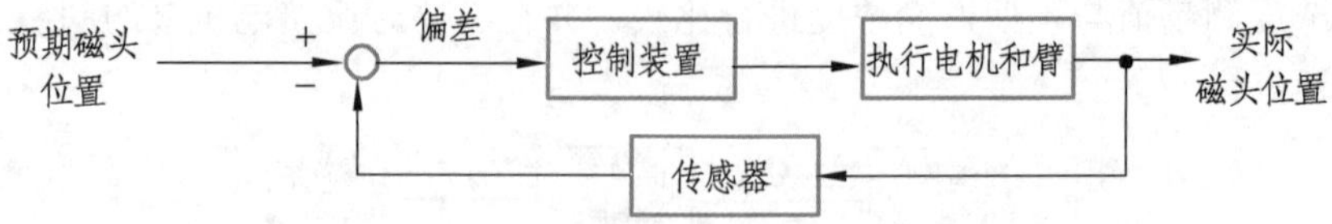


图 1-5-10　磁盘驱动读取系统初步方案

## 习　题

1-1　试着列举几个生活中常见的开环控制和闭环控制的例子，并简述它们的工作原理。

1-2　自动控制系统由哪些环节所组成，它们在控制中担负着什么样的功能？

1-3　闭环控制系统的工作原理是什么？

1-4　试着简述开环控制和闭环控制的优缺点。

1-5　对自动控制系统的基本要求是什么？试分析增大和减小放大元件增益对闭环控制系统性能的影响。

1-6　分析人从书架上取书的过程，讨论是开环控制还是闭环控制，并画出系统框图。

1-7　分析可调光台灯系统是开环控制还是闭环控制，并画出系统框图。

1-8　电动机速度控制系统如图 1-1 所示，分析系统过程，将 abcd 连接成负反馈状态并画出系统框图。

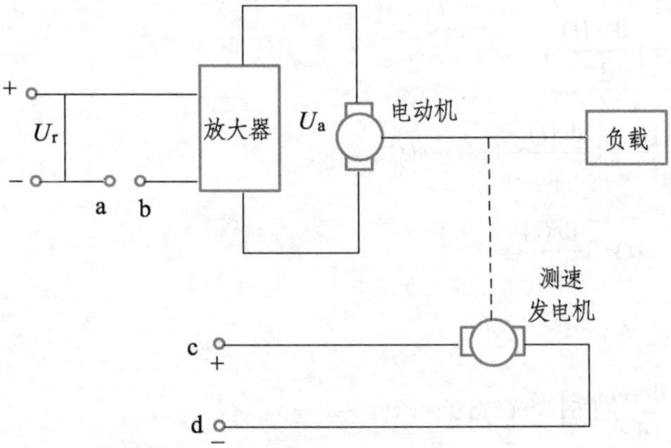


图 1-1 电动机速度控制系统

1-9 图 1-2 所示为自动液位控制系统，在任何情况下希望水箱中液体高度保持 $H_0$ 不变，请指出该系统中的控制对象、控制器、执行器、测量元件、被控量和干扰量，并画出系统方框图。

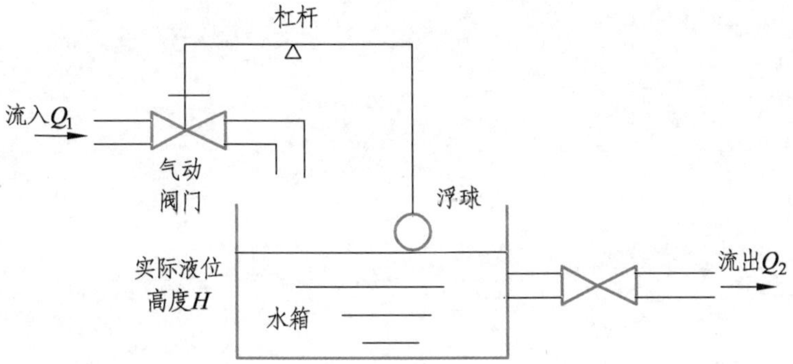


图 1-2 自动液位控制系统

1-10 图 1-3 所示为角位置随动控制系统，系统功能是控制工作机械角位置，使其跟随手柄转角，分析该系统的工作原理并画出系统框图。

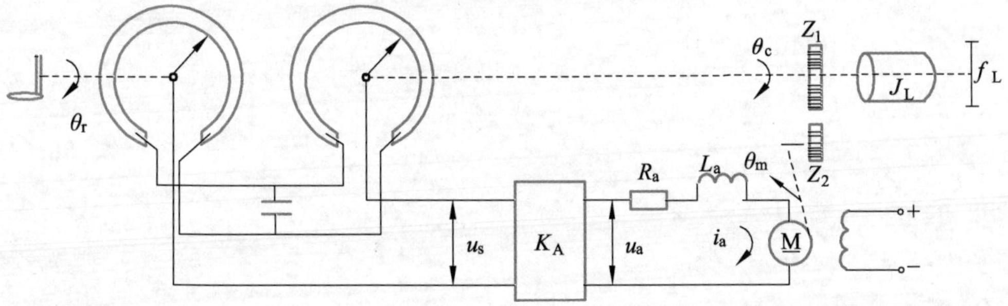


图 1-3 角位置随动控制系统

1-11 下列各式是描述系统的微分方程，其中 $c(t)$为输出量，$r(t)$为输入量，试判断哪些是线性定常或时变系统，哪些是非线性系统？

（1）$c(t)=5+r^2(t)+t\frac{\mathrm{d}^2r(t)}{\mathrm{d}t^2}$；

（2）$\frac{\mathrm{d}^3c(t)}{\mathrm{d}t^3}+3\frac{\mathrm{d}^2c(t)}{\mathrm{d}t^2}+6\frac{\mathrm{d}c(t)}{\mathrm{d}t}+8c(t)=r(t)$；

（3）$t\frac{\mathrm{d}c(t)}{\mathrm{d}t}+c(t)=r(t)+3\frac{\mathrm{d}r(t)}{\mathrm{d}t}$；

（4）$c(t)=r(t)\cos\omega t+5$；

（5）$c(t)=3r(t)+6\frac{\mathrm{d}r(t)}{\mathrm{d}t}+5\int_{-\infty}^{t}r(\tau)\mathrm{d}\tau$；

（6）$c(t)=r^2(t)$；

（7）$c(t)=\begin{cases}0, & t<6\\ r(t), & t\geqslant 6\end{cases}$。

# 第 2 章

# 控制系统的数学模型

飞球调节器的发明进一步推动了蒸汽机的应用，促进了工业生产的发展。但是，有时为了提高调速精度，蒸汽机速度反而出现大幅度振荡，其后相继出现的其他自动控制系统也有类似的现象。为了解决这个问题，不少人为提高离心式调速机的控制精度进行了改进研究。有些人认为系统振荡是因为调节器的制造精度不够，从而努力改进调节器的制造工艺，这种盲目的探索持续了大约一个世纪之久。

1868 年，英国物理学家麦克斯韦（J. C. Maxwell）发表了《论调速器》论文，第一次指出不应该单独讨论一个离心锤，必须从整个控制系统出发推导出微分方程，然后讨论微分方程解的稳定性，从而分析实际控制系统是否会出现不稳定现象。这样，控制系统稳定性的分析就变成了判别微分方程特征根实部的正负号问题。麦克斯韦的这篇著名论文被公认为是自动控制理论的开端。

因此，要对控制系统进行分析和设计，首先要建立系统的数学模型。

描述变量各阶导数之间关系的微分方程叫作动态数学模型。如果已知输入量及变量的初始条件，对微分方程求解，就可以得到系统输出量的表达式，并由此可对系统进行性能分析。因此，建立控制系统的数学模型是分析和设计控制系统的首要工作。

建立控制系统数学模型的方法有分析法和实验法两种。分析法是对系统各部分的运动机理进行分析，根据它们所依据的物理规律或化学规律分别列写相应的运动方程。例如，电学中有基尔霍夫定律，力学中有牛顿定律，热力学中有热力学定律等。实验法是人为地给系统施加某种测试信号，记录其输出响应，并用适当的数学模型去逼近，这种方法称为系统辨识。近年来，系统辨识已发展成为一门独立的学科分支，本章研究用分析法建立系统数学模型的方法。在自动控制理论中，数学模型有多种形式。时域中常用的数学模型有微分方程、差分方程和状态方程；复数域中有传递函数、结构图；频域中有频率特性等。本章只研究微分方程、传递函数和结构图等数学模型的建立和应用。

## 2.1 微分方程

### 2.1.1 微分方程的建立

由于控制系统的多样性，控制系统微分方程的表现形式也是多样的。一个完整的控制系统通常是由若干元器件或环节以一定方式连接而成的，系统可以是由一个环节组成的小系统，也可以是由多个环节组成的大系统。对系统中每个（或某些）具体的元器件或环节按照其运动规律可以比较容易地列出其微分方程，然后将这些微分方程联立起来，以求出整个系统的微分方程。

列写系统微分方程的一般步骤：

（1）确定系统的输入变量和输出变量。

（2）从输入端开始，按照信号的传递顺序，依据各变量所遵循的物理、化学等定律，列写各变量之间的动态方程，一般为微分方程组。

（3）消去中间变量，得到输入变量、输出变量的微分方程。

（4）标准化。即将与输入量有关的各项放在等号右边，与输出量有关的各项放在等号左边，并且分别按降幂排列，最后将系数归化为如时间常数等反映系统动态特性的参数。

下面以两种基本物理系统为例来说明如何求得描述系统运动的微分方程。

1. 电学系统

在电学系统中，所需遵循的两个基本依据是元件约束和网络约束。

（1）元件约束：即表征元件特性的关系式。例如，二端元件电阻、电感、电容各自的电压和电流关系，以及四端元件互感初、次级电压和电流的关系等。

二端元件电阻、电感、电容各自的电压和电流关系如下（见图 2-1-1）：

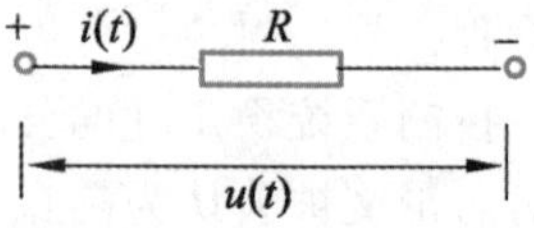


（a）

$$u(t)=i(t)\cdot R \qquad i(t)=\frac{u(t)}{R} \tag{2-1-1}$$

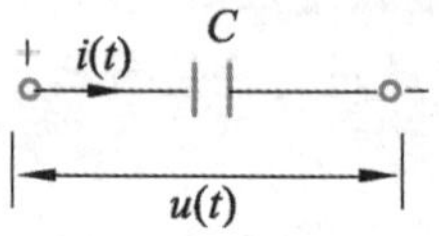


（b）

$$u(t)=\frac{1}{C}\int i(t)\mathrm{d}t \qquad i(t)=C\frac{\mathrm{d}u(t)}{\mathrm{d}t} \tag{2-1-2}$$

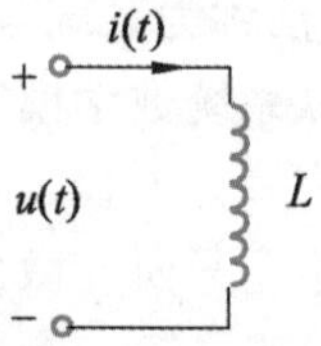


（c）

$$i(t)=\frac{1}{L}\int u(t)\mathrm{d}t \qquad u(t)=L\frac{\mathrm{d}i(t)}{\mathrm{d}t} \tag{2-1-3}$$

图 2-1-1　二端元件

（2）网络约束：由网络结构决定的电压、电流约束关系。以基尔霍夫电压定律（KVL）与基尔霍夫电流定律（KCL）表示。

【例 2-1-1】如图 2-1-2 所示的 $RC$ 网络的微分方程。给定输入电压 $u_r(t)$ 为系统的输入量，电容上的电压 $u_c(t)$ 为系统的输出量。

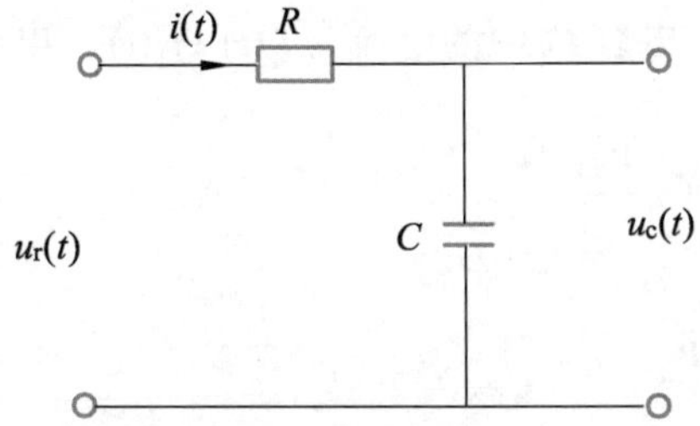


图 2-1-2　*RC* 网络

解：设回路电流为 $i(t)$，由电路理论可知，电阻 $R$ 上的电压为 $Ri(t)$。

电容 $C$ 上的电压与回路电流的关系为

$$i(t)=C\frac{\mathrm{d}u_c(t)}{\mathrm{d}t} \tag{2-1-4}$$

根据基尔霍夫电压定律，列写回路方程式，即

$$Ri(t)+u_c(t)=u_r(t) \tag{2-1-5}$$

消去中间变量，得

$$RC\frac{\mathrm{d}u_c(t)}{\mathrm{d}t}+u_c(t)=u_r(t) \tag{2-1-6}$$

令 $T=RC$ 为电路时间常数，则

$$T\frac{\mathrm{d}u_c(t)}{\mathrm{d}t}+u_c(t)=u_r(t) \tag{2-1-7}$$

式（2-1-7）即为 *RC* 网络的微分方程，它是一阶常系数线性微分方程。从式中可以看出，系统的输出量 $u_c(t)$ 只与系统的输入量 $u_r(t)$ 和电路时间常数 $T$ 有关。

【例 2-1-2】如图 2-1-3 所示的 *RC* 网络的微分方程。给定输入电压 $u_r(t)$ 为系统的输入量，电容 $C_2$ 上的电压 $u_c(t)$ 为系统的输出量。

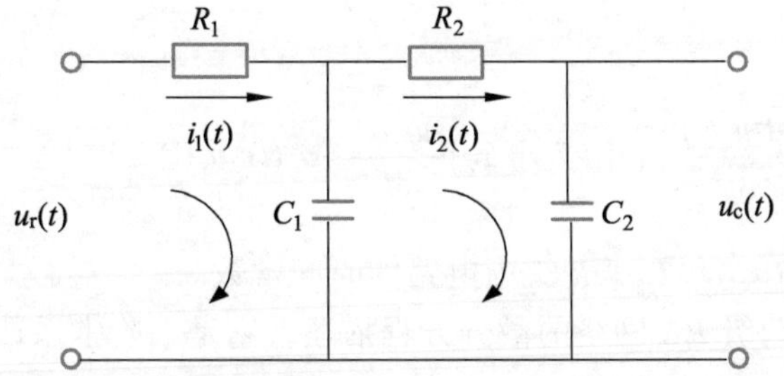


图 2-1-3　两级 *RC* 网络

解：根据基尔霍夫电压定律，列写回路方程，即

$$R_1i_1(t)+u_{C_1}(t)=u_r(t) \tag{2-1-8}$$

$$R_2i_2(t)+u_c(t)=u_{C_1}(t) \tag{2-1-9}$$

由基尔霍夫电流定律知，电容 $C_1$ 中的电流为 $i_1(t)-i_2(t)$，电容 $C_2$ 中的电流为 $i_2(t)$，所以

$$i_1(t)-i_2(t)=C_1\frac{\mathrm{d}u_{C_1}(t)}{\mathrm{d}t} \tag{2-1-10}$$

$$i_2(t)=C_2\frac{\mathrm{d}u_{\mathrm{c}}(t)}{\mathrm{d}t} \tag{2-1-11}$$

下面消去中间变量 $i_1(t)$、$i_2(t)$、$u_{C_1}(t)$。

首先将式（2-1-11）代入式（2-1-10），得

$$i_1(t)=C_1\frac{\mathrm{d}u_{C_1}(t)}{\mathrm{d}t}+C_2\frac{\mathrm{d}u_{\mathrm{c}}(t)}{\mathrm{d}t} \tag{2-1-12}$$

然后将式（2-1-12）、（2-1-11）分别代入式（2-1-8）、（2-1-9），得

$$R_1C_1\frac{\mathrm{d}u_{C_1}(t)}{\mathrm{d}t}+R_1C_2\frac{\mathrm{d}u_{\mathrm{c}}(t)}{\mathrm{d}t}+u_{C_1}(t)=u_{\mathrm{r}}(t) \tag{2-1-13}$$

$$R_2C_2\frac{\mathrm{d}u_{\mathrm{c}}(t)}{\mathrm{d}t}+u_{\mathrm{c}}(t)=u_{C_1}(t) \tag{2-1-14}$$

再将式（2-1-14）代入式（2-1-13），得

$$R_1C_1R_2C_2\frac{\mathrm{d}^2u_{\mathrm{c}}(t)}{\mathrm{d}t^2}+R_1C_1\frac{\mathrm{d}u_{\mathrm{c}}(t)}{\mathrm{d}t}+R_1C_2\frac{\mathrm{d}u_{\mathrm{c}}(t)}{\mathrm{d}t}+R_2C_2\frac{\mathrm{d}u_{\mathrm{c}}(t)}{\mathrm{d}t}+u_{\mathrm{c}}(t)=u_{\mathrm{r}}(t) \tag{2-1-15}$$

合并同类项，得

$$R_1C_1R_2C_2\frac{\mathrm{d}^2u_{\mathrm{c}}(t)}{\mathrm{d}t^2}+\left(R_1C_1+R_1C_2+R_2C_2\right)\frac{\mathrm{d}u_{\mathrm{c}}(t)}{\mathrm{d}t}+u_{\mathrm{c}}(t)=u_{\mathrm{r}}(t) \tag{2-1-16}$$

标准化，得

$$T_1T_2\frac{\mathrm{d}^2u_{\mathrm{c}}(t)}{\mathrm{d}t^2}+\left(T_1+T_{12}+T_2\right)\frac{\mathrm{d}u_{\mathrm{c}}(t)}{\mathrm{d}t}+u_{\mathrm{c}}(t)=u_{\mathrm{r}}(t) \tag{2-1-17}$$

式中，$T_1=R_1C_1$，$T_2=R_2C_2$，$T_{12}=R_1C_2$ 为电路的时间常数。

式（2-1-17）即为两级 $RC$ 网络的微分方程描述，它是二阶常系数线性微分方程。

从式中可以看出，系统的输出量 $u_{\mathrm{c}}(t)$ 只与系统的输入量 $u_{\mathrm{r}}(t)$ 和电路时间常数 $T_1$、$T_2$、$T_{12}$ 有关。

【例 2-1-3】 图 2-1-4 是由电阻 $R$、电感 $L$ 和电容 $C$ 组成的无源网络，试列写以 $u_{\mathrm{i}}(t)$ 为输入量，以 $u_{\mathrm{o}}(t)$ 为输出量的微分方程。

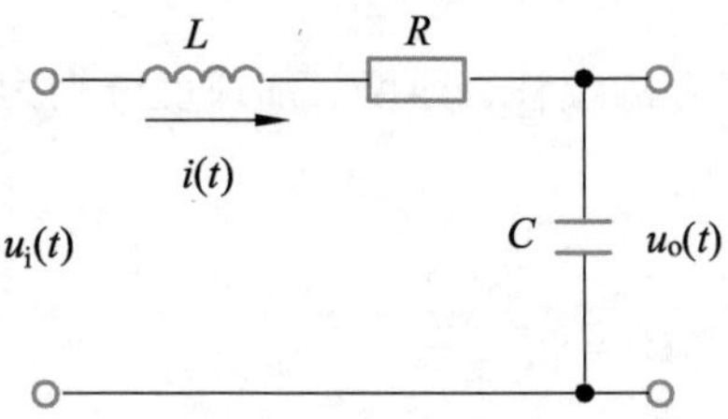


图 2-1-4　*RLC* 无源网络

解：设回路电流为 $i(t)$，由基尔霍夫定律可写出回路方程为

$$L\frac{\mathrm{d}i(t)}{\mathrm{d}t}+\frac{1}{C}\int i(t)\mathrm{d}t+Ri(t)=u_{\mathrm{i}}(t) \tag{2-1-18}$$

$$u_{\mathrm{o}}(t)=\frac{1}{C}\int i(t)\mathrm{d}t \tag{2-1-19}$$

消去中间变量 $i(t)$，便得到描述网络输入输出关系的微分方程为

$$LC\frac{\mathrm{d}^2u_{\mathrm{o}}(t)}{\mathrm{d}t^2}+RC\frac{\mathrm{d}u_{\mathrm{o}}(t)}{\mathrm{d}t}+u_{\mathrm{o}}(t)=u_{\mathrm{i}}(t) \tag{2-1-20}$$

标准化，得

$$T_1\frac{\mathrm{d}^2u_{\mathrm{o}}(t)}{\mathrm{d}t^2}+T_2\frac{\mathrm{d}u_{\mathrm{o}}(t)}{\mathrm{d}t}+u_{\mathrm{o}}(t)=u_{\mathrm{i}}(t) \tag{2-1-21}$$

式中，$T_1=LC$，$T_2=RC$ 为电路的时间常数。

式（2-1-21）即为 *RLC* 无源网络的微分方程，它也是二阶常系数线性微分方程。

从式中可以看出，系统的输出量 $u_{\mathrm{o}}(t)$ 只与系统的输入量 $u_{\mathrm{i}}(t)$ 和电路时间常数 $T_1$、$T_2$ 有关。

2. 力学系统

【例 2-1-4】图 2-1-5 所示为一弹簧-质量-阻尼器机械位移系统，试列写质量 $m$ 在外力 $F(t)$ 作用下（其中重力略去不计），位移 $x(t)$的运动方程。

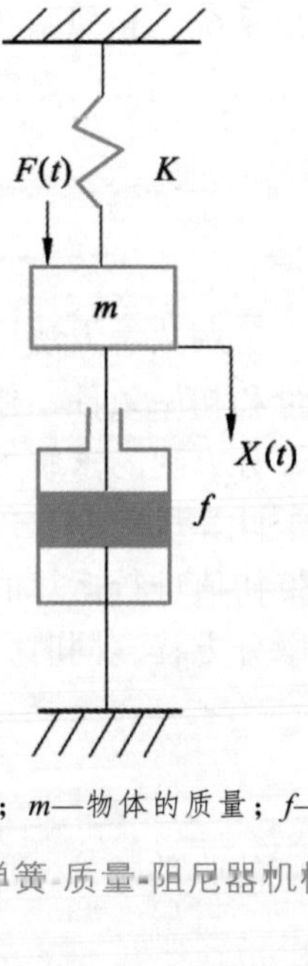


*K*—弹性系数；*m*—物体的质量；*f*—阻尼系数。

图 2-1-5　弹簧-质量-阻尼器机械位移系统

解：质量 $m$ 相对于初始状态的位移、速度、加速度分别为 $x(t)$、$\frac{dx(t)}{dt}$、$\frac{d^2x(t)}{dt^2}$。由牛顿第二定律 $F=ma$ 可得

$$F(t)-F_s(t)-F_d(t)=m\frac{d^2x(t)}{dt^2} \tag{2-1-22}$$

式中，$F_s(t)$ 为弹簧的弹性阻力，它与物体的位移成正比，即

$$F_s(t)=kx(t) \tag{2-1-23}$$

$F_d(t)$ 为阻尼器的黏滞阻力，它与物体的运动速度成正比，即

$$F_d(t)=f\frac{dx(t)}{dt} \tag{2-1-24}$$

将式（2-1-23）、（2-1-24）代入式（2-1-22），得

$$F(t)-Kx(t)-f\frac{dx(t)}{dt}=m\frac{d^2x(t)}{dt^2} \tag{2-1-25}$$

整理得

$$m\frac{d^2x(t)}{dt^2}+f\frac{dx(t)}{dt}+Kx(t)=F(t) \tag{2-1-26}$$

由此可见，描述机械平移运动的运动方程也是二阶微分方程。位移 $x(t)$ 只与系统的输入量外力 $F(t)$ 和弹性系数 $K$、物体的质量 $m$、阻尼系数 $f$ 有关。

从上述各控制系统的元件或系统的微分方程可以发现，不同类型的元件或系统可具有形式相同的数学模型。例如，*RLC* 无源网络和弹簧-质量-阻尼器机械系统的数学模型均是二阶微分方程，我们称这些物理系统为相似系统。相似系统揭示了不同物理现象间的相似关系，便于我们使用一个简单系统模型去研究与其相似的复杂系统，也为控制系统的计算机数字仿真提供了基础。

### 2.1.2 线性定常微分方程的求解

建立控制系统数学模型的目的之一是用数学方法定量研究控制系统的工作特性。当系统微分方程列写出来后，只要给定输入量和初始条件，便可对微分方程求解，并由此了解系统输出量随时间变化的特性。线性定常微分方程的求解方法有经典法和拉普拉斯变换法（以下简称为拉氏变换）两种，也可借助电子计算机求解。

采用拉氏变换法求解微分方程是带初值进行运算的，许多情况下应用更为方便。

本小节只研究用拉氏变换法求解微分方程，同时分析微分方程解的组成，为今后引出传递函数概念奠定基础。

#### 1. 拉氏变换定义

已知时域函数 $f(t)$，如果满足相应的收敛条件，可以定义其拉氏变换为

$$F(s)=\int_0^{\infty} f(t)\mathrm{e}^{-st}\mathrm{d}t \tag{2-1-27}$$

式中，$f(t)$ 为原函数；$F(s)$ 为象函数；变量 $s$ 为复变量，表示为

$$s=\sigma+\mathrm{j}\omega \tag{2-1-28}$$

因为 $F(s)$ 是复自变量 $s$ 的函数，所以 $F(s)$ 是复变函数。

有时，拉氏变换还经常写为

$$L[f(t)]=F(s)=\int_0^{\infty} f(t)\mathrm{e}^{-st}\mathrm{d}t \tag{2-1-29}$$

拉氏变换有逆运算，称为拉氏反变换，表示为

$$L^{-1}[F(s)]=f(t)=\frac{1}{2\pi\mathrm{j}}\int_{\sigma-\mathrm{j}\infty}^{\sigma+\mathrm{j}\infty} F(s)\mathrm{e}^{st}\mathrm{d}s \tag{2-1-30}$$

常见函数的拉氏变换如表 2-1-1 所示。

表 2-1-1　常见函数的拉氏变换

| 序号 | 象函数 $F(s)$ | 原函数 $f(t)$ | 序号 | 象函数 $F(s)$ | 原函数 $f(t)$ |
|---|---|---|---|---|---|
| 1 | $1$ | $\delta(t)$ | 8 | $\frac{s}{s^2+\omega^2}$ | $\cos\omega t$ |
| 2 | $\frac{1}{s}$ | $1(t)$ | 9 | $\frac{\omega}{(s+a)^2+\omega^2}$ | $\mathrm{e}^{-at}\sin\omega t$ |
| 3 | $\frac{1}{s^2}$ | $t$ | 10 | $\frac{s+a}{(s+a)^2+\omega^2}$ | $\mathrm{e}^{-at}\cos\omega t$ |
| 4 | $\frac{1}{s^n}$ | $\frac{1}{(n-1)!}t^{n-1}$ | 11 | $\frac{\omega}{s^2-\omega^2}$ | $\mathrm{sh}\omega t$ |
| 5 | $\frac{1}{s+a}$ | $\mathrm{e}^{-at}$ | 12 | $\frac{s}{s^2-\omega^2}$ | $\mathrm{ch}\omega t$ |
| 6 | $\frac{n!}{(s+a)^{n+1}}$ | $t^n\mathrm{e}^{-at}$ | 13 | $\frac{\omega}{(s+a)^2-\omega^2}$ | $\mathrm{e}^{-at}\mathrm{sh}\omega t$ |
| 7 | $\frac{\omega}{s^2+\omega^2}$ | $\sin\omega t$ | 14 | $\frac{s+a}{(s+a)^2-\omega^2}$ | $\mathrm{e}^{-at}\mathrm{ch}\omega t$ |

2. 拉氏变换的一些基本定理

1）线性定理

若函数 $f_1(t)$、$f_2(t)$ 分别有其拉氏变换 $F_1(s)$、$F_2(s)$，则

$$L[af_1(t)+bf_2(t)]=aF_1(s)+bF_2(s) \tag{2-1-31}$$

2）微分定理

若函数 $f(t)$ 的拉氏变换为 $F(s)$，且 $f(t)$ 的各阶导数存在，则 $f(t)$ 各阶导数的拉氏变换为

$$L\left[\frac{\mathrm{d}f(t)}{\mathrm{d}t}\right]=sF(s)-f(0) \tag{2-1-32}$$

$$L\left[\frac{\mathrm{d}^2 f(t)}{\mathrm{d}t^2}\right]=s^2F(s)-sf(0)-f'(0) \tag{2-1-33}$$

…

$$L\left[\frac{\mathrm{d}^n f(t)}{\mathrm{d}t^n}\right]=s^nF(s)-s^{n-1}f(0)-s^{n-2}f'(0)-\cdots-f^{n-1}(0) \tag{2-1-34}$$

当所有的初值（各阶导数的初值）均为零时，即

$$f(0)=f'(0)=\cdots=f^{n-1}(0)=0 \tag{2-1-35}$$

则

$$L\left[\frac{\mathrm{d}f(t)}{\mathrm{d}t}\right]=sF(s) \tag{2-1-36}$$

$$L\left[\frac{\mathrm{d}^2 f(t)}{\mathrm{d}t^2}\right]=s^2F(s) \tag{2-1-37}$$

…

$$L\left[\frac{\mathrm{d}^n f(t)}{\mathrm{d}t^n}\right]=s^nF(s) \tag{2-1-38}$$

3）终值定理

若函数 $f(t)$ 的拉氏变换为 $F(s)$，且 $f(\infty)$ 存在，则

$$f(\infty)=\lim_{s\to 0}sF(s) \tag{2-1-39}$$

即时域函数的终值也可以由变换域求得。

常用拉氏变换的基本定理如表 2-1-2 所示。

表 2-1-2　拉氏变换的基本定理

| 序号 | 定理名称 | 数学描述 |
|---|---|---|
| 1 | 常数定理 | $L\left[Af(t)\right]=AF(s)$ |
| 2 | 线性定理 | $L\left[af_1(t)+bf_2(t)\right]=aF_1(s)+bF_2(s)$ |
| 3 | 衰减定理 | $L\left[f(t)\mathrm{e}^{-at}\right]=F(s+a)$ |
| 4 | 延迟定理 | $L\left[f(t-\tau)\right]=\mathrm{e}^{-\tau s}F(s)$ |

续表

| 序号 | 定理名称 | 数学描述 |
|---|---|---|
| 5 | 微分定理 | $L\left[\frac{df(t)}{dt}\right]=sF(s)-f(0)$<br>$L\left[\frac{d^2f(t)}{dt^2}\right]=s^2F(s)-sf(0)-f^{'}(0)$<br>…<br>$L\left[\frac{d^nf(t)}{dt^n}\right]=s^nF(s)-\sum_{k=1}^{n}s^{n-1}f^{(k-1)}(0)$<br>$f^{(k-1)}(0)=\left.\frac{d^{k-1}f(t)}{dt^{k-1}}\right\|_{t=0}$ |
| 6 | 积分定理 | $L\left[\int f(t)\mathrm{d}t\right]=\frac{1}{s}F(s)+\frac{1}{s}f'(0)$ |
| 7 | 初值定理 | $f(0_+)=\lim\limits_{s\to\infty}sF(s)$ |
| 8 | 终值定理 | $f(\infty)=\lim\limits_{s\to 0}sF(s)$ |
| 9 | 时间尺度定理 | $L\left[f\left(\frac{t}{a}\right)\right]=aF(as)$ |
| 10 | 卷积定理 | $L\left[\int_0^t f_1(t-\tau)f_2(\tau)\mathrm{d}\tau\right]=F_1(s)F_2(s)$ |

### 3. 拉氏变换法求解微分方程

用拉氏变换法求解微分方程的步骤：

（1）方程两边做拉氏变换。

（2）将给定的初始条件与输入信号代入方程。

（3）写出输出量的拉氏变换。

（4）做拉氏反变换求出系统输出的时域解。

【例 2-1-5】$RC$ 滤波电路如图 2-1-6 所示，输入电压信号 $u_{\mathrm{r}}(t)=5\ \mathrm{V}$，电容的初始电压 $u_C(0)$ 分别为 0 V 和 1 V 时，分别求时域解 $u_{\mathrm{c}}(t)$。

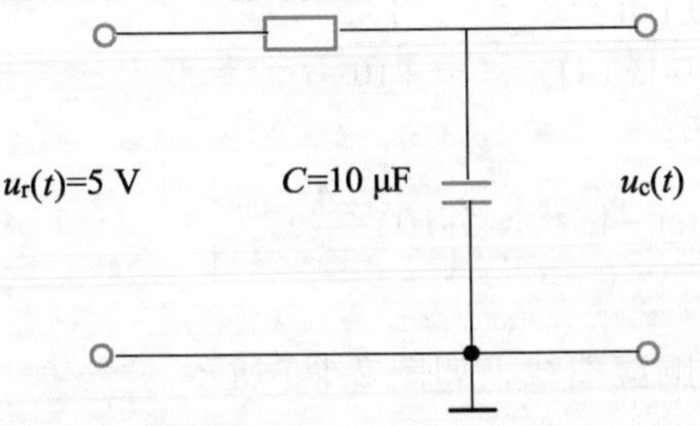


图 2-1-6 $RC$ 滤波电路

解：由例 2-1-1 可知 $RC$ 电路的微分方程为

$$RC\frac{\mathrm{d}u_{\mathrm{c}}(t)}{\mathrm{d}t}+u_{\mathrm{c}}(t)=u_{\mathrm{r}}(t) \tag{2-1-40}$$

方程两边做拉氏变换

$$L\left[RC\frac{\mathrm{d}u_{\mathrm{c}}(t)}{\mathrm{d}t}+u_{\mathrm{c}}(t)\right]=L[u_{\mathrm{r}}(t)] \tag{2-1-41}$$

由拉氏变换的线性定理得

$$RC\cdot L\left[\frac{du_{\mathrm{c}}(t)}{dt}\right]+L\left[u_{\mathrm{c}}(t)\right]=L\left[u_{\mathrm{r}}(t)\right] \tag{2-1-42}$$

由拉氏变换的微分定理得

$$RC\left[sU_{\mathrm{c}}(s)-u_{\mathrm{c}}(0)\right]+U_{\mathrm{c}}(s)=U_{\mathrm{r}}(s) \tag{2-1-43}$$

将 $R=10\ \mathrm{k\Omega}$， $C=10\ \mathrm{\mu F}$， $U_{\mathrm{r}}(s)=\frac{5}{s}$ 代入，整理得

$$(0.1s+1)U_{\mathrm{c}}(s)=\frac{0.1u_{\mathrm{c}}(0)s+5}{s} \tag{2-1-44}$$

输出的拉氏变换为

$$U_{\mathrm{c}}(s)=\frac{0.1u_{\mathrm{c}}(0)s+5}{s(0.1s+1)} \tag{2-1-45}$$

$u_{\mathrm{c}}(0)=0\ \mathrm{V}$ 时，

$$U_{\mathrm{c}}(s)=\frac{5}{s(0.1s+1)}=\frac{5}{s}-\frac{5}{s+10} \tag{2-1-46}$$

$$u_{\mathrm{c}}(t)=5\cdot 1(t)-5\mathrm{e}^{-10t}=5\left[1(t)-\mathrm{e}^{-10t}\right] \tag{2-1-47}$$

$u_{\mathrm{c}}(0)=1\ \mathrm{V}$ 时，

$$U_{\mathrm{c}}(s)=\frac{0.1s+5}{s(0.1s+1)}=\frac{5}{s}-\frac{4}{s+10} \tag{2-1-48}$$

$$u_{\mathrm{c}}(t)=5\cdot 1(t)-4\mathrm{e}^{-10t}=5\left[1(t)-\frac{4}{5}\mathrm{e}^{-10t}\right] \tag{2-1-49}$$

可画出两种初始值时的时间响应曲线，如图 2-1-7 所示。

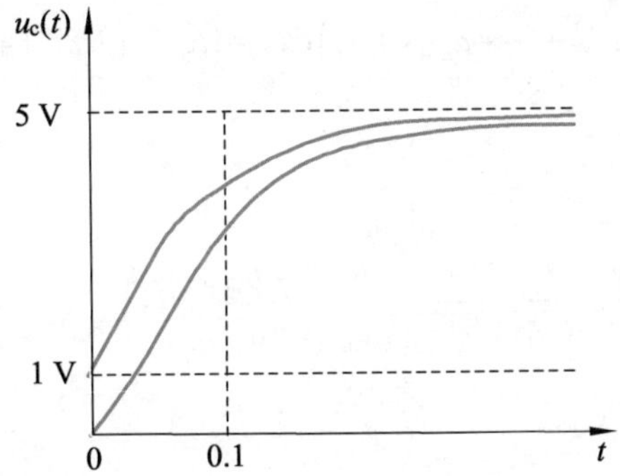


图 2-1-7　两种初值时 *RC* 滤波系统的时间响应

由响应曲线可明显看出，当初值不一样时，响应的起始点不一样，但是终值是趋于一致的。

## 2.2　传递函数

线性定常系统的微分方程是一种时域描述，是以时间 $t$ 为自变量对系统进行分析的。根据所得的微分方程求微分方程的时域解，也就获得了系统的运动规律。但是，基于时域的微分方程用于控制系统的分析与设计时，在使用上有诸多不便，如系统内部结构不明确、微分方程求解麻烦等，因而需要寻求在应用上更为方便的数学描述方法。

传递函数是在复数 $s$ 域描述系统的一种数学模型，是以参数来表示系统结构的，因此又称为系统的参数模型。传递函数是基于拉氏变换而得到的，拉氏变换将时域函数变换为复频域函数，简化了函数，同时将时域的微分、积分运算简化为代数运算，方便了工程分析和计算，所以得到了广泛的应用。

基于上述优势，进而将系统在时域的微分方程描述简化为变换域的传递函数描述。这样，许多在时域中的问题分析就可以方便地在复频域中进行了。

### 2.2.1　传递函数的定义

传递函数是在用拉氏变换求解线性微分方程的基础上得到的一个重要概念，同时也是经典控制理论中用得最多的一种动态数学模型。

设描述 $n$ 阶线性定常系统的微分方程为

$$\begin{aligned} & a_0\frac{\mathrm{d}^n c(t)}{\mathrm{d}t^n}+a_1\frac{\mathrm{d}^{n-1}c(t)}{\mathrm{d}t^{n-1}}+\cdots+a_{n-1}\frac{\mathrm{d}c(t)}{\mathrm{d}t}+a_n c(t) \\ =& b_0\frac{\mathrm{d}^m r(t)}{\mathrm{d}t^m}+b_1\frac{\mathrm{d}^{m-1}r(t)}{\mathrm{d}t^{m-1}}+\cdots+b_{m-1}\frac{\mathrm{d}r(t)}{\mathrm{d}t}+b_m r(t) \end{aligned} \tag{2-2-1}$$

式中，$c(t)$ 为系统输出量；$r(t)$ 为系统输入量；$a_0$，$a_1\cdots a_n$ 及 $b_0$，$b_1\cdots b_m$ 均为与系统结构和参数有关的常系数。

因为控制理论着重分析系统的结构、参数与系统的动态性能之间的关系，所以，为简化分析，设系统的初始条件为零（即 $r(t)$ 和 $c(t)$ 及其各阶导数在 $t=0$ 时的值均为零）。在零初始条件下，对式（2-2-1）两边做拉氏变换，得

$$\left(a_0s^n+a_1s^{n-1}+\cdots+a_{n-1}s+a_n\right)C(s)=\left(b_0s^m+b_1s^{m-1}+\cdots+b_{m-1}s+b_m\right)R(s) \tag{2-2-2}$$

即

$$\frac{C(s)}{R(s)}=\frac{b_0s^m+b_1s^{m-1}+\cdots+b_{m-1}s+b_m}{a_0s^n+a_1s^{n-1}+\cdots+a_{n-1}s+a_n} \tag{2-2-3}$$

记作

$$G(s)=\frac{b_0s^m+b_1s^{m-1}+\cdots+b_{m-1}s+b_m}{a_0s^n+a_1s^{n-1}+\cdots+a_{n-1}s+a_n}\quad (n\geqslant m) \tag{2-2-4}$$

$G(s)$ 反映了系统输出与输入之间的关系，描述了系统的特性，通常称为线性定常系统的传递函数。

由此有以下定义：

**定义** 在零初始条件下，系统输出量的拉氏变换与输入量的拉氏变换之比，称为线性定常系统的传递函数，记为 $G(s)$，即

$$G(s)=\frac{C(s)}{R(s)} \tag{2-2-5}$$

显然，在零初始条件下，若线性定常系统的输入量的拉氏变换为 $R(s)$，则系统输出量的拉氏变换为

$$C(s)=G(s)R(s) \tag{2-2-6}$$

系统的输出量为

$$c(t)=L^{-1}\left[C(s)\right]=L^{-1}\left[G(s)R(s)\right] \tag{2-2-7}$$

例 2-1-1 所示的 $RC$ 网络的微分方程为

$$T\frac{\mathrm{d}u_c(t)}{\mathrm{d}t}+u_c(t)=u_\mathrm{r}(t) \tag{2-2-8}$$

对应系统的传递函数为

$$G(s)=\frac{U_c(s)}{U_\mathrm{r}(s)}=\frac{1}{Ts+1} \tag{2-2-9}$$

例 2-1-2 所示的 $RC$ 网络的微分方程为

$$T_1T_2\frac{\mathrm{d}^2u_c(t)}{\mathrm{d}t^2}+\left(T_1+T_{12}+T_2\right)\frac{\mathrm{d}u_c(t)}{\mathrm{d}t}+u_c(t)=u_\mathrm{r}(t) \tag{2-2-10}$$

对应系统的传递函数为

$$G(s)=\frac{U_c(s)}{U_\mathrm{r}(s)}=\frac{1}{T_1T_2s^2+\left(T_1+T_{12}+T_2\right)s+1} \tag{2-2-11}$$

### 2.2.2 传递函数的表达形式

传递函数一般是复变函数，可以变换为各种形式。下面介绍几种常用的表达式。

1. 有理分式形式

传递函数最常用的形式是下列有理分式形式，即

$$G(s)=\frac{b_0s^m+b_1s^{m-1}+\cdots+b_{m-1}s+b_m}{a_0s^n+a_1s^{n-1}+\cdots+a_{n-1}s+a_n}=\frac{N(s)}{D(s)} \tag{2-2-12}$$

传递函数的分母多项式 $D(s)$ 称为系统的特征多项式，$D(s)=0$ 称为系统的特征方程，$D(s)=0$ 的根称为系统的特征根或极点。分母多项式 $D(s)$ 的阶次 $n$ 定义为系统的阶次。对于实际的物理系统，多项式 $D(s)$、$N(s)$ 的所有系数为实数，且分母多项式 $D(s)$ 的阶次 $n$ 高于或等于分子多项式 $N(s)$ 的阶次 $m$，即 $n\geqslant m$。

2. 零、极点形式

将传递函数的分子多项式和分母多项式经因式分解后可写为如下形式，即

$$G(s)=\frac{b_0(s-z_1)(s-z_2)\cdots(s-z_m)}{a_0(s-p_1)(s-p_2)\cdots(s-p_n)}=\frac{K^*\prod_{i=1}^{m}(s-z_i)}{\prod_{j=1}^{n}(s-p_j)} \tag{2-2-13}$$

式中，$z_i(i=1,2,\cdots m)$是分子多项式等于零时的根，称为传递函数 $G(s)$ 的零点；$p_j(j=1,2,\cdots n)$是分母多项式等于零时的根，称为传递函数 $G(s)$ 的极点；系数 $K^*=b_0/a_0$ 称为系统的根轨迹放大系数。

在复数平面上表示传递函数的零点和极点的图形，称为传递函数的零、极点分布图。系统零点和极点的分布决定了系统的特性，因此可以画出传递函数的零、极点分布图，直接分析系统特性。在零、极点分布图上，一般用"∘"表示零点，用"×"表示极点。

【例 2-2-1】 传递函数 $G(s)=\dfrac{2s^2-2s-4}{s^3+5s^2+8s+6}=\dfrac{2(s+1)(s-2)}{(s+3)(s+1+\mathrm{j})(s+1-\mathrm{j})}$ 的零、极点分布图如图 2-2-1 所示。

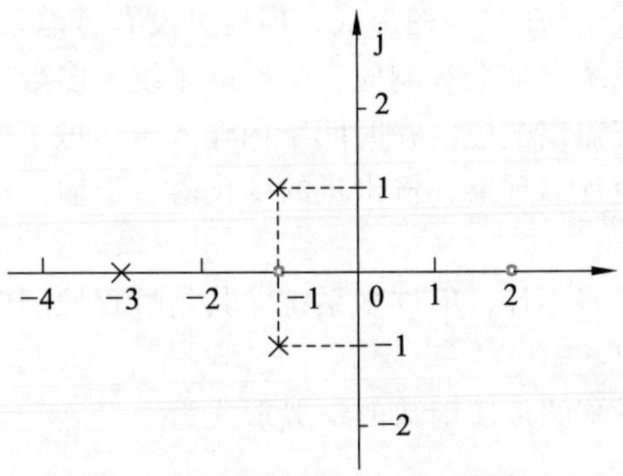


图 2-2-1 零、极点分布

3. 时间常数形式

将传递函数的分子多项式和分母多项式均化为尾一多项式（最低次项即尾项系数为 1），然后在复数范围内因式分解，得

$$G(s)=\frac{K\prod_{i=1}^{m}(\tau_i s+1)}{s^v\prod_{j=1}^{n'}(T_j s+1)}，其中(n'+v=n) \tag{2-2-14}$$

或在实数范围内因式分解，得

$$G(s)=\frac{K\prod_{i=1}^{m_1}(\tau_i s+1)\prod_{k=1}^{m_2}(\tau_k^2 s^2+2\xi_k\tau_k s+1)}{s^v\prod_{j=1}^{n_1}(T_j s+1)\prod_{l=1}^{n_2}(T_l^2 s^2+2\xi_l T_l s+1)} \tag{2-2-15}$$

式中，$K$ 为传递系数，通常也称为系统的放大系数；$\tau_i$、$T_j$ 为系统的时间常数。

### 2.2.3 典型环节的传递函数

自动控制理论采用的方法是研究系统的数学模型，这样，不仅避开了各种实际系统的物理背景，容易揭示控制系统的共性，而且使研究的工作量大为减少。

但是即使只限于各种线性连续系统，线性连续系统的数量不计其数，要逐一加以研究也是不可能的。即使许多不同性质的物理系统常常有相同的数学模型，可以减少研究对象，但由于数量过于庞大，要逐一研究数学模型的各种可能形式也是不可能的。

任何线性连续系统的数学模型总能由这些基本环节中的一部分组合而成，现在的问题是能否找出组成系统数学模型的基本环节。如果能找到，就可以研究这些为数不多的基本环节以及一些重要的组合系统。当弄清了这些基本环节的特性后，对任何系统也就容易分析其特性了。

下面先提出线性连续系统的传递函数的一般形式，然后再分析其结构，得到线性连续系统的基本环节。

传递函数一般可写成式（2-2-15）的形式，但这里没有考虑系统中可能存在的延迟效应，而是认为一有输入作用，系统立即会有响应。但实际系统大多数都有延迟效应，即在输入作用一段时间 $\tau$ 后，系统才有输出响应。在时间 $\tau$ 内输入虽然做了变化，但系统输出量并不做相应变化，这种现象称为纯延迟现象，输出量的变化落后于输入量变化的时间 $\tau$ 称为纯延迟时间。

若延迟时间很短，可忽略不计，但许多系统尤其是过程控制中，延迟时间往往很长，分析系统时必须考虑延迟效应。

因此，线性连续定常系统的传递函数的一般形式为

$$G(s)=\frac{b_0 s^m+b_1 s^{m-1}+\cdots+b_{m-1}s+b_m}{a_0 s^n+a_1 s^{n-1}+\cdots+a_{n-1}s+a_n}\mathrm{e}^{-\tau s} \tag{2-2-16}$$

应用因式分解的理论，将线性系统的传递函数的一般形式（2-2-16）的分子、分母多项式在实数范围内进行因式分解，得到一次因式和二次因式积。整个传递函数可以写成这些简单传递函数的乘积，这表明整个系统可被认为是由这些环节组成的。

因为所有的线性连续定常系统的传递函数都可以写成式（2-2-16）的形式，所以从数学意义上而言，线性连续定常系统的传递函数总是由这几种类型的因子组成的，这些因子称为基本环节，或者称为典型环节。下面根据这些基本环节的特性命名它们。

1. 比例环节

比例环节是指系统的输出量和输入量具有固定的比例运算关系，它的输出量能够无失真、无延迟地按一定的比例复现输入量。

比例环节的微分方程为

$$c(t)=Kr(t) \tag{2-2-17}$$

式中，$K$ 为放大倍数。

对上式取拉氏变换，得

$$C(s)=KR(s) \tag{2-2-18}$$

因此，比例环节的传递函数为

$$G(s)=\frac{C(s)}{R(s)}=K \tag{2-2-19}$$

比例环节的方框图如图 2-2-2 所示。

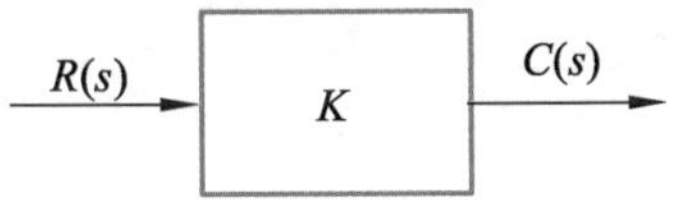


图 2-2-2 比例环节方框图

2. 惯性环节

惯性环节是指输出量不能立刻到达相应的稳态值，而是要经过一定的时间。自动控制系统中经常包含有这种环节，该环节具有一个储能元件。

惯性环节的微分方程为

$$T\frac{\mathrm{d}c(t)}{\mathrm{d}t}+c(t)=Kr(t) \tag{2-2-20}$$

式中，$T$ 为时间常数；$K$ 为比例系数。

对微分方程取拉氏变换，得

$$TsC(s)+C(s)=KR(s)$$

因此，惯性环节的传递函数为

$$G(s)=\frac{C(s)}{R(s)}=\frac{K}{Ts+1} \tag{2-2-21}$$

惯性环节的方框图如图 2-2-3 所示。

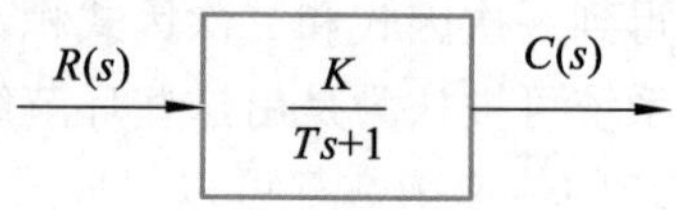


图 2-2-3　惯性环节方框图

3. 积分环节

积分环节是指输出量等于输入量对时间的积分。它的微分方程为

$$c(t)=\frac{1}{T}\int r(t)\mathrm{d}t \qquad (2\text{-}2\text{-}22)$$

式中，$T$ 为积分时间常数。该式表明，积分环节的输出量与输入量的积分成正比。

对方程（2-2-22）取拉氏变换，得

$$C(s)=\frac{1}{Ts}R(s)$$

因此，积分环节的传递函数为

$$G(s)=\frac{C(s)}{R(s)}=\frac{1}{Ts} \qquad (2\text{-}2\text{-}23)$$

积分环节的方框图如图 2-2-4 所示。

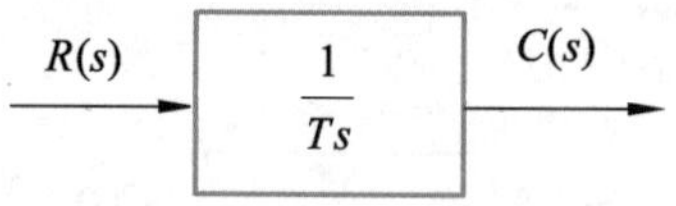


图 2-2-4　积分环节方框图

4. 微分环节

微分环节是自动控制系统中经常应用的环节，它的输出量与输入量的一阶导数成正比。微分环节的微分方程为

$$c(t)=T\frac{\mathrm{d}r(t)}{\mathrm{d}t} \qquad (2\text{-}2\text{-}24)$$

式中，$T$ 为时间常数。

对微分方程取拉氏变换后，可求得传递函数为

$$G(s)=\frac{C(s)}{R(s)}=Ts \qquad (2\text{-}2\text{-}25)$$

微分环节的方框图如图 2-2-5 所示。

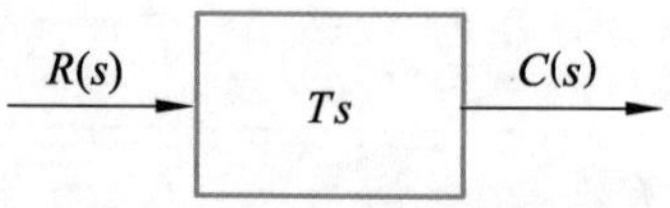


图 2-2-5　微分环节方框图

5. 振荡环节

振荡环节是由二阶微分方程所描述的系统。它的微分方程为

$$T^2\frac{\mathrm{d}^2c(t)}{\mathrm{d}t^2}+2\xi T\frac{\mathrm{d}c(t)}{\mathrm{d}t}+c(t)=r(t) \tag{2-2-26}$$

式中，$T$为时间常数；$\xi$为阻尼比。对于振荡环节，恒有$0\leqslant\xi<1$。若$\xi\geqslant1$，则是两个相串联的惯性环节。

故振荡环节的传递函数为

$$G(s)=\frac{C(s)}{R(s)}=\frac{1}{T^2s^2+2\xi Ts+1}=\frac{\frac{1}{T^2}}{s^2+\frac{2\xi}{T}s+\frac{1}{T^2}}=\frac{\omega_n^2}{s^2+2\xi\omega_n s+\omega_n^2} \tag{2-2-27}$$

式中，$\omega_n=\dfrac{1}{T}$为振荡环节的无阻尼自然振荡频率。

振荡环节的方框图如图 2-2-6 所示。

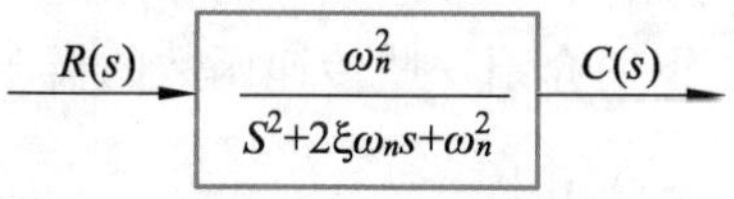


图 2-2-6 振荡环节方框图

6. 延迟环节

延迟环节也称为时滞环节，是指具有纯时间延迟传递关系的环节，其输出量比输入量滞后一定的时间。

延迟环节的数学表达式为

$$c(t)=r(t-\tau) \tag{2-2-28}$$

式中，$\tau$为延迟时间。

由拉氏变换延迟定理，可求得输出量在零初始条件下的拉氏变换为

$$C(s)=\mathrm{e}^{-\tau s}R(s)$$

因此，延迟环节的传递函数为

$$G(s)=\frac{C(s)}{R(s)}=\mathrm{e}^{-\tau s} \tag{2-2-29}$$

延迟环节的方框图如图 2-2-7 所示。

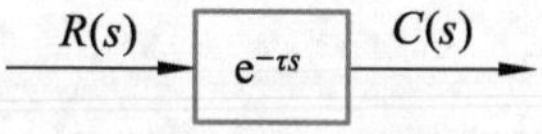


图 2-2-7 延迟环节方框图

综上所述，一个系统或一个元件（线性连续）总可以由一个或几个基本环节组成。有些基本环节在实际中可以单独存在，但像各种微分环节实际上是不能单独存在的。

引入系统的基本环节的概念之后，我们可以利用动态结构图、信号流图等各种能表示系统结构的数学模型，进一步对控制系统做更详细的分析。

### 2.2.4 控制系统的典型传递函数

在工作过程中，自动控制系统经常会受到两类输入信号的作用，一类是给定的有用输入信号 $R(s)$，另一类则是阻碍系统进行正常工作的扰动信号 $N(s)$。闭环控制系统的典型结构可用图 2-2-8 表示。

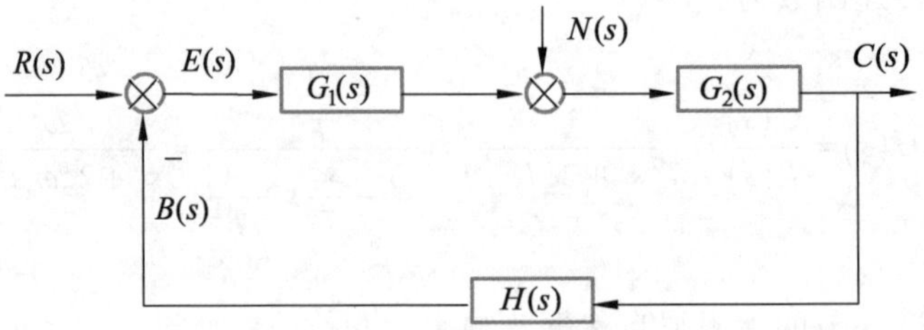


图 2-2-8 闭环控制系统的典型结构

研究系统输出量 $C(s)$ 的变化规律，只考虑 $R(s)$ 的作用是不完全的，往往还需要考虑 $N(s)$ 的影响。基于系统分析的需要，下面介绍一些传递函数的概念。

#### 1. 开环传递函数（扰动 $N(s)=0$）

前向通道：从给定输入 $R(s)$ 端沿信号传递方向到输出 $C(s)$ 端的通道称为前向通道，前向通道传递函数为 $G_1(s)G_2(s)$。

反馈通道：从输出 $C(s)$ 端沿信号传递方向到输入 $R(s)$ 端的通道称为反馈通道，反馈通道传递函数为 $H(s)$。

开环传递函数：当主反馈通道断开时，反馈信号 $B(s)$ 对于参考输入信号的传递函数称为开环传递函数。由图 2-14 可知，闭环系统的开环传递函数为

$$G_k(s)=G_1(s)G_2(s)H(s) \tag{2-2-30}$$

可见，开环传递函数为前向通道传递函数 $G_1(s)G_2(s)$ 与反馈通道传递函数 $H(s)$ 的乘积。

#### 2. 闭环传递函数

闭环传递函数：闭环系统的输出信号对于参考输入信号的传递函数称为闭环传递函数

为了求取参考输入下系统的闭环传递函数，令扰动信号 $N(s)=0$，此时结构变为图 2-2-9 所示。

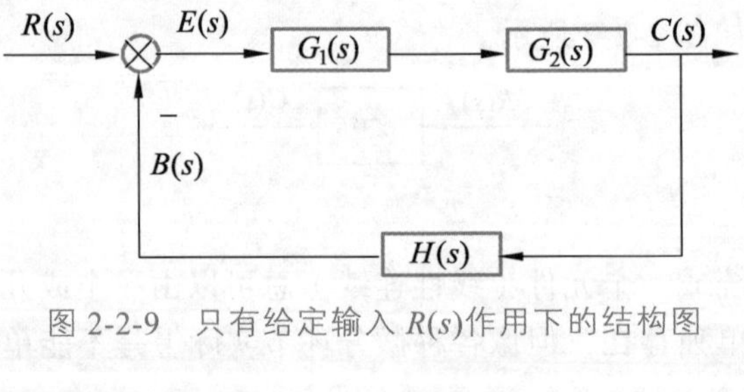


图 2-2-9 只有给定输入 $R(s)$ 作用下的结构图

由结构图简化规则知，系统的闭环传递函数为

$$\varPhi(s)=\frac{C(s)}{R(s)}=\frac{G_1(s)G_2(s)}{1+G_1(s)G_2(s)H(s)} \tag{2-2-31}$$

可见，系统的闭环传递函数的分子是前向通道传递函数，分母是开环传递函数与 1 之和。$1+G_1(s)G_2(s)H(s)$ 就是系统的闭环特征方程。

为了求取扰动作用下的闭环传递函数，令给定输入 $R(s)=0$，则结构变为图 2-2-10 所示。

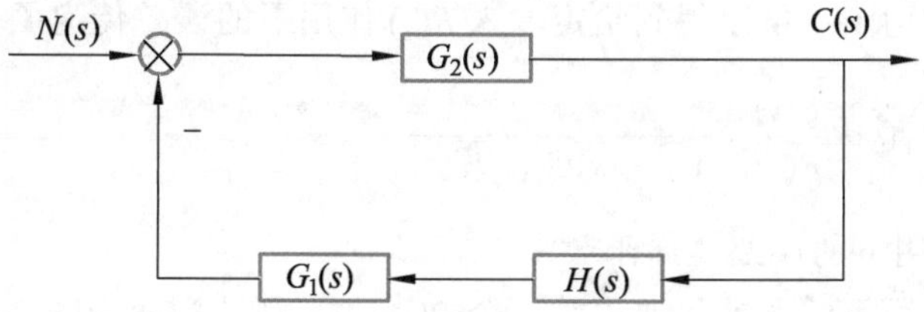


图 2-2-10　只有扰动 $N(s)$作用下的结构图

由结构图简化规则知，系统在扰动作用下的闭环传递函数为

$$\varPhi_n(s)=\frac{C(s)}{R(s)}=\frac{G_2(s)}{1+G_1(s)G_2(s)H(s)} \tag{2-2-32}$$

可见，系统在扰动作用下的闭环传递函数的分子，是从扰动作用点到输出端之间的传递函数，分母仍然是开环传递函数与 1 之和。由式（2-2-32）可知，扰动作用点不同，对系统的影响也不同。

根据传递函数的定义，在零初始条件下，系统在给定输入和扰动单独作用下的输出信号分别为

$$C_{\mathrm{r}}(s)=\varPhi(s)R(s)=\frac{G_1(s)G_2(s)}{1+G_1(s)G_2(s)H(s)}R(s) \tag{2-2-33}$$

$$C_{\mathrm{n}}(s)=\varPhi_{\mathrm{n}}(s)N(s)=\frac{G_2(s)}{1+G_1(s)G_2(s)H(s)}N(s) \tag{2-2-34}$$

因为系统是线性的，满足叠加原理，所以在给定输入和扰动共同作用下，系统的输出为

$$\begin{aligned}C(s)&=C_{\mathrm{r}}(s)+C_{\mathrm{n}}(s)=\varPhi(s)R(s)+\varPhi_{\mathrm{n}}(s)N(s)\\&=\frac{G_1(s)G_2(s)}{1+G_1(s)G_2(s)H(s)}R(s)+\frac{G_2(s)}{1+G_1(s)G_2(s)H(s)}N(s)\end{aligned} \tag{2-2-35}$$

3. 误差传递函数

图 2-15 中的 $E(s)$ 是分析系统稳态性能的一个重要变量，称为误差信号。

误差传递函数：以误差信号 $E(s)$ 为输出量的传递函数称为误差传递函数。

1）给定输入 $R(s)$ 作用下的误差传递函数

为了求取系统在参考输入 $R(s)$ 下的误差传递函数，令 $N(s)-0$，则结构如图 2 2 11 所示。

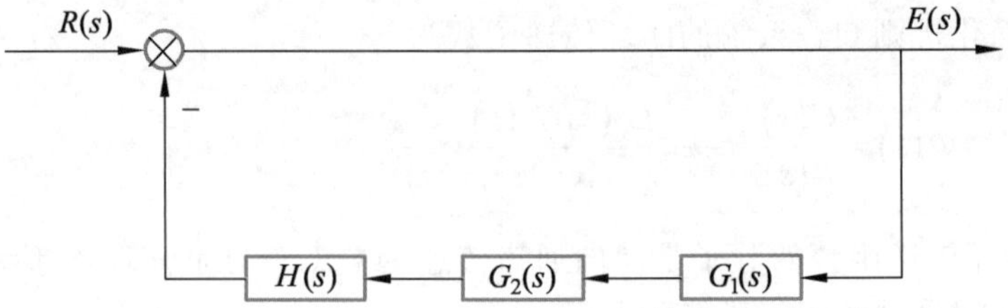


图 2-2-11　给定输入 $R(s)$作用下的误差传递函数

由系统的动态结构图，可以得到给定输入 $R(s)$ 作用下的误差传递函数为

$$\Phi_{\mathrm{er}}(s)=\frac{E(s)}{R(s)}=\frac{1}{1+G_1(s)G_2(s)H(s)} \tag{2-2-36}$$

2）扰动 $N(s)$ 作用下的误差传递函数

为了求取扰动作用下的误差传递函数，令 $R(s)=0$，则结构变为图 2-2-12 所示。

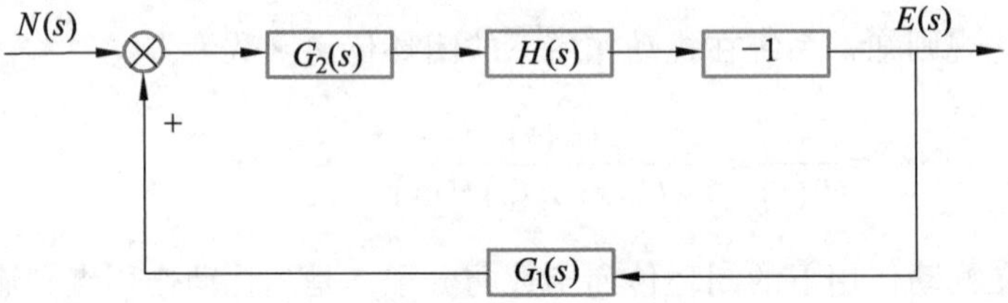


图 2-2-12　扰动 $N(s)$作用下的误差传递函数

由系统的动态结构图，可以得到扰动作用下的误差传递函数为

$$\Phi_{\mathrm{en}}(s)=\frac{E(s)}{R(s)}=\frac{-G_2(s)H(s)}{1+G_1(s)G_2(s)H(s)} \tag{2-2-37}$$

所以，系统在参考输入和扰动输入作用下的误差信号为

$$\begin{aligned} E(s)&=\Phi_{\mathrm{er}}(s)R(s)+\Phi_{\mathrm{en}}(s)N(s) \\ &=\frac{1}{1+G_1(s)G_2(s)H(s)}R(s)+\frac{-G_2(s)H(s)}{1+G_1(s)G_2(s)H(s)}N(s) \end{aligned} \tag{2-2-38}$$

我们从闭环传递函数和误差传递函数的表达式可以看出，尽管它们各不相同，但分母是一样的，均为 $1+G_k(s)$，这是闭环控制系统各种传递函数具有的规律性，即具有相同的分母，表明反馈控制系统的闭环特征方程及极点与外界作用信号的形式无关，也与输出信号引出点的位置无关。

### 2.2.5　传递函数的复数阻抗求解法

拉氏变换是求解线性微分方程的简便方法。当采用这一方法时，微分方程的求解问题就转化为代数方程和查表求解的问题，从而使计算大为简便，同时其微分方程便可容易地写出其传递函数。对于由电阻、电容、电感组成的无源网络等，在求取其传递函数时可以不通过微分方程、拉氏变换的方法，而直接用复数阻抗法来求得。

线性元件的复数阻抗是依据线性元件的 *V-I* 关系而成立的。时域上的关系所遵循的是欧姆定律，在变换域中也有相同的形式。可以把复数阻抗所遵循的 *V-I* 关系称为广义欧姆定律，而且符合传递函数的定义。

基本线性元件有三种，即电阻 *R*、电容 *C* 和电感 *L*，它们的复数阻抗如表 2-2-1 所示。

表 2-2-1　电阻、电容、电感的复数阻抗对照表

| | 典型电网络 | 时域方程 | 拉氏变换式 | 复数阻抗 |
|---|---|---|---|---|
| 电阻 *R* | 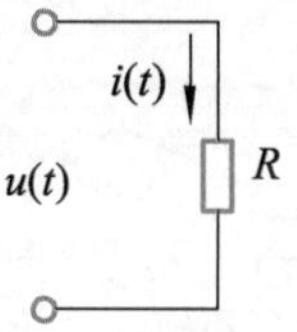  | $u(t)=Ri(t)$ | $U(s)=RI(s)$ | $Z_R(s)=\frac{U(s)}{I(s)}=R$ |
| 电容 *C* | 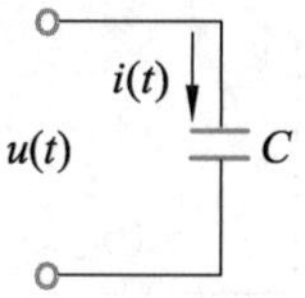  | $u(t)=\frac{1}{C}\int i(t)\mathrm{d}t$ | $U(s)=\frac{1}{Cs}I(s)$ | $Z_C(s)=\frac{U(s)}{I(s)}=\frac{1}{Cs}$ |
| 电感 *L* | 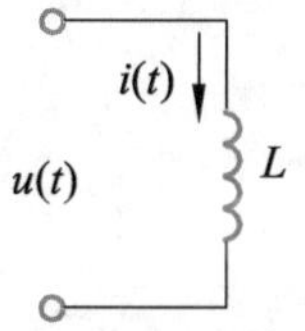  | $u(t)=L\frac{\mathrm{d}i(t)}{\mathrm{d}t}$ | $U(s)=I(s)Ls$ | $Z_L(s)=\frac{U(s)}{I(s)}=Ls$ |

电网络的传递函数可以方便地利用线性元件的复数阻抗来求得。具体请看下面的两个例子。

【例 2-2-2】 已知某 *RLC* 网络如图 2-2-13 所示，试采用复数阻抗法求取其传递函数。

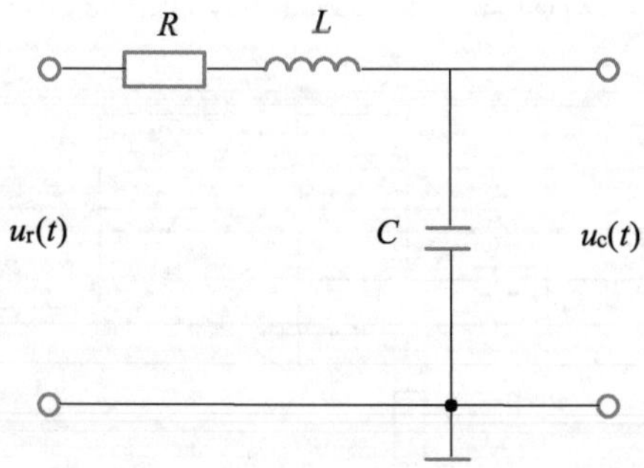


图 2-2-13　*RLC* 网络

解：由复数阻抗法可以写出分压公式为

$$\frac{U_r(s)}{Z_R(s)+Z_L(s)+Z_C(s)}\cdot Z_C(s)=U_c(s) \tag{2-2-39}$$

代入各复数阻抗，得

$$\frac{U_r(s)}{R+Ls+\frac{1}{Cs}}\cdot\frac{1}{Cs}=U_c(s) \qquad (2\text{-}2\text{-}40)$$

求得传递函数为

$$G(s)=\frac{U_c(s)}{U_r(s)}=\frac{U_r(s)}{LCs^2+RCs+1} \qquad (2\text{-}2\text{-}41)$$

【例 2-2-3】 已知某有源网络（比例积分 PI）如图 2-2-14 所示，试采用复数阻抗法求取其传递函数 $G(s)$。

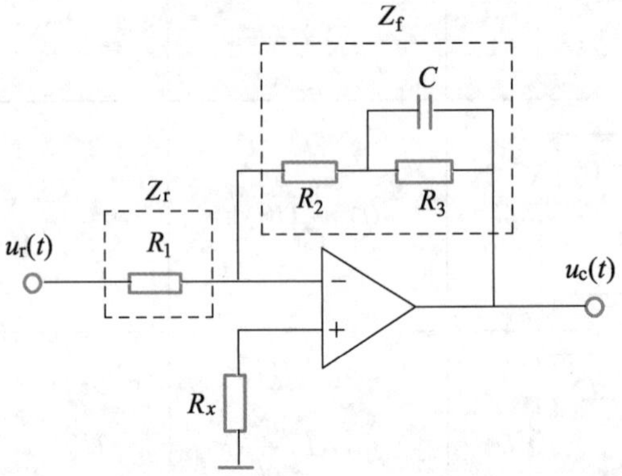


图 2-2-14 PI 运算有源网络

解：在图 2-2-14 中，对于反相输入的运算放大器，其运算关系如式（2-2-42）所示，即

$$G(s)=\frac{U_c(s)}{U_r(s)}=\frac{Z_f(s)}{Z_r(s)} \qquad (2\text{-}2\text{-}42)$$

式中，$Z_r(s)$ 为输入复数阻抗，$Z_f(s)$ 为反馈复数阻抗；负号表示输出与输入的相位相反。

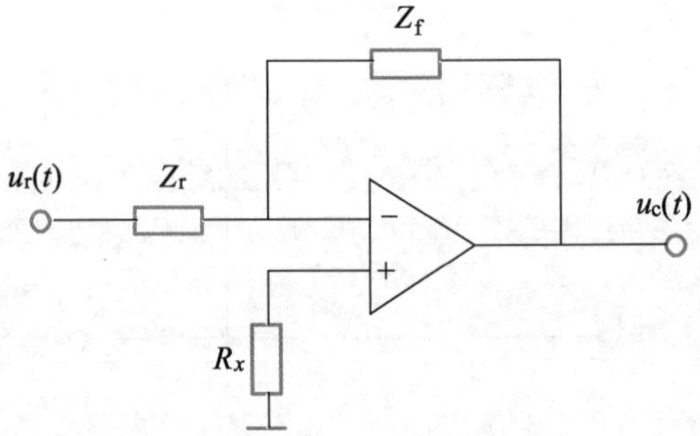


图 2-2-15 反相运算有源网络

图 2-2-15 所示的 PI 运算有源网络中，各复数阻抗计算如下：

输入复数阻抗为

$$Z_r(s)=R_1 \qquad (2\text{-}2\text{-}43)$$

反馈复数阻抗为

$$Z_{\mathrm{f}}(s) = R_2 + R_3 // \frac{1}{Cs} = R_2 + \frac{R_3 \times \frac{1}{Cs}}{R_3 + \frac{1}{Cs}} = R_2 + \frac{R_3}{R_3 Cs + 1} \tag{2-2-44}$$

所以传递函数为

$$G(s) = \frac{U_{\mathrm{c}}(s)}{U_{\mathrm{r}}(s)} = -\frac{Z_{\mathrm{f}}(s)}{Z_{\mathrm{r}}(s)} = -\left(\frac{R_2}{R_1} + \frac{R_3}{R_1(R_3 Cs + 1)}\right) \tag{2-2-45}$$

### 2.2.6 传递函数的性质

（1）传递函数只适用于线性定常系统。由于传递函数是基于拉氏变换将原来的线性常系数微分方程从时域变换至复频域而得到的，故仅用于描述线性定常系统。

（2）传递函数是在零初始条件下定义的，因此表示了在系统内部没有任何能量储存条件下的系统描述。传递函数是在零初始条件下定义的。控制系统的零初始条件有两方面的含义：一是指输入量是在 $t \geqslant 0$ 时才作用于系统。因此，在 $t = 0^-$ 时，输入量及其各阶导数均为零；二是指输入量加于系统之前，系统处于稳定的工作状态，即输出量及其各阶导数在 $t = 0^-$ 时的值也为零，现实的工程控制系统多属此类情况。

（3）传递函数只取决于系统自身的结构和参数，而与系统的输入量无关。

（4）传递函数并不是系统具有物理结构的描述，所以对服从不同物理规律的系统可以有同样的传递函数。

（5）传递函数只描述系统的输入输出特性，而不能表征系统内部所有状态的特性。

## 2.3 结构图与信号流图

控制系统的结构图和信号流图都是描述系统各元部件之间信号传递关系的数学图形，它们表示了系统中各变量之间的因果关系以及对各变量所进行的运算，是控制理论中描述复杂系统的一种简便方法。与结构图相比，信号流图符号简单，更便于绘制和应用，特别在系统的计算机模拟仿真研究以及状态空间法分析设计中，信号流图可以直接给出计算机模拟仿真程序和系统的状态方程描述，更显示出其优越性。但是，信号流图只适用于线性系统，而结构图也可用于非线性系统。

### 2.3.1 结构图的组成与一般画法

动态结构图又称为方框图、方块图，是一种网络拓扑约束下的有向线图，由以下几部分组成。

（1）信号线：即带有箭头的直线，箭头表示信号传递的方向，在直线旁标注所传递信号的时间函数或象函数，如图 2-3-1 所示。

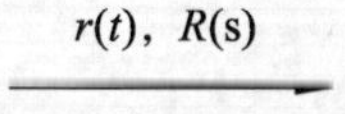


图 2-3-1 信号线

（2）引出点（测量点）：表示信号引出或测量的位置。从同一信号线上引出的信号在数值和性质上完全相同，如图 2-3-2 所示。这里的信号引出与测量信号一样，不影响原信号，所以也称为测量点。

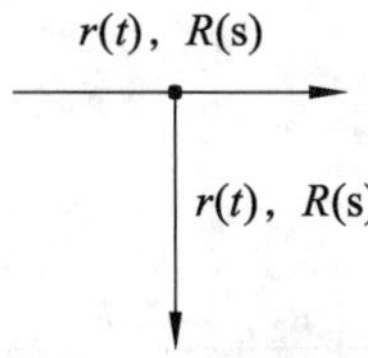


图 2-3-2　引出点

（3）比较点（综合点）：表示对两个或两个以上的信号进行代数运算，如图 2-3-3 所示，“+”号表示相加，“-”号表示相减，“+”号可以省略不写。比较点可以有多个输入信号，但一般只画一个输出信号，若需要几个输出，通常加引出点。

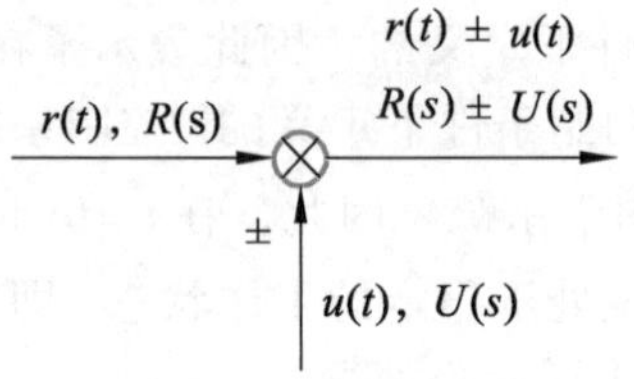


图 2-3-3　比较点

（4）方框（环节）：表示对输入信号进行的数学变换。对于线性定常系统或元件，通常在方框中写入其传递函数或频率特性。方框输出的象函数等于输入的象函数乘以方框中的传递函数或频率特性，如图 2-3-4 所示。

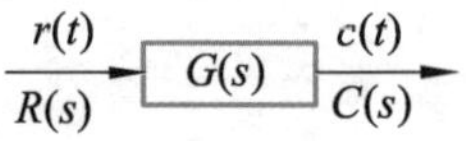


图 2-3-4　方框

给一个实际的系统绘制结构图时，步骤如下：

（1）分别列写系统各环节（元件）的传递函数。

（2）将它们用方框表示（方框中是传递函数，并以带箭头的信号线和字母标明其输入量和输出量）。

（3） 按照信号的传递方向用信号线依次将各方框连接起来便得到系统的动态结构图。

【例 2-3-1】 试绘制图 2-3-5 所示 $RC$ 无源网络的结构图。

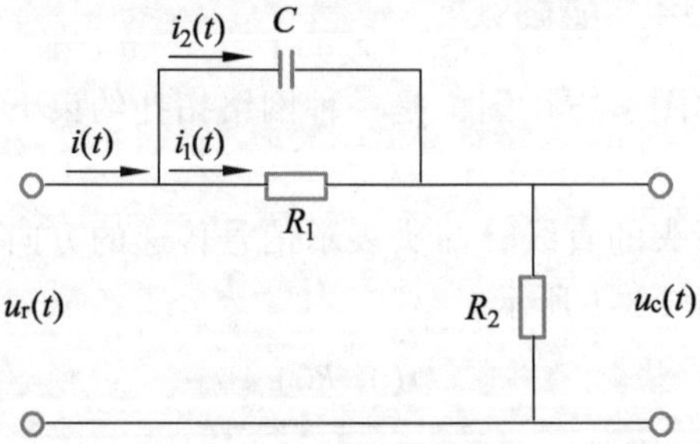


图 2-3-5　$RC$ 无源网络

解：可将图 2-3-5 所示 *RC* 无源网络视为一个系统，组成网络的元件就对应于系统的元部件。应用复数阻抗法，则相应的量应全部表示为复数量。

根据基尔霍夫定律可写出以下方程：

$$U_r(s)=R_1I_1(s)+U_c(s) \tag{2-3-1}$$

$$I_2(s)\cdot\frac{1}{Cs}=R_1I_1(s) \tag{2-3-2}$$

$$I_1(s)+I_2(s)=I(s) \tag{2-3-3}$$

$$U_c(s)=R_2I(s) \tag{2-3-4}$$

作为系统的输入，所以先绘制 $U_r(s)$ 作为输入的结构图。式（2-3-1）含有输入量 $U_r(s)$，可绘制相应元件的方框图，如图 2-3-6 所示。

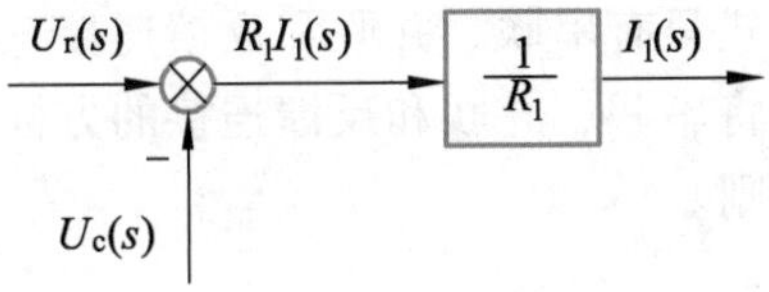


图 2-3-6　$U_r(s)$作为输入量的结构图

按照信号的传递方向，从图 2-3-6 可知，下一个结构图的输入是 $I_1(s)$，式（2-3-2）可绘制相应的结构图，如图 2-3-7 所示。

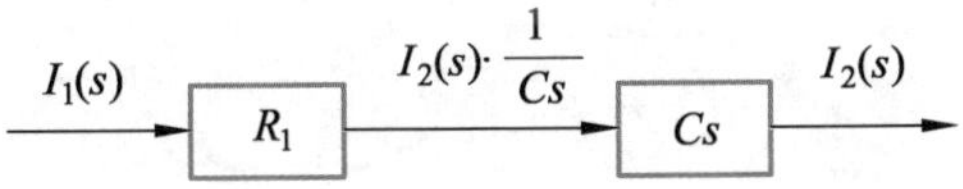


图 2-3-7　$I_1(s)$作为输入量的结构图

按照信号的传递方向，从图 2-3-7 可知，下一个结构图的输入是 $I_2(s)$，式（2-3-3）可绘制相应的结构图，如图 2-3-8 所示。

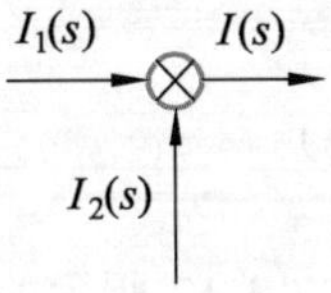


图 2-3-8　$I_2(s)$作为输入量的结构图

系统输出量是 $U_c(s)$，式（2-3-4）可绘制相应的结构图，如图 2-3-9 所示。

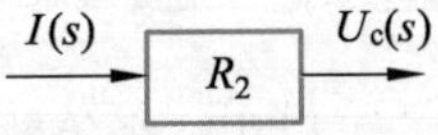


图 2-3-9　$U_c(s)$作为输出量的结构图

将图 2-3-6、2-3-7、2-3-8、2-3-9 从左到右按信号流向依次将各方框连接起来，就得到 *RC* 无源网络完整的结构图，如图 2-3-10 所示。

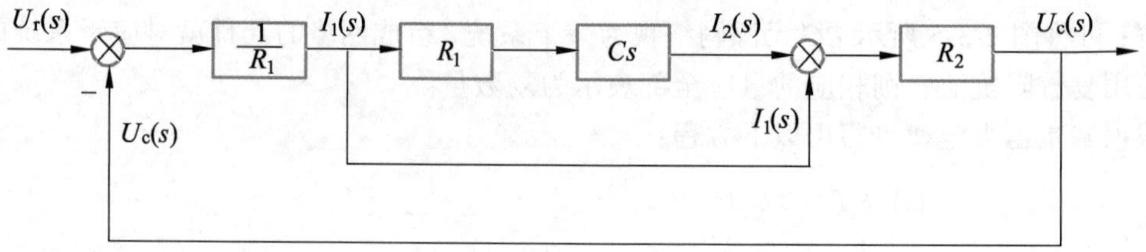


图 2-3-10　*RC* 无源网络的动态结构图

## 2.3.2　结构图的等效变换与简化

对于复杂系统的结构图，其方框间的连接必然是错综复杂的，为了便于分析和计算，需要将结构图中的一些方框基于“等效”的概念进行重新排列和整理，使复杂的结构图得以简化。

由于方框间的基本连接方式只有串联、并联和反馈连接三种，因此，结构图的一般简化方法是移动引出点或比较点，将串联、并联和反馈连接的方框合并。在简化过程中应遵循变换前后变量关系保持不变的原则。

### 1. 环节的串联

环节的串联是很常见的一种结构形式，其特点是前一个环节的输出信号为后一个环节的输入信号，如图 2-3-11 所示。

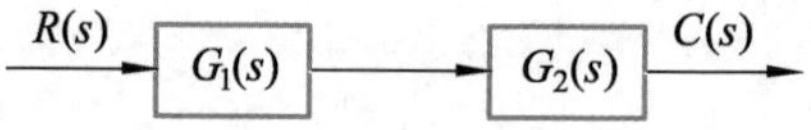


图 2-3-11　串联

其中

$$C(s)=R(s)G_1(s)G_2(s) \tag{2-3-5}$$

即

$$G(s)=\frac{C(s)}{R(s)}=G_1(s)G_2(s) \tag{2-3-6}$$

因此，串联环节的等效传递函数可用图 2-3-12 所示的结构表示。

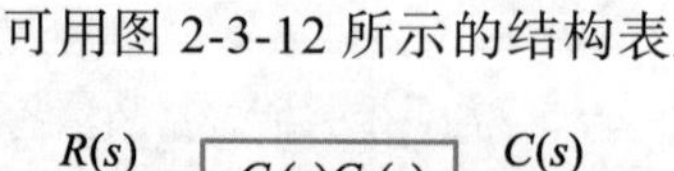


图 2-3-12　串联等效图

由此可知，两个串联连接的环节，可以用一个等效环节去取代，等效环节的传递函数为各个环节传递函数的乘积。这个结论可推广到 $n$ 个环节串联的情况。

### 2. 环节的并联

环节并联的特点是各环节的输入信号相同，输出信号相加（或相减），如图 2-3-13 所示。

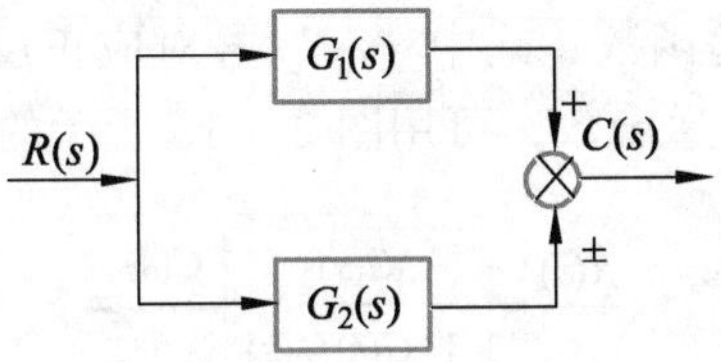


图 2-3-13 并联

其中

$$C(s) = R(s)G_1(s) \pm R(s)G_2(s) \\ = R(s)\left[G_1(s) \pm G_2(s)\right] \tag{2-3-7}$$

即

$$G(s) = \frac{C(s)}{R(s)} = G_1(s) \pm G_2(s) \tag{2-3-8}$$

因此，并联环节的等效传递函数为 $G(s)=G_1(s) \pm G_2(s)$，可用图 2-3-14 所示的结构表示。

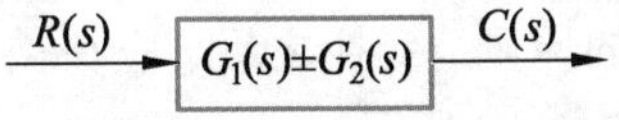


图 2-3-14 并联等效图

3. 环节的反馈

若传递函数分别为 $G(s)$ 和 $H(s)$ 的两个环节以图 2-3-15 的形式连接，则称为反馈连接。其中，"+"号为正反馈，表示输入信号与反馈信号相加；"－"号为负反馈，表示输入信号与反馈信号相减。

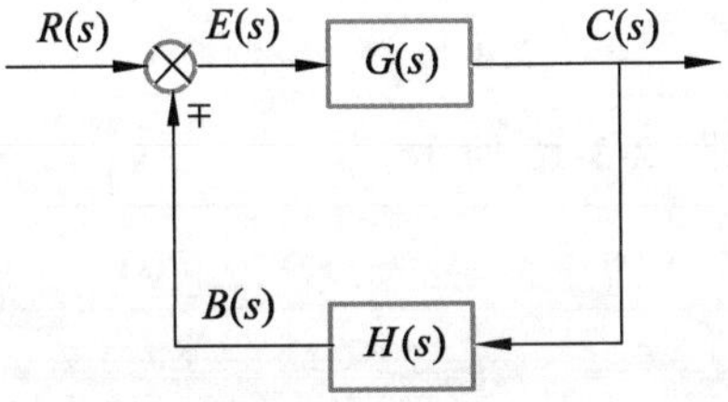


图 2-3-15 反馈

其中

$$C(s) = E(s)G(s) \\ = \left[R(s) \mp B(s)\right]G(s) \\ = R(s)G(s) \mp H(s)C(s)G(s) \tag{2-3-9}$$

整理得

$$C(s)\left[1 \pm H(s)G(s)\right] = R(s)G(s) \tag{2-3-10}$$

即

$$\frac{C(s)}{R(s)} = \frac{G(s)}{1 \pm H(s)G(s)} \tag{2-3-11}$$

式（2-3-11）称为闭环传递函数（式中“－”号对应正反馈连接，“+”号对应负反馈连接），是环节反馈连接的等效传递函数，可用图 2-3-16 所示的结构表示。

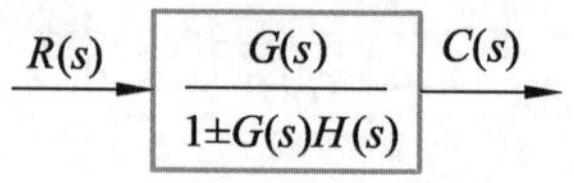


图 2-3-16　串联等效图

4. 比较点和引出点的移动

在系统结构图简化过程中，有时为了便于进行方框的串联、并联或反馈连接的运算，需要移动比较点或引出点的位置。这时应注意在移动前后必须保持信号的等效性，而且比较点和引出点之间一般不宜交换其位置。此外，“－”号可以在信号线上越过方框移动，但不能越过比较点和引出点。

1）比较点的移动

（1）比较点相对于方框的移动。

比较点相对于方框的移动是指将位于方框输入端（或输出端）的比较点移动到方框的输出端（或输入端）。根据等效变换的原则，变换之后，应在被移动支路中串入适当的传递函数。

比较点相对于方框前移如图 2-3-17 所示。

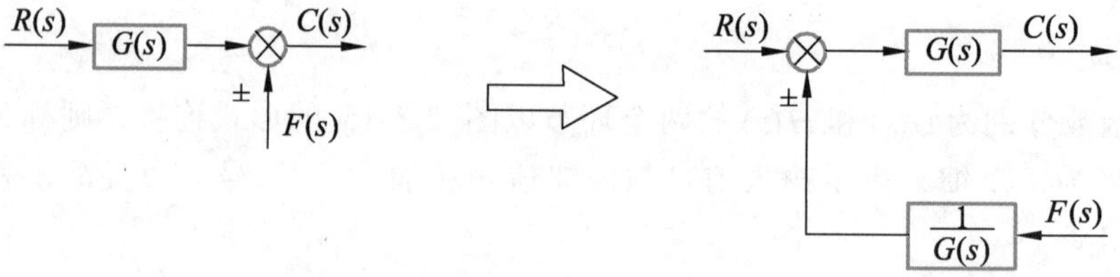


图 2-3-17　比较点前移

比较点相对于方框后移如图 2-3-18 所示。

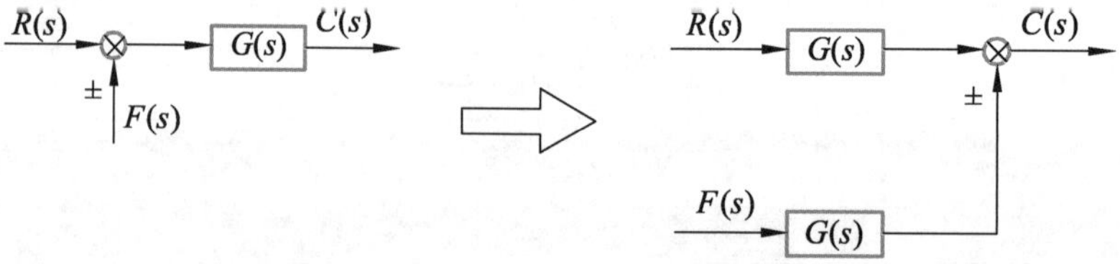


图 2-3-18　比较点后移

（2）比较点之间的位置交换。

相邻比较点之间的位置交换或合并如图 2-3-19 所示。

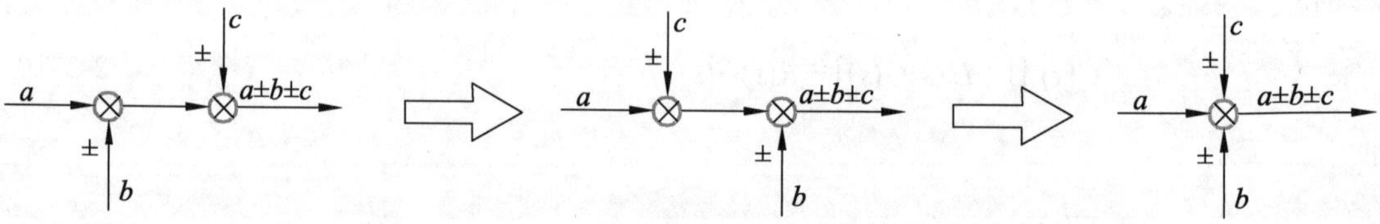


图 2-3-19　比较点之间的位置交换或合并

由图 2-3-19 可知，比较点之间的位置交换或合并可随意进行，并不会改变系统的结构。

2）引出点的移动

引出点相对于方框的移动是指将位于方框输入端（或输出端）的引出点移动到方框的输出端（或输入端）。根据等效变换的原则，变换之后，应在被移动支路中串入适当的传递函数。

（1）引出点相对于方框的移动。

引出点相对于方框前移如图 2-3-20 所示。

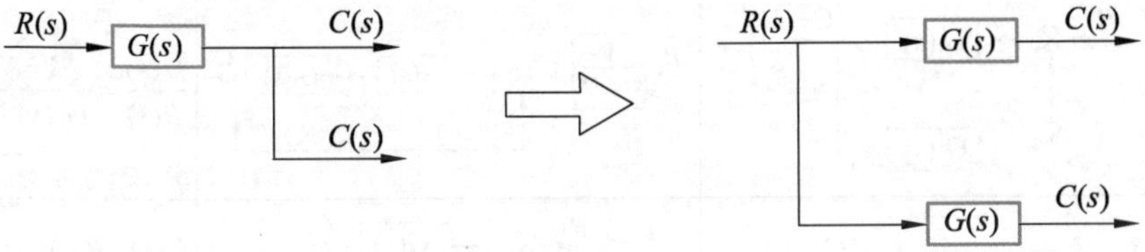


图 2-3-20　引出点前移

引出点相对于方框后移如图 2-3-21 所示。

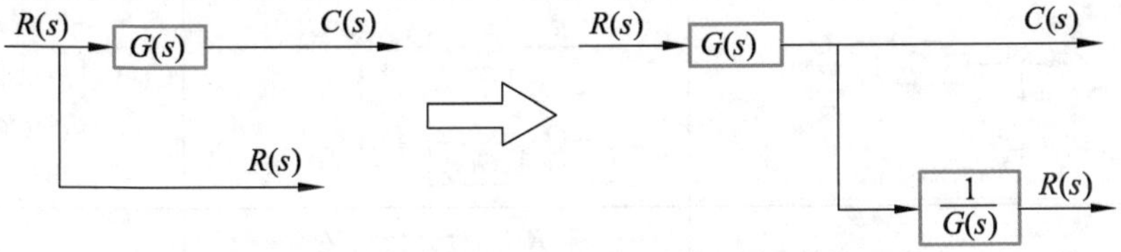


图 2-3-21　引出点后移

（2）引出点之间的位置交换。

引出点之间的位置交换如图 2-3-22 所示。

图 2-3-22　引出点之间的位置交换

由图 2-3-22 可知，引出点之间的位置可随意交换，并不会改变系统的结构。

需要再次强调的是，比较点和引出点之间一般不宜交换其位置，因为交换后的结构更加复杂，并没有对简化系统起到很好的作用。

表 2-3-1 汇集了结构图简化（等效变换）的基本规则，可供查用。

表 2-3-1　结构图简化（等效变换）的基本规则

| 名称 | 原方框图 | 等效方框图 | 等效运算关系 |
|---|---|---|---|
| （1）串联 |  | 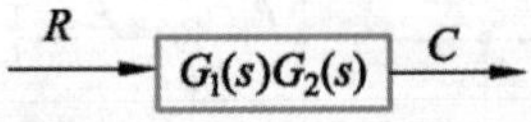 | $C(s)=G_1(s)G_2(s)R(s)$ |
| （2）并联 | 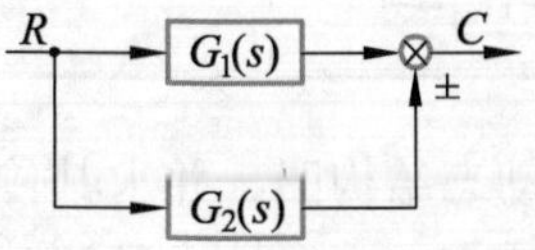 | 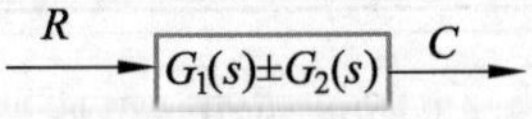 | $C(s)=\left[G_1(s)\pm G_2(s)\right]R(s)$ |

续表

| | 原方框图 | 等效方框图 | 等效运算关系 |
|---|---|---|---|
| (3)反馈 | 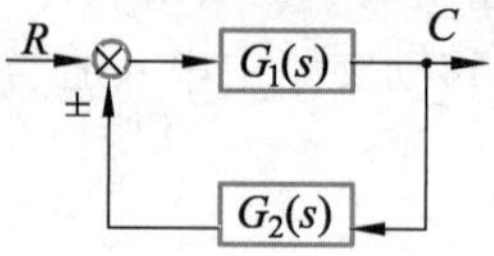 | 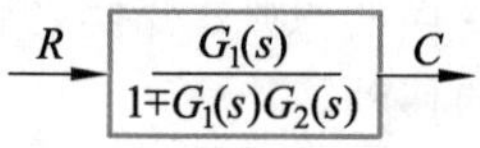 | $\dfrac{C(s)}{R(s)}=\dfrac{G_1(s)}{1\mp G_1(s)G_2(s)}$ |
| (4)等效单位反馈 | 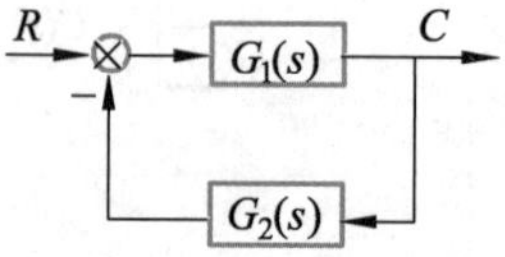 | 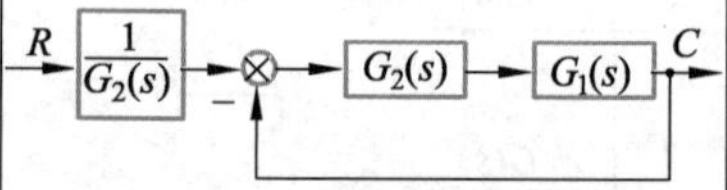 | $\dfrac{C(s)}{R(s)}=\dfrac{1}{G_2(s)}\dfrac{G_1(s)G_2(s)}{1+G_1(s)G_2(s)}$ |
| (5)比较点前移 | 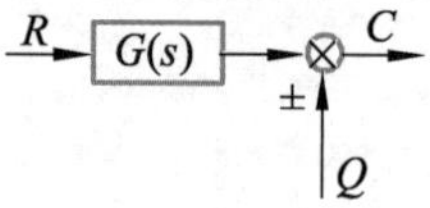 | 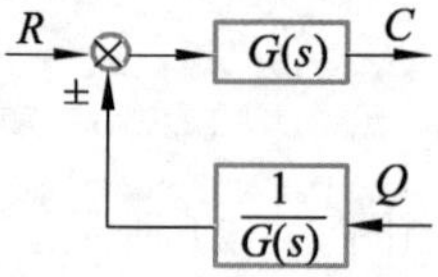 | $C(s)=R(s)G(s)\pm Q(s)$ $=\left[R(s)\pm\dfrac{Q(s)}{G(s)}\right]G(s)$ |
| (6)比较点后移 | 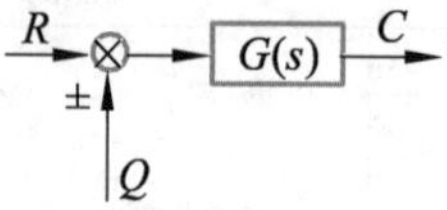 | 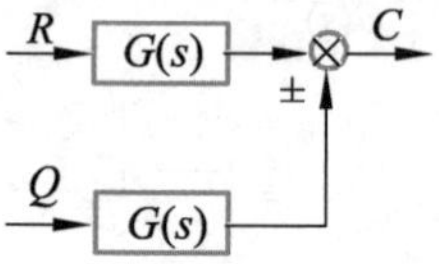 | $C(s)=\left[R(s)\pm Q(s)\right]G(s)$ $=R(s)G(s)\pm Q(s)G(s)$ |
| (7)引出点前移 | 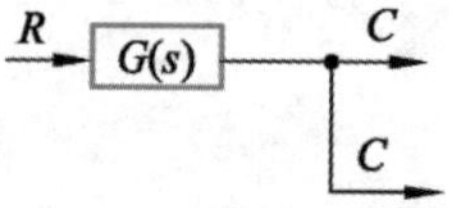 | 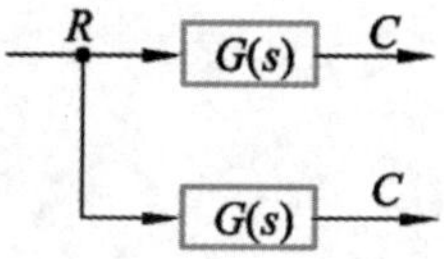 | $C(s)=R(s)G(s)$ |
| (8)引出点后移 | 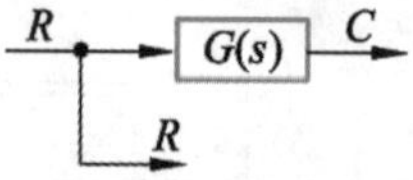 | 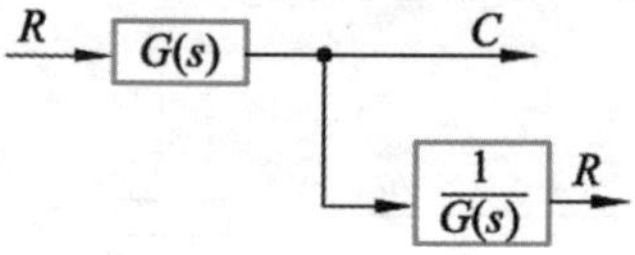 | $R(s)=R(s)G(s)\dfrac{1}{G(s)}$ $C(s)=R(s)G(s)$ |
| (9)交换或合并比较点 | 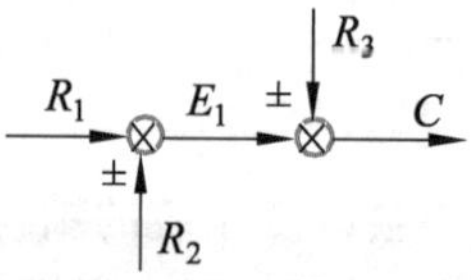 | 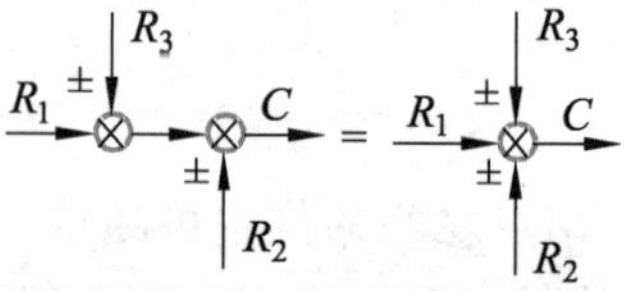 | $C(s)=E_1(s)\pm R_3(s)$ $=R_1(s)\pm R_2(s)\pm R_3(s)$ $=R_1(s)\pm R_3(s)\pm R_2(s)$ |
| (10)交换比较点或引出点(一般不采用) | 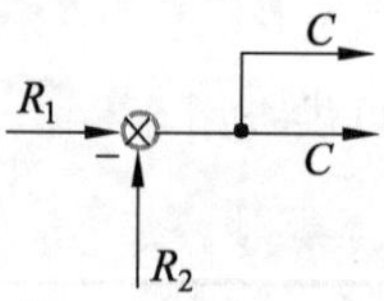 | 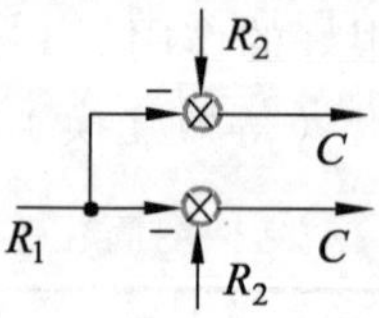 | $C(s)=R_1(s)-R_2(s)$ |
| (12)负号在支路上移动 | 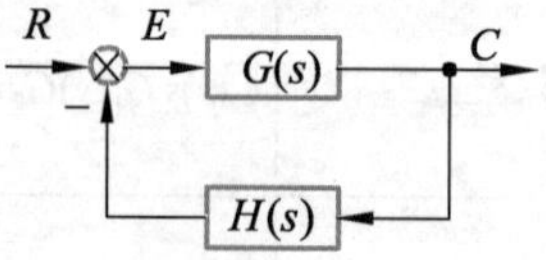 | 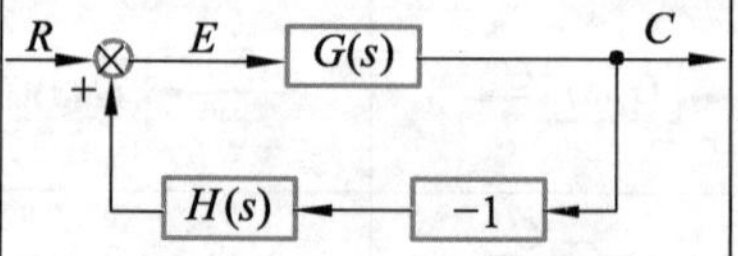 | $E(s)=R(s)-H(s)C(s)$ $=R(s)+H(s)\times(-1)C(s)$ |

【例 2-3-2】 化简图 2-3-23 所示两级 $RC$ 滤波网络的动态结构图，并求其传递函数。

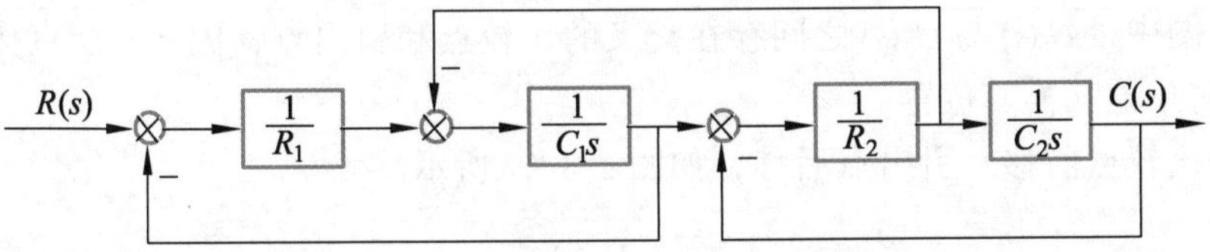


图 2-3-23 两级 *RC* 网络的动态结构图

解：此动态结构图中只有一条前向通路，三条反馈支路，也就是有三个自闭合的回路。但回路中信号并不独立，回路内部有信号的比较点或引出点。因此，在化简动态结构图时，首先应将回路内部的比较点和引出点移出环外，然后按串联、并联、反馈连接的等效变换规则进一步简化即可。

**第一步：**将比较点前移，引出点后移，如图 2-3-24 所示。

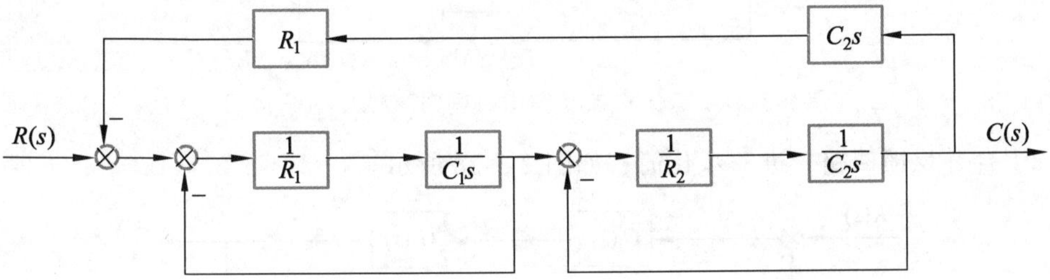


图 2-3-24 将比较点和引出点同时移动后的结构图

**第二步：**化简两个内部回路，并合并反馈支路的方框，如图 2-3-25 所示。

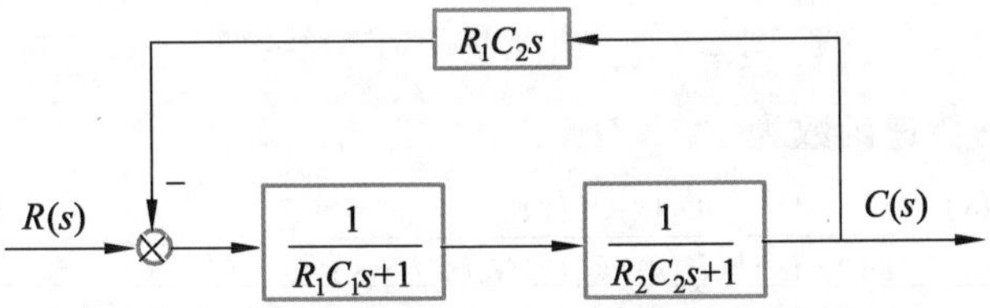


图 2-3-25 化简后的结构图

**第三步：**利用反馈回路化简公式，可求得该网络的传递函数为

$$\frac{C(s)}{R(s)}=\frac{1}{(R_1C_1s+1)(R_2C_2s+1)+R_1C_2s} \tag{2-3-12}$$

【例 2-3-3】 化简图 2-3-26 所示系统的动态结构图，并求系统的传递函数。

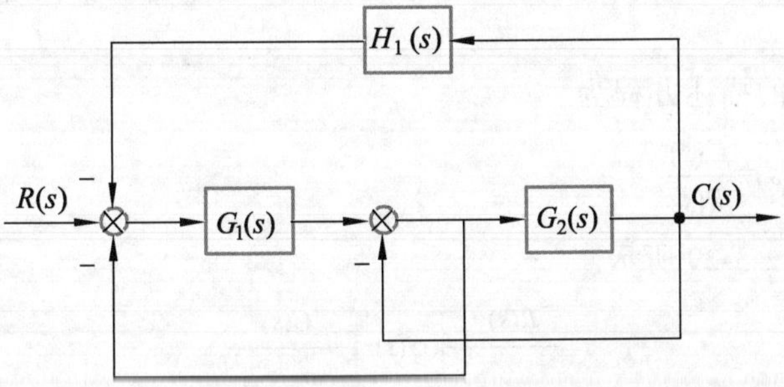


图 2-3-26 动态结构图

解：在图中，$G_1(s)$ 与 $G_2(s)$ 之间存在交叉的比较点和引出点，因此不能直接进行方框运算，也不可简单地互换其位置。

（1）将比较点前移，引出点后移，如图 2-3-27 所示。

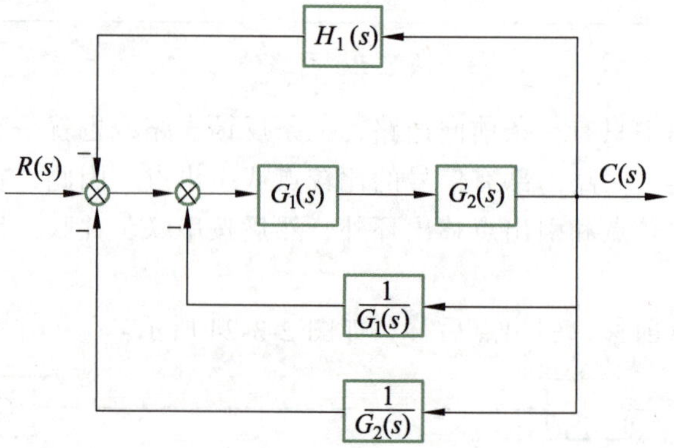


图 2-3-27 将比较点和引出点同时移动后的结构图

（2）合并反馈回路，进一步化简，如图 2-3-28 所示。

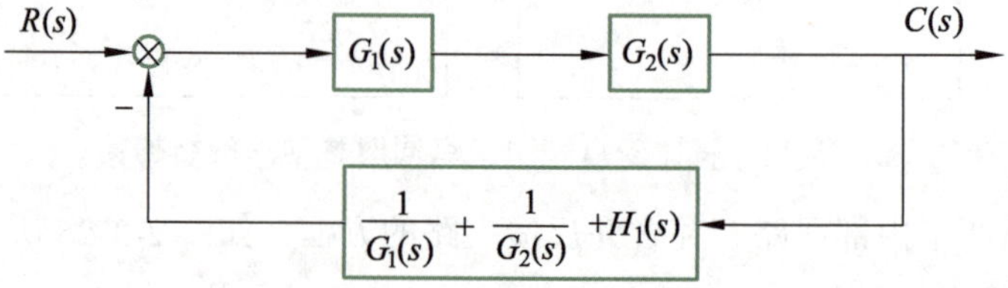


图 2-3-28 化简后的动态结构图

（3）求得系统的传递函数为

$$\frac{C(s)}{R(s)}=\frac{G_1(s)G_2(s)}{1+G_1(s)+G_2(s)+G_1(s)G_2(s)H_1(s)} \tag{2-3-13}$$

### 2.3.3 信号流图的组成与一般画法

控制系统的信号流图与结构图一样，都是描述系统各元部件之间信号传递关系的数学图形。对于结构比较复杂的系统，结构图的变换和化简过程往往显得烦琐且费时。与结构图相比，信号流图符号简单，更便于绘制和应用，而且可以利用梅逊增益公式直接求出任意两个变量之间的传递函数。

需要注意的是，信号流图只适用于线性系统，而动态结构图不仅适用于线性系统，还可用于非线性系统。

若一个简单系统的描述方程为

$$G(s)=\frac{C(s)}{R(s)} \tag{2-3-14}$$

则其对应的结构如图 2-3-29 所示。

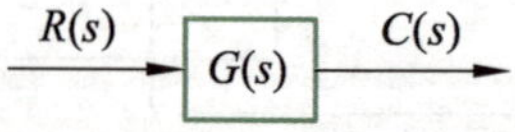


图 2-3-29 式（2-3-14）的结构图

若用信号流图，则表示为

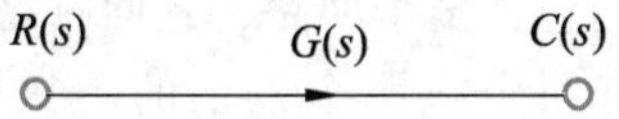


图 2-3-30　式（2-3-14）的信号流图

又如一描述系统的方程组为

$$\begin{cases} x_2 = ax_1 + bx_3 + gx_5 \\ x_3 = cx_2 \\ x_4 = dx_1 + ex_3 + fx_4 \\ x_5 = hx_4 \end{cases}$$

此方程组的信号流如图 2-3-31 所示。

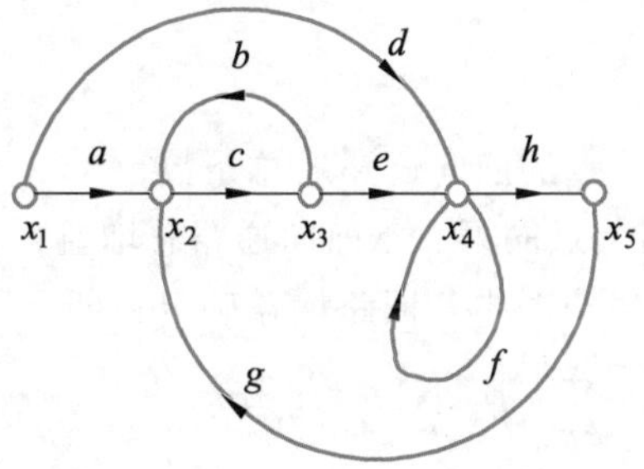


图 2-3-31　方程组的信号流图

在信号流图中，常使用以下名词术语：

**源点（或输入节点）**：只有输出支路的节点称为源点，如图 2-3-30 中的 $R(s)$ 和图 2-3-31 中的 $x_1$。它一般表示系统的输入量。

**汇点（或输出节点）**：只有输入支路的节点称为汇点，如图 2-3-30 中的 $C(s)$ 和图 2-3-31 中的 $x_5$。它一般表示系统的输出量。

**混合节点**：既有输入支路又有输出支路的节点称为混合节点，如图 2-3-31 中的 $x_2$、$x_3$、$x_4$。它一般表示系统的中间变量。

**前向通路**：信号从输入节点向输出节点传递时，每一个节点只通过一次的通路，称为前向通路。前向通路上各支路增益的乘积，称为前向通路总增益，一般用 $p_k$ 表示。在图 2-3-31 中从源点到汇点共有两条前向通路，一条是 $x_1 \to x_2 \to x_3 \to x_4 \to x_5$，其前向通路总增益为 $p_1 = aceh$；另一条是 $x_1 \to x_4 \to x_5$，其前向通路总增益为 $p_2 = dh$。

**回路**：起点和终点在同一节点，而且信号通过每一个节点不多于一次的闭合通路称为单独回路，简称为回路。如果从一个节点开始，只经过一个支路又回到该节点的，称为自回路。回路中所有支路增益的乘积称为回路增益，用 $L_a$ 表示。

图 2-3-31 中共有三个回路：

第一个是起始于节点 $x_2$，经过节点 $x_3$ 最后回到节点 $x_2$ 的回路，其回路增益为 $L_1 = bc$。

第二个是起始于节点 $x_2$，经过节点 $x_3$、$x_4$、$x_5$ 最后又回到节点 $x_2$ 的回路，其回路增益为 $L_2 = cegh$。

第三个是起始于节点 $x_4$ 并回到节点 $x_4$ 的自回路，其回路增益为 $L_3 = f$ 。

**不接触回路**：如果一信号流图包含多个回路，且回路之间没有公共节点，这种回路称为不接触回路。信号流图中可以有两个或两个以上的不接触回路。在图 2-3-31 中，回路 $x_2 \to x_3 \to x_2$ 和回路 $x_4 \to x_4$ 是一对不接触回路。

### 2.3.4　梅逊增益公式

当系统的信号流图已知时，可以用公式直接求出系统的传递函数，这个公式就是梅逊增益公式。由于信号流图和动态结构图之间存在相应的联系，因此梅逊增益公式同样也适用于结构图。

梅逊增益公式给出了系统信号流图中，任意输入节点与输出节点之间的增益，即传递函数。其公式为

$$P = \frac{1}{\Delta}\sum_{k=1}^{n} p_k \Delta_k \tag{2-3-15}$$

式中 $n$——从输入节点到输出节点的前向通路的总条数；

$p_k$——从输入节点到输出节点的第 $k$ 条前向通路总增益；

$\Delta$——特征式，由系统信号流图中各回路增益确定，即

$$\Delta = 1 - \sum L_a + \sum L_b L_c - \sum L_d L_e L_f + \cdots \tag{2-3-16}$$

$\sum L_a$——所有单独回路增益之和；

$\sum L_b L_c$——所有存在的两个互不接触的单独回路增益乘积之和；

$\sum L_d L_e L_f$——所有存在的三个互不接触的单独回路增益乘积之和；

$\Delta_k$——第 $k$ 条前向通路特征式的余因子式，即在流图特征式中除去与第 $k$ 条前向通路接触的回路增益后的 $\Delta$ 值的剩余部分。

上述公式中的接触回路是指具有共同节点的回路，反之称为不接触回路。与第 $k$ 条前向通路具有共同节点的回路称为与第 $k$ 条前向通路接触的回路。

根据梅逊增益公式计算系统的传递函数，首要问题是正确识别所有的回路并区分它们是否相互接触，正确识别所规定的输入与输出节点之间的所有前向通路及与其相接触的回路。现举例说明。

【例 2-3-4】 已知某系统的信号流如图 2-3-32 所示，试求其传递函数。

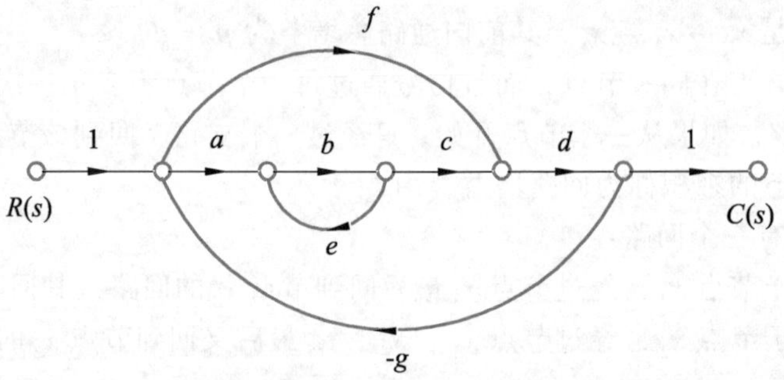


图 2-3-32　某系统的信号流图

解：由图可知，此系统有 2 条前向通道，即 $n=2$，其增益各为 $p_1 = abcd$ 和 $p_2 = fd$。有 3 个回路，即 $L_1 = be$，$L_2 = -abcdg$，$L_3 = -fdg$，因此 $\sum L_a = L_1 + L_2 + L_3$。上述 3 个回路中只有 $L_1$ 与 $L_3$ 互不接触，$L_2$ 与 $L_1$ 及 $L_3$ 都接触，因此 $\sum L_b L_c = L_1 L_3$。由此得系统的特征式为

$$\begin{aligned}\Delta &= 1-\sum L_a+\sum L_b L_c\\ &=1-(L_1+L_2+L_3)+L_1L_3\\ &=1-be+abcdg+fdg-befdg\\ &=1-be+(f+abc-bef)dg\end{aligned}$$

由图 2-3-32 可知，与 $p_1$ 前向通道相接触的回路为 $L_1$、$L_2$ 和 $L_3$，因此在 $\Delta$ 中除去 $L_1$、$L_2$ 和 $L_3$，得 $p_1$ 的特征余因子式 $\Delta_1=1$。同理，与 $p_2$ 前向通道相接触的回路为 $L_2$ 和 $L_3$，因此在 $\Delta$ 中除去 $L_2$ 和 $L_3$，得 $p_2$ 的特征余因子式 $\Delta_2 = 1-L_1 = 1-be$。

由此得系统的增益，即传递函数为

$$P=\frac{1}{\Delta}\sum_{k=1}^{2}p_k\Delta_k=\frac{p_1\Delta_1+p_2\Delta_2}{\Delta}=\frac{abcd+fd(1-be)}{1-be+(f+abc-bef)dg}$$

应该指出的是，由于信号流图和动态结构图本质上都是用图线来描述系统各变量之间的关系及信号的传递过程，因此可以在动态结构图上直接使用梅逊增益公式，从而避免烦琐的结构图变换和简化过程。但是在使用时需要正确识别动态结构图中相对应的前向通道、回路、接触与不接触、增益等，不要发生遗漏。

【例 2-3-5】 试求图 2-3-33 所示系统的传递函数。

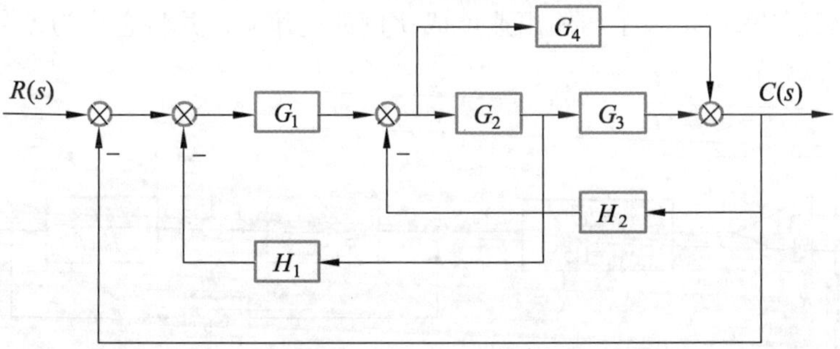


图 2-3-33 动态结构图

解：(1) 求 $\Delta$。

关键是要将回路数判断准确，此系统共有 5 个回路，各回路增益分别为 $L_1 = -G_1G_2H_1$，$L_2 = -G_2G_3H_2$，$L_3 = -G_1G_2G_3$，$L_4 = -G_1G_4$，$L_5 = -G_4H_2$，且各回路相互接触，故

$$\Delta = 1-\sum_{a=1}^{5}L_a = 1+G_1G_2H_1+G_2G_3H_2+G_1G_2G_3+G_1G_4+G_4H_2$$

(2) 求 $p_k$、$\Delta_k$。

此系统有两条前向通道，即 $n=2$，其增益各为 $p_1 = G_1G_2G_3$ 和 $p_2 = G_1G_4$，而且这两条前向通道与 5 个回路均相互接触，故 $\Delta_1=\Delta_2=1$。

（3）求系统传递函数。

$$\frac{C(s)}{R(s)}=\frac{p_1\Delta_1+p_2\Delta_2}{\Delta}=\frac{G_1G_2G_3+G_1G_4}{1+G_1G_2H_1+G_2G_3H_2+G_1G_2G_3+G_1G_4+G_4H_2}$$

## 2.4 控制系统建模实例

【例 2-4-1】 电力牵引电机控制系统建模。

大部分现代列车和调度机车都采用电力牵引电机。牵引电机牵引轨道车辆系统的原理框图如图 2-4-1 所示，其中电枢控制电机采用大功率直流电机，其参数如表 2-4-1 所示，功率放大器采用差分放大器。要求建立控制系统的数学模型，计算系统的传递函数 $\Omega$（s）/$\Omega_a$（$s$），并适当选择差分放大器的电阻 $R_1$，$R_2$，$R_3$，$R_4$。

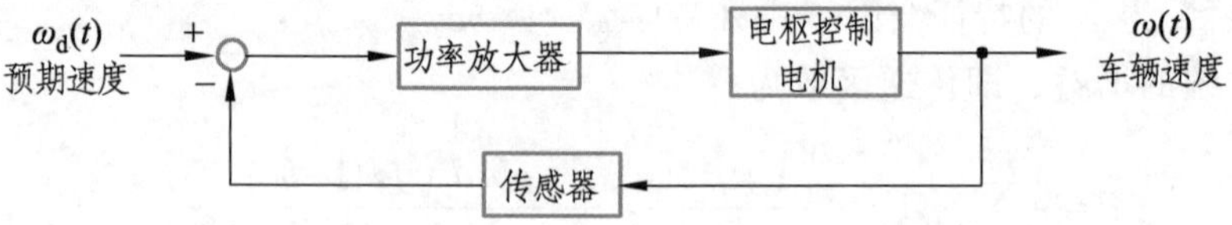


图 2-4-1 牵引电机牵引轨道车辆系统的原理框图

表 2-4-1 大功率直流电机的参数

| | |
|---|---|
| $K_m$=10 | $J$=2 |
| $R_a$=1 | $f$=0.5 |
| $L_a$=1 | $K_b$=0.1 |

解：选择转速计来产生一个与输出速度成比例的电压 $v_t$，并将它作为差分放大器的一个输入，如图 2-4-2 所示。

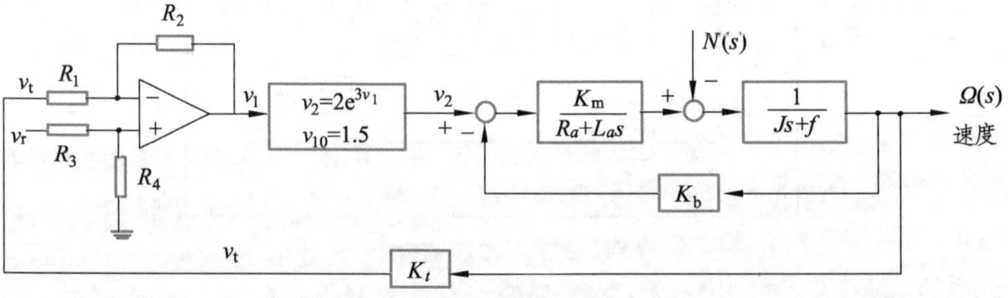


图 2-4-2 牵引电机牵引轨道车辆系统

功率放大器是非线性的，可近似表示为指数函数，即

$$v_2=2e^{3v_1}=g(v_1)$$

其正常工作点为 $v_{10}=1.5\ \text{V}$。利用小偏差线性化的方法，可得

$$\Delta v_2=\left(\left.\frac{dg(v_1)}{dv_1}\right|_{v_{10}}\right)\Delta v_1=540\Delta v_1$$

以小增量为新的变量，省去“Δ”符号，经拉氏变换后得

$$V_2(s)=540V_1(s)$$

对于差分放大器，有

$$v_1=\frac{1+\frac{R_2}{R_1}}{1+\frac{R_3}{R_4}}v_r-\frac{R_2}{R_1}v_t$$

通常，希望输入控制电压 $v_r$ 在数值上与预期速度 $\omega_{\mathrm{d}}(t)$ 相等，注意到车辆在稳定运行时有 $v_t=K_t\omega_{\mathrm{d}}$，于是车辆稳定运行时有

$$v_1=\frac{1+\frac{R_2}{R_1}}{1+\frac{R_3}{R_4}}v_r-\frac{R_2}{R_1}K_tv_r$$

其中 $v_1=0$。当 $K_t=0.1$ 时，选择 $\frac{1+\frac{R_2}{R_1}}{1+\frac{R_3}{R_4}}=\frac{R_2}{R_1}K_t=1$，求出

$$\frac{R_2}{R_1}=10,\quad \frac{R_3}{R_4}=10$$

系统结构如图 2-4-3 所示。

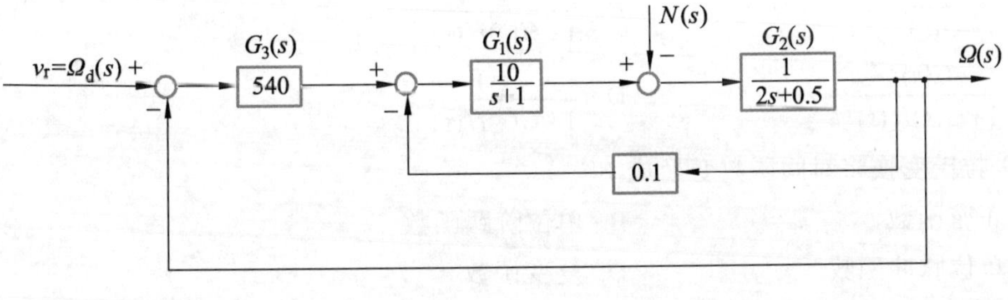


图 2-4-3　牵引电机牵引轨道车辆系统的结构图

对应的信号流如图 2-4-4 所示。

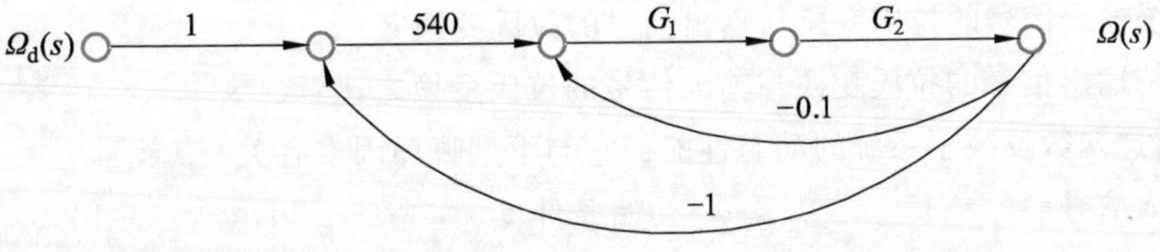


图 2-4-4　牵引电机牵引轨道车辆系统的信号流图

利用图 2-4-4 给出的信号流图和梅森增益公式，可得系统闭环传递函数为

$$\frac{\Omega(s)}{\Omega_d(s)}=\frac{540G_1(s)G_2(s)}{1+0.1G_1(s)G_2(s)+540G_1(s)G_2(s)}$$

将 $G_1(s)=\dfrac{10}{s+1}$， $G_2(s)=\dfrac{1}{2s+0.5}$ 代入上式得牵引电机牵引轨道车辆系统的传递函数为

$$\frac{\Omega(s)}{\Omega_d(s)}=\frac{2\ 700}{s^2+1.25s+2\ 700.75}$$

## 习　题

2-1　单项选择题

（1）线性系统和非线性系统的根本区别在于（　）。

A. 线性系统有外加输入，非线性系统无外加输入

B. 线性系统无外加输入，非线性系统有外加输入

C. 线性系统满足叠加原理，非线性系统不满足叠加原理

D. 线性系统不满足叠加原理，非线性系统满足叠加原理

（2）采用负反馈连接时，如前向通道的传递函数为 $G(s)$，反馈通道的传递函数为 $H(s)$，则其等效传递函数为（　）。

A. $\dfrac{G(s)}{1+G(s)}$　　B. $\dfrac{1}{1+G(s)H(s)}$

C. $\dfrac{G(s)}{1+G(s)H(s)}$　　D. $\dfrac{G(s)}{1-G(s)H(s)}$

（3）拉氏变换将时间函数变换成（　）。

A. 正弦函数　　B. 单位阶跃函数

C. 单位脉冲函数　　D. 复变函数

（4）线性定常系统的传递函数，是在零初始条件下（　）。

A. 系统输出信号与输入信号之比

B. 系统输入信号与输出信号之比

C. 系统输入信号的拉氏变换与输出信号的拉氏变换之比

D. 系统输出信号的拉氏变换与输入信号的拉氏变换之比

（5）传递函数反映了系统的动态性能，它与下列哪项因素有关？（　）。

A. 输入信号　　B. 初始条件

C. 系统的结构参数　　D. 输入信号和初始条件

（6）有一线性系统，其输入分别为 $u_1(t)$和 $u_2(t)$时，输出分别为 $y_1(t)$和 $y_2(t)$。当输入为 $a_1(t)u_1(t)+a_2(t)u_2(t)$ 时（$a_1$，$a_2$ 为常数），输出应为（　）。

A. $a_1y_1(t)+y_2(t)$　　B. $a_1y_1(t)+a_2y_2(t)$

C. $a_1y_1(t)-a_2y_2(t)$　　D. $y_1(t)+a_2y_2(t)$

（7）余弦函数 $\cos\omega t$ 的拉氏变换是（ ）。

A. $\dfrac{1}{s+\omega}$　　B. $\dfrac{\omega}{s^2+\omega^2}$

C. $\dfrac{s}{s^2+\omega^2}$　　D. $\dfrac{1}{s^2+\omega^2}$

（8）系统的传递函数（ ）。

A. 与输入信号有关

B. 与输出信号有关

C. 完全由系统的结构和参数决定

D. 既由系统的结构和参数决定，也与输入信号有关

2-2　填空题

（1）线性控制系统最重要的特性是可以应用_________原理，而非线性控制系统则不能。

（2）反馈控制系统是根据输入量和__________的偏差进行调节的控制系统。

（3）方框图中环节的基本连接方式有串联连接、并联连接和_______连接。

（4）线性定常系统的传递函数，是在_______时，系统输出信号的拉氏变换与输入信号的拉氏变换的比。

（5）函数 $te^{-at}$ 的拉氏变换为____________。

（6）线性控制系统其输出量与输入量间的关系可以用_______方程来描述。

2-3　分别列出图 2-1（a）所示电网络与 2-1（b）所示机械系统的微分方程，试证明它们有相同的数学模型。其中，图（a）的输入是 $u_i$，输出是 $u_o$；图（b）中 $x_i$ 是输入位移，$x_o$ 是输出位移。

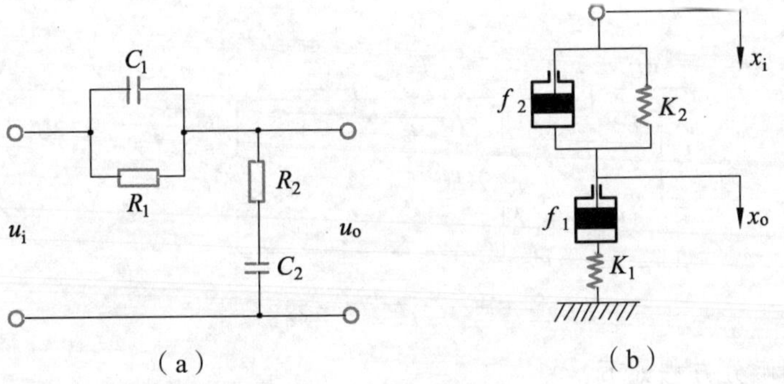


图 2-1　电网络与机械系统

2-4　当系统处于零初始条件下时，给系统输入单位阶跃响应信号，其输出响应为 $y(t)=1-e^{-2t}+e^{-t}$，试求该系统的传递函数。

2-5　试求图 2-2 所示电路的传递函数 $U_y(s)/U_r(s)$。

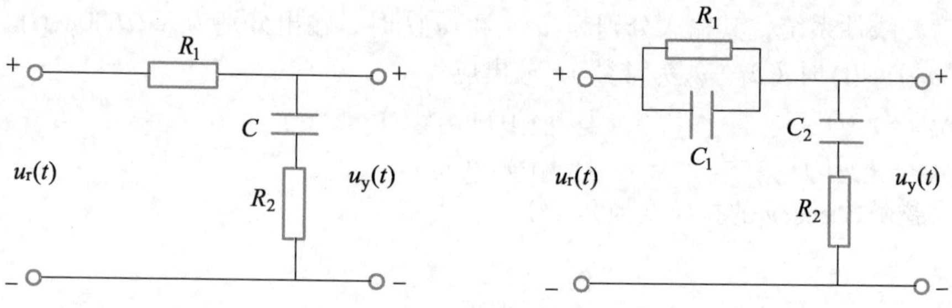


（a）　　　　（b）

图 2-2　题 2-5 电路

2-6　试求图 2-3 所示有源电路的传递函数 $U_y(s)/U_r(s)$。

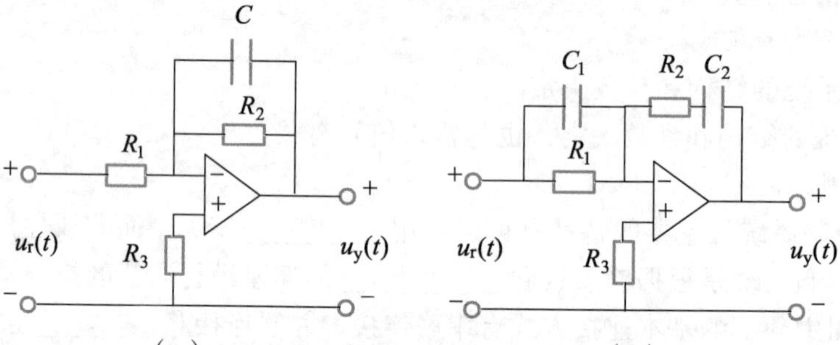


（a）　　　　（b）

图 2-3　题 2-6 电路

2-7　发电机-电动机组如图 2-4 所示。发电机激磁电压 $u_f$ 为输入量，电动机轴的角位移 $\theta$ 为输出量。$R_f$，$L_f$ 为发电机激磁绕组电阻和电感；$i_f$ 为发电机激磁绕组的电流；$R_a$、$L_a$ 分别为发电机和电动机的总电枢电阻和总电枢电感；$i_a$ 为电枢电流；$e_a$ 为发电机电枢感应电势；$e_b$ 为电动机电枢反电势；$\omega_0$ 为发电机电枢转子的恒定转速；$M$ 为电动机所生的主动力矩，$J$、$f$ 分别是折算到电动机轴上的转动惯量和黏性摩擦系数。试画出系统的动态结构图，并求出传递函数 $\theta(s)/U_f(s)$。

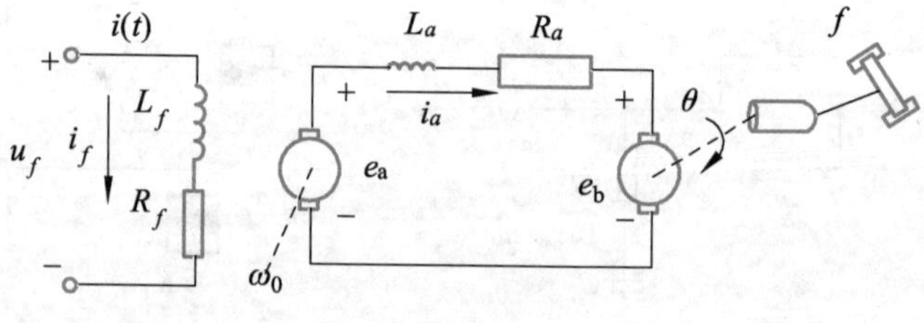


图 2-4　题 2-7 电路图

2-8　系统的微分方程如下：

$$x_1(t) = r(t) - y(t) + K_5 \frac{\mathrm{d}n}{\mathrm{d}t}$$

$$x_2(t) = K_1 x_1(t)$$

$$\frac{\mathrm{d}x_3(t)}{\mathrm{d}t} = K_2 x_2(t)$$

$$x_4(t) = x_3(t) - K_3 n(t)$$

$$K_4 x_4(t) = T\frac{\mathrm{d}c(t)}{\mathrm{d}t} + y(t)$$

其中，$r(t)$ 为给定输入信号；$n(t)$ 为输出量；$K_1 \sim K_5$ 和 $T$ 均为正常数。试画出系统的动态结构图，并求出传递函数 $Y(s)/R(s)$ 和 $Y(s)/N(s)$。

2-9　系统的微分方程组为

$$x_1(t) = r(t) - y(t), \qquad T_1\frac{\mathrm{d}x_2(t)}{\mathrm{d}t} = K_1 x_1(t) - x_2(t)$$

$$x_3(t) = x_2(t) - K_3 y(t), \qquad T_2\frac{\mathrm{d}y(t)}{\mathrm{d}t} + c(t) = K_2 x_3(t)$$

式中，$T_1$、$T_2$、$K_1$、$K_2$、$K_3$ 均为正的常数，系统的输入量为 $r(t)$，输出量为 $c(t)$，试画出动态结构图，并求出传递函数 $Y(s)/R(s)$。

2-10　简化图 2-5 所示动态结构，并求取传递函数 $Y(s)/R(s)$。

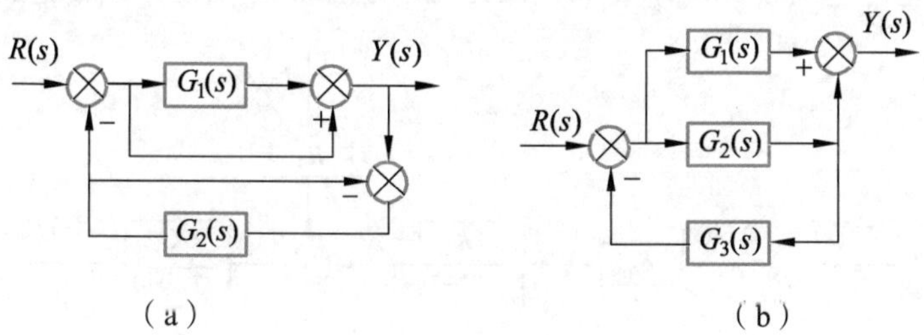


图 2-5　题 2-10 电路

2-11　简化图 2-6 所示动态结构图，并求取传递函数 $Y(s)/R(s)$。

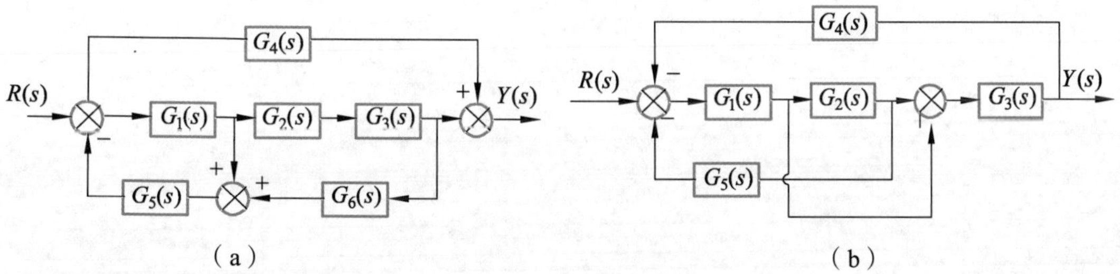


图 2-6　题 2-11 电路

2-12　简化图 2-7 所示动态结构图，并求取传递函数 $Y(s)/R(s)$。

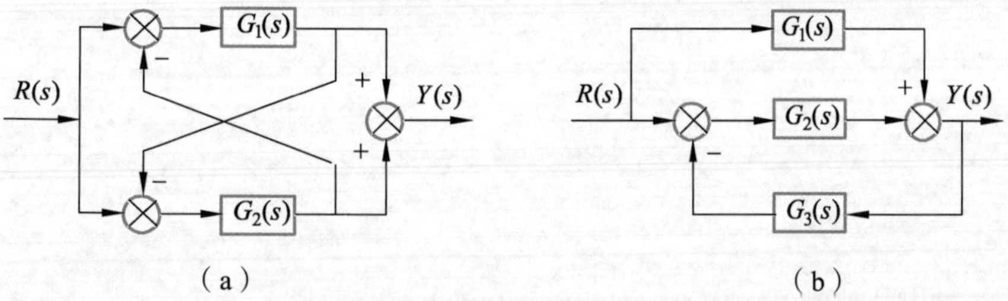


图 2-7　题 2-12 电路

2-13　试用梅逊公式求取图 2-8 所示动态结构图的传递函数 $Y(s)/R(s)$。

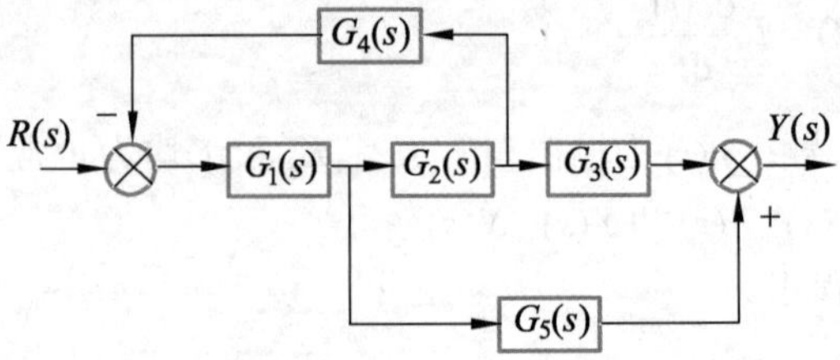


图 2-8　题 2-13 电路

2-14　某速度控制系统的动态结构图如图 2-9 所示，输入量为给定电压 $u_r$，输出量为直流电动机的转速为 $n$，负载电流 $i_{fz}$ 为扰动量。

（1）试求开环传递函数 $U_f(s)/U_r(s)$。

（2）试求闭环传递函数 $N(s)/U_r(s)$ 和 $N(s)/I_{fz}(s)$，并求出在给定量和扰动量共同作用下系统输出量 $N(s)$ 的表达式。

（3）试求误差传递函数 $\Delta U(s)/U_r(s)$ 和 $\Delta U(s)/I_{fz}(s)$，并求出系统的总误差 $\Delta U(s)$。

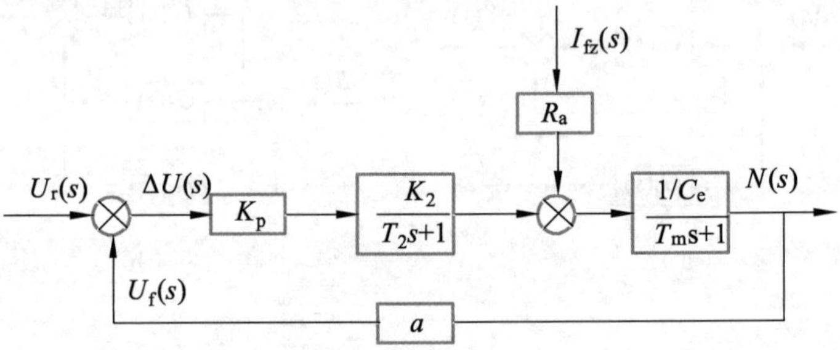


图 2-9　题 2-14 电路

# 第3章

# 时域分析法

在分析和设计控制系统的过程中，首要工作是要了解控制系统各环节的动态特性和静态特性，即建立系统各环节的数学模型，然后采用多种方法分析控制系统的动态性能和稳态性能，并在此基础上对系统进行综合设计和校正。

对于大多数控制系统，人们关心的是当系统输入参数（给定作用或干扰作用）变化后系统输出参数（被控制变量）随时间变化的特性即时间响应特性是否满足设计要求。控制系统的时间响应通常分为两部分，即瞬态响应和稳态响应。所谓瞬态响应，是指系统输出参数从初始平衡状态变化到新的平衡状态的过渡过程；稳态响应则是指时间 $t\to\infty$时系统的输出状态。因此，时间响应 $y(t)$可表示为

$$y(t)=y_{\mathrm{t}}(t)+y_{\mathrm{s}}(t)$$

式中，$y_{\mathrm{t}}(t)$为瞬态响应；$y_{\mathrm{s}}(t)=\lim\limits_{t\to\infty}y(t)$为稳态响应。

由于瞬态响应是系统动态特性的一个重要部分，所以在到达稳态之前，必须观察或检测输出参数的瞬态变化是否满足设计规定的性能指标要求。稳态响应同样十分重要，因为当把稳态响应与给定输入作用相比较时，可得知系统的控制精度是否符合设计规定。若输出的稳态响应与输入稳态值不完全一致，则系统是有静态误差的。时域分析法就是通过研究控制系统对一个特定输入信号的时间响应来评价系统性能的方法。这种方法所采用的手段是直接求解描述系统特性的微分方程或状态方程，因此对低阶系统是一种比较准确的分析方法。由于许多高阶系统的时间响应常可近似为一个二阶系统的时间响应，因而时域分析法对研究高阶系统的性能也具有重要意义。

## 3.1 时域分析基础

控制系统的输出响应是系统数学模型的解，为了该响应，我们就需要了解输入信号的解析表达式。

我们将输入信号定义为几种典型的形式，在初始条件相同的情况下，影响系统性能的因素就取决于系统本身的结构和参数，从而便于对各种系统进行研究。

### 3.1.1 典型输入信号

所谓典型输入信号，就是指根据系统中常遇到的输入信号形式，在数学描述上加以理想

化的一些基本输入函数，这些函数方便了对各种控制系统的性能进行比较。自动控制系统常用的典型输入信号有以下 5 种形式。

1. 阶跃信号

阶跃信号的数学表达式为

$$r(t)=\begin{cases}0, & t<0\\ A, & t\geqslant 0\end{cases} \tag{3-1-1}$$

式中，$A$ 是常数，称为阶跃信号的阶跃值。$A=1$ 时的阶跃信号称为单位阶跃信号，记为 $1(t)$。阶跃信号的拉氏变换为 $\frac{A}{s}$。

在 $t=0$ 处的阶跃信号，相当于一个不变的信号突然加到系统上，如指令的突然转换、电源的突然接通、负荷的突变等，都可视为阶跃信号，如图 3-1-1 所示。

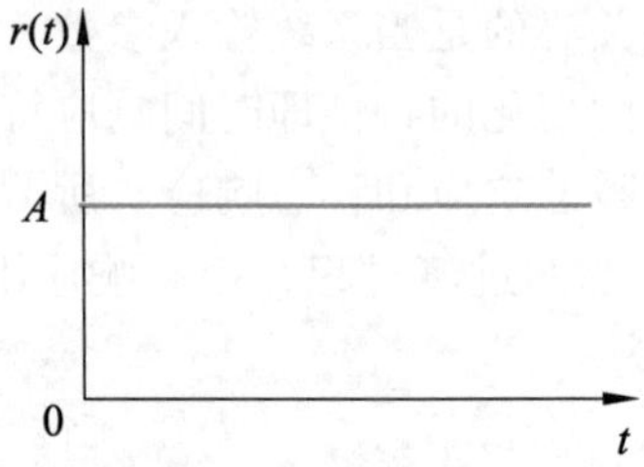


图 3-1-1　阶跃信号

2. 斜坡（速度）信号

斜坡信号的数学表达式为

$$r(t)=\begin{cases}0, & t<0\\ At, & t\geqslant 0\end{cases} \tag{3-1-2}$$

式中，$A$ 为常数。当 $A=1$ 时，称为单位斜坡信号。斜坡信号的拉氏变换为 $\frac{A}{s^2}$。

斜坡信号相当于随动系统中加入一个按恒速变化的位置信号，该恒速度为 $A$，如图 3-1-2 所示。

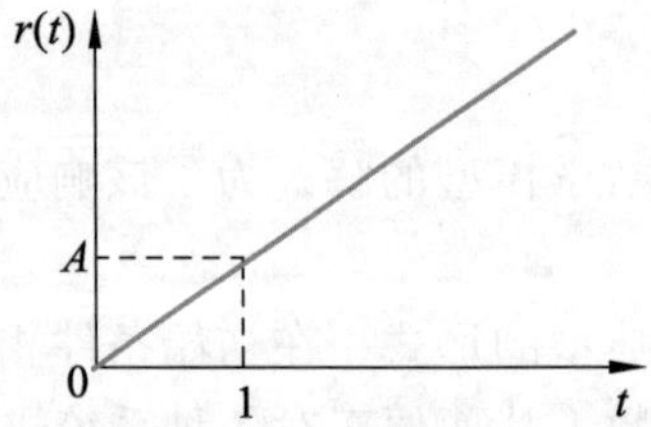


图 3-1-2 斜坡信号

3. 抛物线（加速度）信号

抛物线信号也称为加速度信号，如图 3-1-3 所示，其数学表达式为

$$r(t)=\begin{cases}0, & t<0\\ \dfrac{1}{2}At^2, & t\geqslant 0\end{cases} \tag{3-1-3}$$

式中，$A$ 为常数。当 $A=1$ 时，称为单位抛物线信号。抛物线信号的拉氏变换为 $\dfrac{A}{s^3}$。

抛物线信号相当于随动系统中加入一个按恒加速度变化的位置信号，该恒加速度为 $A$。

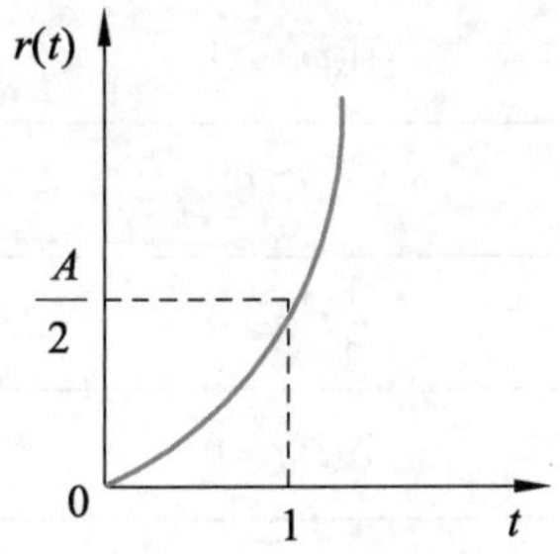


图 3-1-3 抛物线信号

4. 单位脉冲信号

单位脉冲信号的数学表达式为

$$\delta(t)=\begin{cases}\infty, & t=0\\ 0, & t\neq 0\end{cases} \tag{3-1-4}$$

单位脉冲信号的积分面积（即脉冲强度）为 1，拉氏变换也为 1，如图 3-1-4 所示。

单位脉冲信号在现实中是不存在的，它只有数学上的意义。在系统分析中，它是一个重要的数学工具。此外，在实际中有很多信号与脉冲信号相似，如脉冲电压信号、冲击力、阵风等。

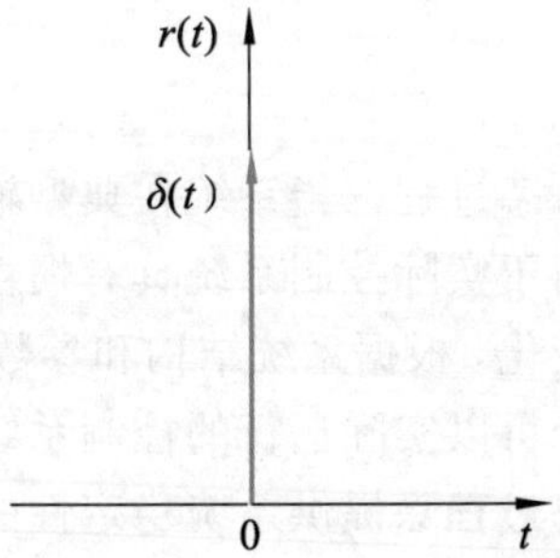


图 3-1-4 单位脉冲信号

5. 正弦信号

正弦信号的数学表达式为

$$r(t)=\begin{cases}0, & t<0\\ A\sin\omega t, & t\geqslant 0\end{cases} \tag{3-1-5}$$

式中，$A$ 为振幅；$\omega$ 为角频率。正弦信号的拉氏变换为 $\dfrac{A\omega}{s^2+\omega^2}$。

用正弦信号作为输入信号，可以求得系统对不同频率的正弦输入信号的稳态响应，由此可以间接判断系统的性能。

将以上 5 种典型输入信号总结在表 3-1-1 里，方便大家查询。

表 3-1-1　典型输入信号

| 名称 | 时域表达式 | 复域表达式 |
|---|---|---|
| 单位阶跃函数 | $1(t), t\geqslant 0$ | $\frac{1}{s}$ |
| 单位斜坡函数 | $t, t\geqslant 0$ | $\frac{1}{s^2}$ |
| 单位加速度函数 | $\frac{1}{2}t^2, t\geqslant 0$ | $\frac{1}{s^3}$ |
| 单位脉冲函数 | $\delta(t), t=0$ | 1 |
| 正弦函数 | $A\sin\omega t$ | $\frac{A\omega}{s^2+\omega^2}$ |

在系统分析、设计与实验时，应根据系统正常工作条件下的实际输入，选择一种典型输入信号，作为分析、设计系统的输入信号。例如，如果系统的参考输入是经常突变的，或者系统受到突变的扰动影响，那么，可以采用阶跃输入信号进行系统分析与设计；如果系统的输入信号是随时间缓慢增加的，则可以采用斜坡输入信号；如果系统的输入信号是冲击量时，则可以采用脉冲输入信号；如果系统的输入信号呈现周期性，则可以采用正弦输入信号。

### 3.1.2　动态过程与稳态过程

在典型输入信号作用下，任何一个控制系统的时间响应都由动态过程和稳态过程两部分组成。

#### 1. 动态过程

动态过程又称为过渡过程或瞬态过程，指系统在典型输入信号作用下，系统输出量从初始状态到最终状态的响应过程。由于实际控制系统具有惯性、摩擦以及其他一些原因，系统输出量不可能完全复现输入量的变化。根据系统结构和参数选择情况，动态过程表现为衰减、发散或等幅振荡形式。显然，一个可以实际运行的控制系统，其动态过程必须是衰减的，换句话说，系统必须是稳定的。动态过程除提供系统稳定性的信息外，还可以提供响应速度及阻尼情况等信息。这些信息用动态性能描述。

#### 2. 稳态过程

稳态过程指系统在典型输入信号作用下，当时间 $t$ 趋于无穷时，系统输出量的表现方式。稳态过程又称为稳态响应，表征系统输出量最终复现输入量的程度，提供系统有关稳态误差的信息，用稳态性能描述。

由此可见，控制系统在典型输入信号作用下的性能指标，通常由动态性能和稳态性能两部分组成。

### 3.1.3 动态性能与稳态性能

稳定是控制系统能够运行的首要条件，因此只有当动态过程收敛时，研究系统的动态性能才有意义。

通常在阶跃函数作用下测定或计算系统的动态性能。一般认为，阶跃输入对于系统来说是最严峻的工作状态。如果系统在阶跃函数作用下的动态性能满足要求，那么系统在其他形式的函数作用下，其动态性能也是令人满意的。

描述稳定的系统在单位阶函数作用下，动态过程随时间 $t$ 的变化状况的指标，称为动态性能指标。

为了便于分析和比较，假定系统在单位阶跃输入信号作用前处于静止状态，而且输出量及其各阶导数均等于零，对于大多数控制系统来说，这种假设是符合实际情况的。对于图 3-1-5 所示单位阶跃响应 $c(t)$，其动态性能指标通常如下：

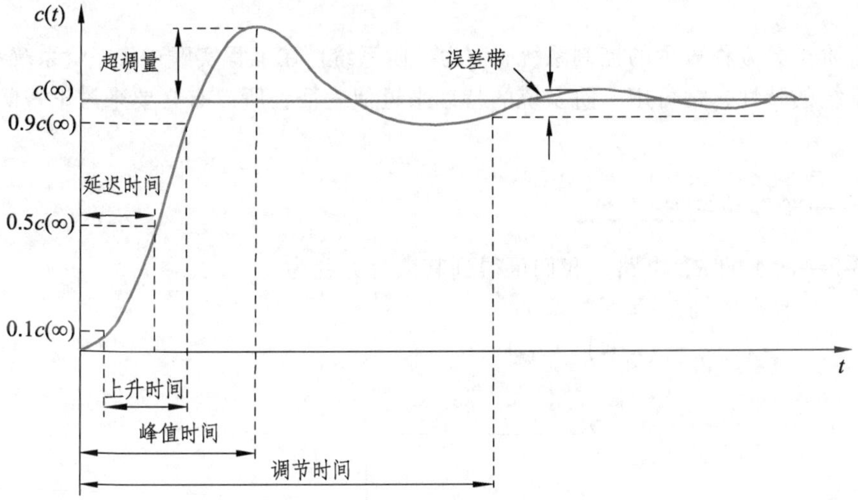


图 3-1-5 单位阶跃响应曲线

1. 延迟时间 $t_d$

延迟时间指的是输出响应第一次达到稳态值（又称为终值）的 50%所需要的时间。

2. 上升时间 $t_r$

上升时间的一种定义是输出响应从稳态值的 10%上升到 90%所需要的时间。对于有振荡的系统，也可定义为响应从零到第一次达到稳态值所需要的时间。上升时间是系统响应速度的一种度量，上升时间越短，响应速度越快。

3. 峰值时间 $t_p$

峰值时间指的是输出响应超过其稳态值而达到第一个峰值所需要的时间。

4. 调节时间 $t_s$

调节时间指的是当输出量 $c(t)$ 和稳态值 $c(\infty)$ 之间的偏差达到允许范围（即误差带 $\Delta$，一般取稳态值的±2%或±5%）以后并一直保持在此范围内所需要的最短时间。

5. 超调量（最大超调量）

超调量（或最大超调量）指的是动态过程中输出响应的最大值超过稳态值的百分数，即

$$\sigma\%=\frac{c(t_p)-c(\infty)}{c(\infty)}\times 100\% \qquad (3\text{-}1\text{-}6)$$

在上述几项指标中，峰值时间 $t_p$、上升时间 $t_r$ 和延迟时间 $t_d$ 均表征系统响应初始阶段的快慢；调节时间 $t_s$ 表征系统动态过程的持续时间，从总体上反映了系统的快速性；而超调量 $\sigma\%$ 则标志动态过程的稳定性。

稳态误差是描述系统稳态性能的一种性能指标，通常在阶跃信号、斜坡信号或抛物线信号作用下进行测试或计算。当时间趋于无穷时，系统的实际输出量不等于输入量（或输入量的确定函数），则系统存在稳态误差。稳态误差是系统控制精度或抗扰动能力的一种度量，关于稳态误差的详细介绍参见后续内容。

## 3.2 一阶系统的时域分析

凡以一阶微分方程表示的控制系统，称为一阶系统。在工程实践中，一阶系统不乏其例。有些高阶系统的特性，常可用一阶系统的特性来近似表征，所以有必要来讨论一阶系统的时域分析。

### 3.2.1 一阶系统的数学模型

如图 3-2-1 所示的 *RC* 电路，我们可得到其微分方程为

$$T\frac{\mathrm{d}u_c(t)}{\mathrm{d}t}+u_c(t)=u_r(t) \qquad (3\text{-}2\text{-}1)$$

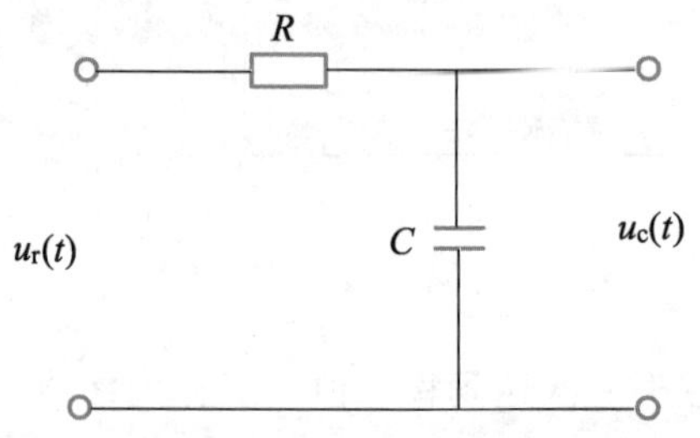


图 3-2-1　*RC* 电路

式中，$u_c(t)$ 是电路输出电压；$u_r(t)$ 是电路输入电压；$T=RC$ 为时间常数。当该电路的初始条件为零时，其传递函数为 $G(s)=\dfrac{1}{Ts+1}$。可以看出，这是一个典型的一阶系统，相应的结构如图 3-2-2 所示。

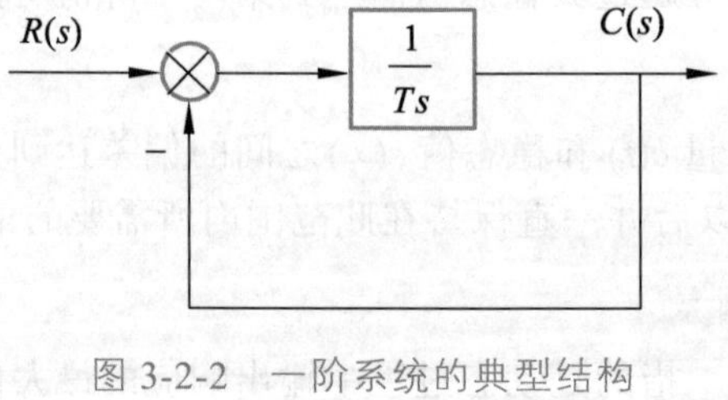


图 3-2-2　一阶系统的典型结构

应当指出，具有同一微分方程或传递函数的所有线性系统，对同一输入信号的响应是相同的。当然，对于不同形式或不同功能的一阶系统，其响应特性的数学表达式具有不同的物理意义。

### 3.2.2 一阶系统的时间响应及性能分析

下面介绍在各种不同的典型输入信号作用下一阶系统的时域分析。

1. 单位阶跃响应

当输入信号 $r(t)=1(t)$ 时，$R(s)=\dfrac{1}{s}$，则系统输出量的拉氏变换为

$$C(s)=R(s)G(s)=\frac{1}{s(Ts+1)}=\frac{1}{s}-\frac{T}{Ts+1} \tag{3-2-2}$$

对式（3-2-2）取拉氏反变换，得单位阶跃响应为

$$c(t)=L^{-1}\left[C(s)\right]=1-\mathrm{e}^{-\frac{t}{T}} \quad (t\geqslant 0) \tag{3-2-3}$$

单位阶跃响应曲线如图 3-2-3 所示。

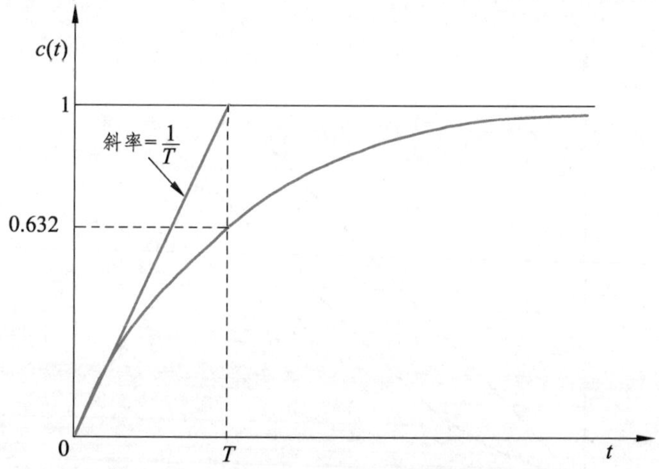


图 3-2-3 一阶系统的单位阶跃响应曲线

由图 3-2-3 可知，一阶系统的阶跃响应是一条初始值为 0 并按指数规律上升到稳态值 1 的曲线，为非周期响应，并具备以下两个重要特点：

（1）可用时间常数 $T$ 去度量系统输出量的数值。

例如，当 $t=T$ 时，$c(t)=0.632$；而当 $t$ 分别等于 $2T$、$3T$、$4T$ 时，$c(t)$的数值分别等于 0.865、0.950、0.982。根据这一特点，可用实验方法测定一阶系统的时间常数，或判定所测系统是否属于一阶系统。

（2）响应曲线的斜率的初始值为 $1/T$，并随时间的推移而下降。

根据动态性能指标的定义，一阶系统的动态性能指标为：

调节时间 $t_s$ 为 $t_s=3T$（±5%误差带），$t_s=4T$（±2%误差带）；

延迟时间 $t_d$ 为 $t_d = 0.69T$；

上升时间 $t_r$ 为 $t_r = 2.20T$。

值得注意的是，一阶系统的阶跃响应是单调上升的，峰值时间 $t_p$ 和超调量 $\sigma\%$ 都不存在。

由于时间常数 $T$ 反映系统的惯性，所以一阶系统的惯性越小，其调节时间越小，响应过程越快。反之，惯性越大，响应越慢。

2. 单位斜坡响应

当输入信号 $r(t)=t$ 时，$R(s)=\frac{1}{s^2}$，则系统输出量的拉氏变换为

$$C(s)=R(s)G(s)=\frac{1}{s^2(Ts+1)}=\frac{1}{s^2}-\frac{T}{s}+\frac{T^2}{Ts+1}\quad (t\geqslant 0) \tag{3-2-4}$$

对式（3-2-4）取拉氏反变换，得单位斜坡响应为

$$c(t)=L^{-1}\left[C(s)\right]=t-T+T\mathrm{e}^{-\frac{t}{T}}\quad (t\geqslant 0) \tag{3-2-5}$$

式中，$t-T$ 为稳态分量；$T\mathrm{e}^{-\frac{t}{T}}$ 为动态分量。

单位斜坡响应曲线如图 3-2-4 所示。

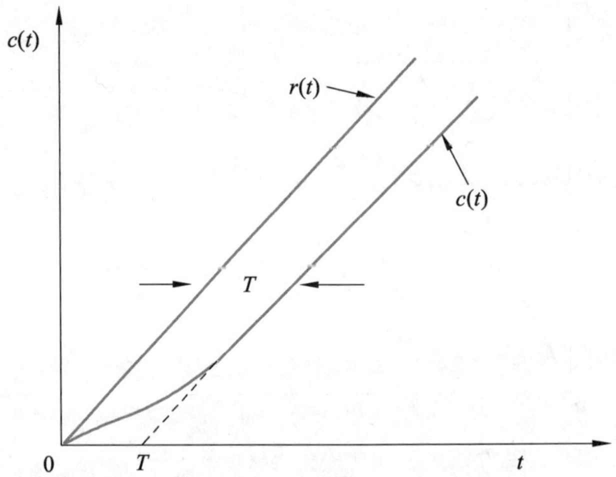


图 3-2-4　一阶系统的单位斜坡响应曲线

由图可知，一阶系统的单位斜坡响应的稳态分量是一个与输入斜坡信号斜率相同但时间滞后 $T$ 的斜坡信号，因此在位置上存在稳态误差，其值正好等于时间常数 $T$。一阶系统的单位斜坡响应的动态分量为衰减非周期函数。

3. 单位脉冲响应

当 $r(t)=\delta(t)$ 时，系统的输出响应称为单位脉冲响应。因为 $R(s)=L\left[\delta(t)\right]=1$，则系统输出量的拉氏变换为

$$C(s)=G(s)=\frac{1}{Ts+1}=\frac{\frac{1}{T}}{s+\frac{1}{T}} \tag{3-2-6}$$

对式（3-2-6）取拉氏反变换，得单位脉冲响应为

$$c(t)=L^{-1}\left[C(s)\right]=\frac{1}{T}\mathrm{e}^{-\frac{t}{T}} \quad (t\geqslant 0) \tag{3-2-7}$$

单位脉冲响应曲线如图 3-2-5 所示。

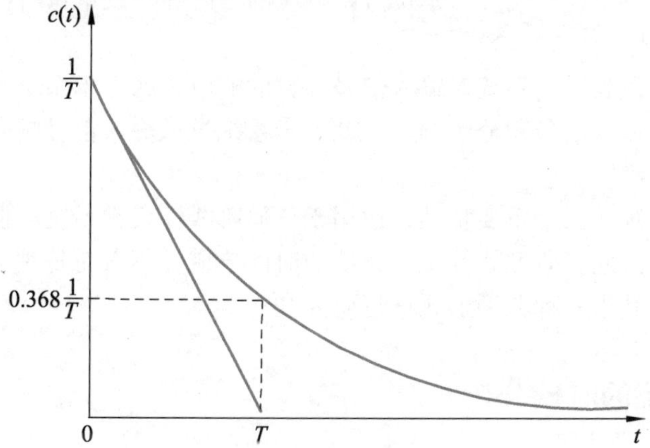


图 3-2-5　一阶系统的单位脉冲响应曲线

由图可知，时间常数 $T$ 越小，系统响应速度越快。

在初始条件为零的情况下，一阶系统的闭环传递函数与脉冲响应函数之间包含着相同的动态过程信息，这一特点同样适用于其他各阶线性定常系统，因此常以单位脉冲输入信号作用于系统，根据被测定系统的单位脉冲响应，可以求得被测系统的闭环传递函数。

4. 单位加速度响应

设系统的输入信号为单位加速度信号，即 $r(t)=\frac{1}{2}t^2 \quad (t\geqslant 0)$，可求得一阶系统的单位加速度响应为

$$c(t)=\frac{1}{2}t^2-Tt+T^2\left(1-\mathrm{e}^{-\frac{t}{T}}\right) \quad (t\geqslant 0) \tag{3-2-8}$$

一阶系统对上述典型输入信号的响应归纳于表 3-2-1 中。

表 3-2-1　一阶系统对典型输入信号的输出响应

| 输入信号 | 输出信号 |
|---|---|
| $1(t)$ | $1-\mathrm{e}^{-\frac{t}{T}} \quad (t\geqslant 0)$ |
| $\delta(t)$ | $\frac{1}{T}\mathrm{e}^{-\frac{t}{T}} \quad (t\geqslant 0)$ |

续表

| 输入信号 | 输出信号 |
|---|---|
| $t$ | $t-T+Te^{-\frac{t}{T}}\quad(t\geqslant 0)$ |
| $\frac{1}{2}t^2$ | $\frac{1}{2}t^2-Tt+T^2\left(1-e^{-\frac{t}{T}}\right)\quad(t\geqslant 0)$ |

由表 3-2-1 可知，单位脉冲信号与单位阶跃信号的一阶导数及单位斜坡信号的二阶导数的等价关系，对应有单位脉冲响应与单位阶跃响应的一阶导数及单位斜坡响应的二阶导数的等价关系。

这个等价对应关系表明：系统对输入信号导数的响应，就等于系统对该输入信号响应的导数；同理，系统对输入信号积分的响应，就等于系统对该输入信号响应的积分，而积分常数由零输出初始条件确定。

这是线性定常系统的一个重要特性，适用于任何阶线性定常系统，但不适用于线性时变系统和非线性系统。因此，研究线性定常系统的时间响应，不必对每种输入信号形式进行测定和计算，往往只取其中一种典型形式进行研究。

## 3.3　二阶系统的时域分析

凡以二阶微分方程表达的控制系统，称为二阶系统。在控制工程中，不仅二阶系统的典型应用极为普遍，而且不少高阶系统的特性在一定条件下可用二阶系统的特性来表征。因此，着重研究二阶系统的分析和计算方法，具有较大的实际意义。

### 3.3.1　二阶系统的数学模型

典型二阶系统的微分方程一般为

$$\frac{d^2c(t)}{dt^2}+2\xi\omega_n\frac{dc(t)}{dt}+\omega_n^2c(t)=\omega_n^2r(t) \tag{3-3-1}$$

与该微分方程对应的闭环传递函数为

$$\Phi(s)=\frac{C(s)}{R(s)}=\frac{\omega_n^2}{s^2+2\xi\omega_n s+\omega_n^2} \tag{3-3-2}$$

相应的开环传递函数为

$$G_k(s)=\frac{\omega_n^2}{s(s+2\xi\omega_n)} \tag{3-3-3}$$

式中，$\xi$ 为典型二阶系统的阻尼比（或称为相对阻尼比）；$\omega_n$ 为无阻尼振荡频率（或称为自然振荡角频率）。$\xi$ 和 $\omega_n$ 是二阶系统的重要结构参数。

因此，典型二阶系统的结构如图 3-3-1 所示。

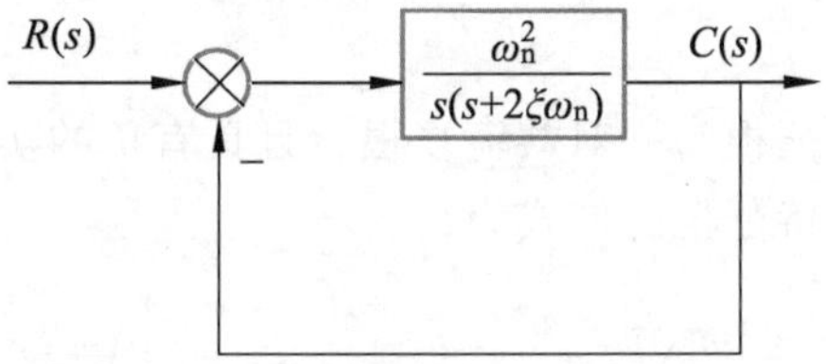


图 3-3-1　典型二阶系统的结构

令闭环传递函数的分母多项式等于零，得典型二阶系统的特征方程式为

$$s^2+2\xi\omega_n s+\omega_n^2=0 \tag{3-3-4}$$

它的两个特征根为

$$s_{1,2}=-\xi\omega_n\pm\omega_n\sqrt{\xi^2-1} \tag{3-3-5}$$

闭环特征根的类型主要取决于式（3-3-5）中根号下表达式的值，随着阻尼比 $\xi$ 的不同取值，特征根有不同类型的值，或者说特征根在 $s$ 平面上处于不同的位置（见图 3-3-2），分为以下 5 种情况：

$\xi>1$ 时，特征根为一对不相等的负实根，位于 $s$ 平面的负实轴上，使得系统的响应表现为过阻尼，如图 3-3-2（a）所示。

$\xi=1$ 时，特征根为一对相等的负实根，也是位于 $s$ 平面的负实轴上，使得系统的响应表现为临界阻尼，如图 3-3-2（b）所示。

$0<\xi<1$ 时，特征根为一对带有负实部的共轭复根，位于 $s$ 左半平面上，使得系统的响应表现为欠阻尼，如图 3-3-2（c）所示。

$\xi=0$ 时，特征根为一对纯虚根，位于 $s$ 平面的虚轴上，使得系统的响应表现为无阻尼的等幅振荡过程，如图 3-3-2（d）所示。

$\xi<0$ 时，特征根位于 $s$ 右半平面上，使得系统的响应表现为幅值随时间增加而发散，如图 3-3-2（e）所示。

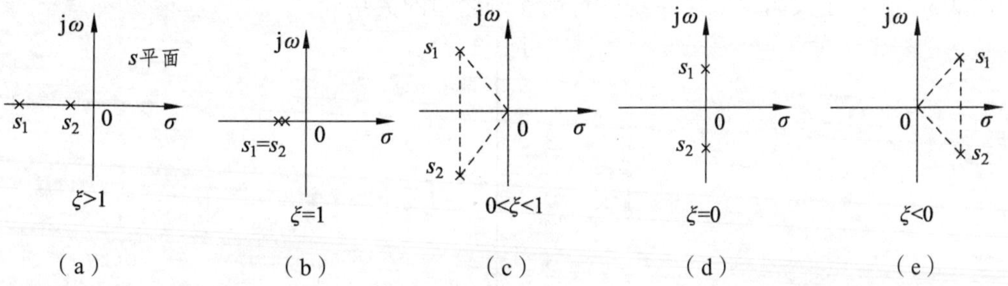


图 3-3-2　阻尼比取不同值时，特征根在 $s$ 平面上的分布情况

### 3.3.2　二阶系统的单位阶跃响应

二阶系统的输入信号为单位阶跃信号时，便产生系统的时间响应 $c(t)$。当阻尼比 $\xi$ 取不同值的时候，由于二阶系统的特征根在 $s$ 平面上的位置不同，二阶系统的时间响应也就不同。下面分别进行讨论。

1. 欠阻尼情况（$0<\xi<1$）

此时二阶系统的闭环特征根为一对共轭复根，且具有负的实部，常将具有一对共轭复根的系统称为二阶振荡环节，特征根的形式为

$$s_{1,2}=-\xi\omega_n\pm j\omega_n\sqrt{1-\xi^2} \tag{3-3-6}$$

当输入信号为单位阶跃信号时，系统输出量的拉氏变换为

$$\begin{aligned}C(s)&=\frac{\omega_n^2}{s^2+2\xi\omega_n s+\omega_n^2}\times\frac{1}{s}\\&=\frac{1}{s}-\frac{s+\xi\omega_n}{(s+\xi\omega_n)^2+\omega_d^2}-\frac{\xi\omega_n}{(s+\xi\omega_n)^2+\omega_d^2}\end{aligned} \tag{3-3-7}$$

式中，$\omega_d=\omega_n\sqrt{1-\xi^2}$。

对式（3-3-7）求拉氏反变换，得欠阻尼二阶系统的单位阶跃响应为

$$\begin{aligned}c(t)&=1-e^{-\xi\omega_n t}\left(\cos\omega_n\sqrt{1-\xi^2}t+\frac{\xi}{\sqrt{1-\xi^2}}\sin\omega_n\sqrt{1-\xi^2}t\right)\\&=1-e^{-\xi\omega_n t}\left(\cos\omega_d t+\frac{\xi}{\sqrt{1-\xi^2}}\sin\omega_d t\right)\\&=1-\frac{e^{-\xi\omega_n t}}{\sqrt{1-\xi^2}}\left(\sqrt{1-\xi^2}\cos\omega_d t+\xi\sin\omega_d t\right)\\&=1-\frac{e^{-\xi\omega_n t}}{\sqrt{1-\xi^2}}\sin(\omega_d t+\beta)\quad(t\geqslant 0)\end{aligned} \tag{3-3-8}$$

式中，$\sin\beta=\sqrt{1-\xi^2}$；$\cos\beta=\xi$；$\beta=\arctan\frac{\sqrt{1-\xi^2}}{\xi}=\arccos\xi$，$\beta$ 称为阻尼角。

图 3-3-3 表示了欠阻尼二阶系统各特征参量之间的关系。

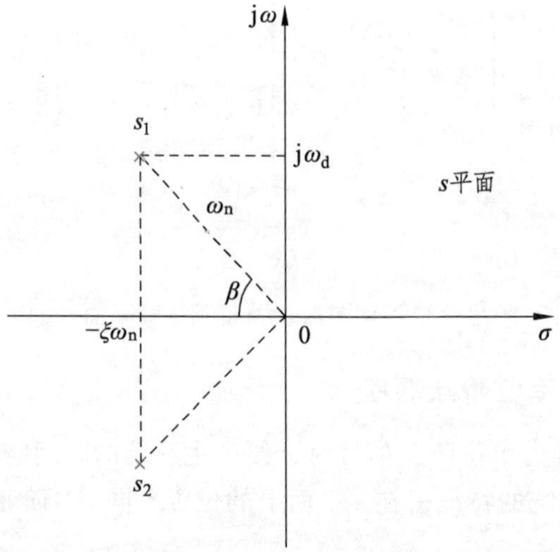


图 3-3-3　欠阻尼二阶系统参数间的关系

由图可知，阻尼振荡频率 $\omega_d$ 是闭环极点到实轴之间的距离；自然频率 $\omega_n$ 是闭环极点到坐标原点之间的距离；$\omega_n$ 与负实轴夹角的余弦正好是阻尼比 $\xi$，即 $\xi = \cos\beta$。

由式（3-3-8）知，欠阻尼二阶系统的单位阶跃响应由两部分组成，第一部分为稳态分量，第二部分为动态分量。它是一个幅值按指数规律衰减的有阻尼的正弦振荡，振荡角频率为 $\omega_d$。响应曲线如图 3-3-4 所示。

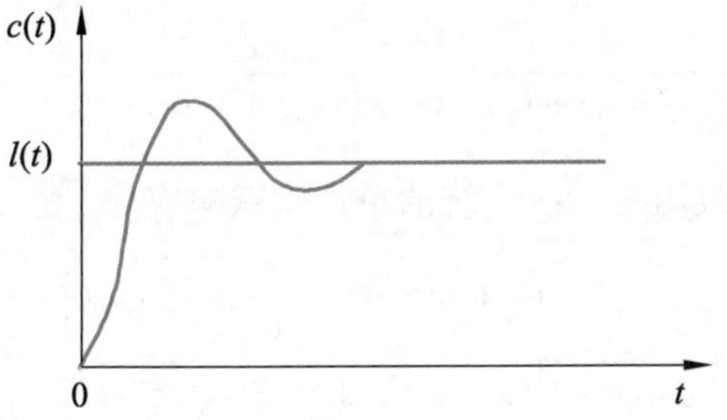


图 3-3-4 欠阻尼二阶系统的单位阶跃响应曲线

2. 临界阻尼情况（$\xi=1$）

此时，系统有一对相等的负实根，即

$$s_{1,2} = -\omega_n \tag{3-3-9}$$

在单位阶跃信号作用下，系统输出量的拉氏变换为

$$C(s) = \frac{\omega_n^2}{(s+\omega_n)^2} \times \frac{1}{s} = \frac{1}{s} - \frac{\omega_n}{(s+\omega_n)^2} - \frac{1}{s+\omega_n} \tag{3-3-10}$$

对上式取拉氏反变换，得临界阻尼二阶系统的单位阶跃响应为

$$c(t) = 1 - e^{-\omega_n t}(1+\omega_n t) \quad (t \geqslant 0) \tag{3-3-11}$$

可见，这是一个无振荡的单调过程，其稳态值为 1，动态过程也是随时间的推移最终衰减为零，指数衰减为 $\omega_n$，称为临界阻尼系数，响应曲线如图 3-3-5 所示。

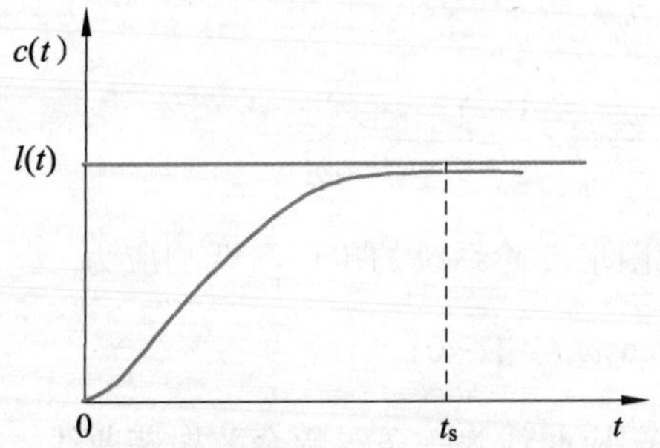


图 3-3-5 临界阻尼二阶系统的单位阶跃响应曲线

3. 过阻尼情况（$\xi>1$）

此时，系统具有两个不相等的负实根，即

$$s_{1,2}=-\xi\omega_n\pm\omega_n\sqrt{\xi^2-1} \tag{3-3-12}$$

当输入信号为单位阶跃信号时，系统输出量的拉氏变换为

$$C(s)=\frac{\omega_n^2}{(s-s_1)(s-s_2)}\times\frac{1}{s}=\frac{\omega_n^2}{s(s-s_1)(s-s_2)} \tag{3-3-13}$$

对上式取拉氏反变换，得过阻尼二阶系统的单位阶跃响应为

$$c(t)=1-\frac{1}{2\sqrt{\xi^2-1}}\left[\frac{e^{-\left(\xi-\sqrt{\xi^2-1}\right)\omega_n t}}{\xi-\sqrt{\xi^2-1}}-\frac{e^{-\left(\xi+\sqrt{\xi^2-1}\right)\omega_n t}}{\xi+\sqrt{\xi^2-1}}\right]\quad(t\geqslant0) \tag{3-3-14}$$

上式表明，系统响应含有两个单调衰减的指数项，它们的代数和不会超过稳态值 1，因而过阻尼二阶系统的单位阶跃响应是非振荡的。响应曲线如图 3-3-6 所示。

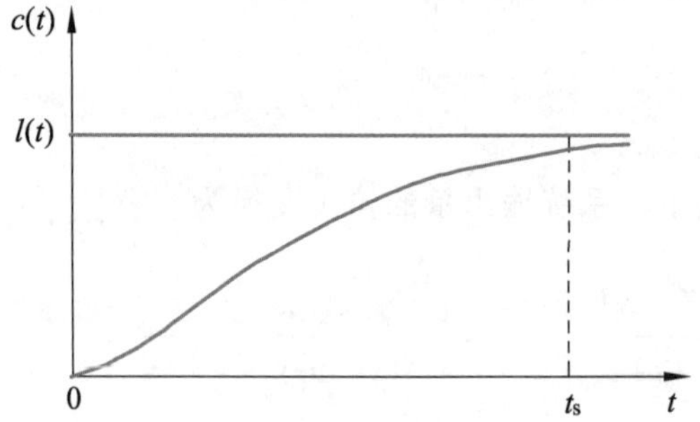


图 3-3-6　过阻尼二阶系统的单位阶跃响应曲线

4. 无阻尼情况（$\xi=0$）

此时，系统的特征根为一对纯虚根，即

$$s_{1,2}=\pm j\omega_n \tag{3-3-15}$$

系统输出量的拉氏变换为

$$C(s)=\frac{\omega_n^2}{s^2+\omega_n^2}\times\frac{1}{s}=\frac{1}{s}-\frac{s}{s^2+\omega_n^2} \tag{3-3-16}$$

对上式取拉氏反变换，得无阻尼二阶系统的单位阶跃响应为

$$c(t)=1-\cos\omega_n t\quad(t\geqslant0) \tag{3-3-17}$$

显然，这时的二阶系统响应曲线为一条等幅余弦振荡曲线，振荡频率为 $\omega_n$，系统为不稳定系统。响应曲线如图 3-3-7 所示。

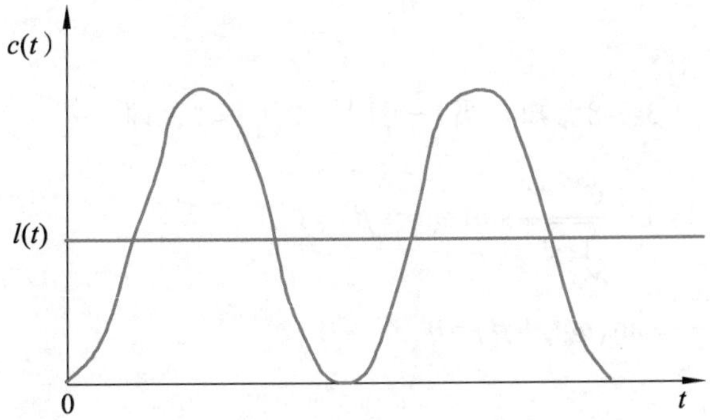


图 3-3-7　无阻尼二阶系统的单位阶跃响应曲线

将上述 4 种响应情况在一张图上表示出来，如图 3-3-8 所示。

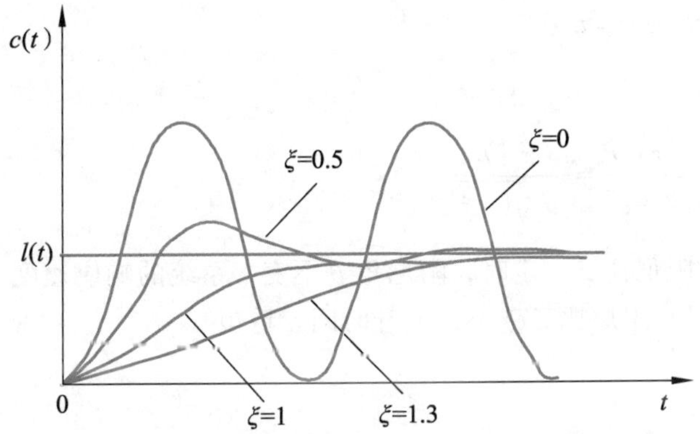


图 3-3-8　不同阻尼比时二阶系统的单位阶跃响应

从图中可以看出：

（1）过阻尼（$\xi>1$）时间响应的调节时间最长，进入稳态很慢。

（2）临界阻尼（$\xi=1$）时间响应没有超调量，且响应速度比过阻尼时要快。

（3）无阻尼（$\xi=0$）时间响应以最快的速度达到稳态值，但曲线是等幅振荡的。

（4）欠阻尼（$0<\xi<1$）时间响应的上升时间比较短，调节时间也比较短，但有超调量。

综上所述，在不同的阻尼比 $\xi$ 时，二阶系统的闭环极点和动态响应有很大区别，因此阻尼比 $\xi$ 是二阶系统的重要特征参量。当 $\xi\leqslant 0$ 时，系统不能正常工作，而在 $\xi>1$ 时，系统动态响应又进行得太慢。所以，对二阶系统来说，欠阻尼情况（$0<\xi<1$）是最有实际意义的。下面讨论这种情况下的动态性能指标。

### 3.3.3　欠阻尼二阶系统的动态性能指标

下面推导欠阻尼二阶系统的动态性能指标计算公式。

在控制工程中，除了那些不容许产生振荡响应的系统外，通常都希望控制系统具有适度的阻尼、较快的响应速度和较短的调节时间，因此设计二阶控制系统时，一般 $\xi=0.4\sim0.8$，其各项动态性能指标，除峰值时间、超调量和上升时间可用 $\xi$ 与 $\omega_n$ 准确表示外，延迟时间和调节时间很难用 $\xi$ 与 $\omega_n$ 准确描述，不得不采用工程上的近似计算方法。

### 1. 上升时间 $t_r$

根据 $t_r$ 的定义及式（3-3-8）知，当 $t=t_r$ 时，$c(t_r)=1$，即

$$c(t_r)=1-\frac{e^{-\xi\omega_n t_r}}{\sqrt{1-\xi^2}}\sin(\omega_d t_r+\beta)=1 \tag{3-3-18}$$

则
$$\frac{e^{-\xi\omega_n t_r}}{\sqrt{1-\xi^2}}\sin(\omega_d t_r+\beta)=0 \tag{3-3-19}$$

由于
$$\frac{1}{\sqrt{1-\xi^2}}\neq 0,\quad e^{-\xi\omega_n t_r}\neq 0$$

所以有
$$\sin(\omega_d t_r+\beta)=0$$

$$\omega_d t_r+\beta=\pi$$

因此，上升时间 $t_r$ 为

$$t_r=\frac{\pi-\beta}{\omega_d}=\frac{\pi-\beta}{\omega_n\sqrt{1-\xi^2}} \tag{3-3-20}$$

由上式可知，当阻尼比 $\xi$ 一定时，阻尼角 $\beta$ 不变，系统的响应速度与 $\omega_n$ 成正比；而当阻尼振荡频率 $\omega_n$ 一定时，阻尼比 $\xi$ 越小，上升时间 $t_r$ 越短。

### 2. 峰值时间 $t_p$

将式（3-3-8）对时间 $t$ 求导，并令其为零，可求得峰值时间 $t_p$，即

$$\left.\frac{dc(t)}{dt}\right|_{t=t_p}=\frac{-1}{\sqrt{1-\xi^2}}\left[-\xi\omega_n e^{-\xi\omega_n t_p}\sin(\omega_d t_p+\beta)+\omega_d e^{-\xi\omega_n t_p}\cos(\omega_d t_p+\beta)\right]=0 \tag{3-3-21}$$

从而得
$$\frac{-e^{-\xi\omega_n t_p}\omega_n}{\sqrt{1-\xi^2}}\left[-\xi\sin(\omega_d t_p+\beta)+\sqrt{1-\xi^2}\cos(\omega_d t_p+\beta)\right]=0$$

$$-\xi\sin(\omega_d t_p+\beta)+\sqrt{1-\xi^2}\cos(\omega_d t_p+\beta)=0$$

$$\tan(\omega_d t_p+\beta)=\frac{\sqrt{1-\xi^2}}{\xi}$$

因为
$$\tan\beta=\frac{\sqrt{1-\xi^2}}{\xi}$$

所以 $\omega_d t_p=0,\pi,2\pi,3\pi,\cdots$

根据峰值时间 $t_p$ 的定义（它对应最大超调量，即 $c(t)$ 第一次出现峰值时所对应的时间），故应取 $\omega_d t_p=\pi$，于是峰值时间 $t_p$ 为

$$t_p=\frac{\pi}{\omega_d}=\frac{\pi}{\omega_n\sqrt{1-\xi^2}} \tag{3-3-22}$$

上式表明，峰值时间等于阻尼振荡周期的一半。或者说，峰值时间与闭环极点的虚部数值成反比。当阻尼比一定时，闭环极点离负实轴的距离越远，系统的峰值时间越短。

3. 超调量$\sigma\%$

因为超调量发生在峰值时间$t_p$上，所以将峰值时间表达式（3-3-22）代入式（3-3-8），得输出量的最大值为

$$c(t_p)=1-\frac{e^{-\xi\omega_n t_p}}{\sqrt{1-\xi^2}}\sin(\omega_d t_p+\beta)=1-\frac{e^{-\frac{\xi\pi}{\sqrt{1-\xi^2}}}}{\sqrt{1-\xi^2}}\sin(\pi+\beta)$$

因为
$$\sin(\pi+\beta)=-\sin\beta=-\sqrt{1-\xi^2}$$

所以
$$c(t_p)=1+e^{-\frac{\xi\pi}{\sqrt{1-\xi^2}}}$$

根据超调量定义：$\sigma\%=\dfrac{c(t_p)-c(\infty)}{c(\infty)}\times100\%$

在单位阶跃输入下，系统的稳态值$c(\infty)=1$，故超调量为

$$\sigma\%=e^{-\frac{\xi\pi}{\sqrt{1-\xi^2}}}\times100\% \tag{3-3-23}$$

上式表明，超调量$\sigma\%$仅是阻尼比$\xi$的函数，与自然频率$\omega_n$无关。超调量与阻尼比的关系曲线如图3-3-9所示。

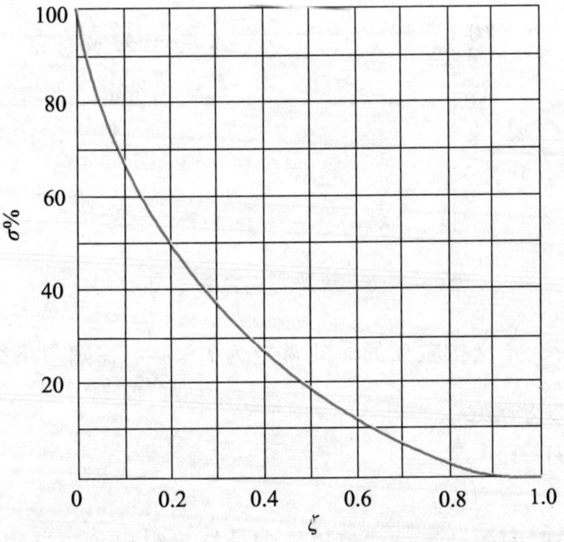


图3-3-9 欠阻尼二阶系统$\xi$与$\sigma\%$的关系曲线

由图 3-3-9 可知，阻尼比越大，超调量越小，反之亦然。

4. 调节时间 $t_s$

在计算调节时间 $t_s$ 时，由于时间响应曲线 $c(t)$ 是衰减振荡型的，因此只考虑正弦项的峰 - 峰值时，可以得到响应曲线的包络线 $c_b(t)$。包络线 $c_b(t)$ 是趋于稳态值的，因此在确定的误差带下，就可以得到调节时间 $t_s$ 的值。

由于时间响应表达式为

$$c(t)=1-\frac{e^{-\xi\omega_n t}}{\sqrt{1-\xi^2}}\sin(\omega_d t+\beta)$$

式中，正弦函数的峰 - 峰值为 1，即

$$\left|\sin(\omega_d t+\beta)\right|_{max}=1$$

所以，包络线 $c_b(t)$ 为

$$c_b(t)=1\pm\frac{e^{-\xi\omega_n t}}{\sqrt{1-\xi^2}}$$

两条包络线如图 3-3-10 所示。

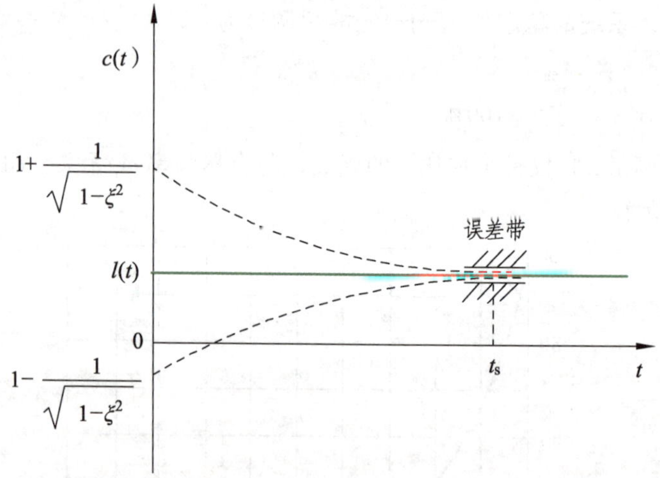


图 3-3-10　衰减振荡曲线的包络线

仿照一阶系统分析，定义指数项的时间常数为 $T=\frac{1}{\xi\omega_n}$，则包络线变为

$$c_b(t)=1\pm\frac{e^{-\frac{t}{T}}}{\sqrt{1-\xi^2}}$$

依照一阶系统调节时间的计算公式可以近似估算欠阻尼二阶系统的调节时间 $t_s$ 为

$$t_s = 3T = \frac{3}{\xi\omega_n} \quad (\pm 5\%\text{误差带}) \tag{3-3-24}$$

$$t_s = 4T = \frac{4}{\xi\omega_n} \quad (\pm 2\%\text{误差带}) \tag{3-3-25}$$



综上所述，可以得到以下结论：

（1）阻尼比$\xi$是二阶系统的重要参数，根据$\xi$值的大小，可以间接判断一个二阶系统的动态品质。在过阻尼（$\xi>1$）情况下，动态特性为单调变化曲线，没有超调量和振荡，但调节时间较长，系统反应迟缓。当$\xi\leqslant 0$时，输出量做等幅振荡或发散振荡，系统不能稳定工作。

（2）一般情况下，系统在欠阻尼（$0<\xi<1$）情况下工作。但是阻尼比$\xi$过小，则超调量大，振荡次数多，调节时间长，动态品质差。应注意到，超调量只和阻尼比$\xi$有关。因此，通常可以根据允许的超调量来选择阻尼比$\xi$。

（3）调节时间$t_s$与系统阻尼比$\xi$和自然振荡角频率$\omega_n$这两个特征参数的乘积成反比。在阻尼比$\xi$一定时，可以通过改变自然振荡角频率$\omega_n$来改变动态响应的持续时间。$\omega_n$越大，系统的调节时间越短。

（4）为了限制超调量，并使调节时间$t_s$较短，阻尼比$\xi$一般应在 0.4 ~ 0.8，这时阶跃响应的超调量将在 1.5% ~ 25%。

【例 3-3-1】某位置随动系统结构如图 3-3-11 所示，输入信号为$r(t)=1(t)$，若参数$K$=200，试计算系统的动态性能指标。

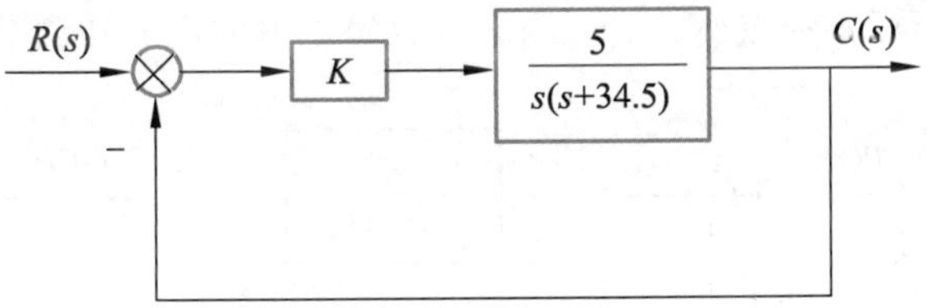


图 3-3-11　位置随动系统结构

解：系统的开环传递函数为

$$G_k(s) = \frac{5K}{s(s+34.5)}$$

闭环传递函数为

$$\Phi(s) = \frac{G_k(s)}{1+G_k(s)} = \frac{\frac{5K}{s(s+34.5)}}{1+\frac{5K}{s(s+34.5)}} = \frac{5K}{s^2+34.5s+5K} = \frac{1\,000}{s^2+34.5s+1\,000}$$

先计算系统特征参数$\xi$和$\omega_n$，因为

$$\Phi(s) = \frac{1\,000}{s^2+34.5s+1\,000} = \frac{\omega_n^2}{s^2+2\xi\omega_n s+\omega_n^2}$$

比较系数可得

$$2\xi\omega_n = 34.5\,,\quad \omega_n^2 = 1\,000$$

解得

$$\omega_n = 31.6\ (\text{rad/s}),\quad \xi = 0.545$$

峰值时间为

$$t_p = \frac{\pi}{\omega_d} = \frac{\pi}{\omega_n\sqrt{1-\xi^2}} = 0.12(\text{s})$$

超调量为

$$\sigma\% = \mathrm{e}^{-\frac{\xi\pi}{\sqrt{1-\xi^2}}} \times 100\% = 0.13\times 100\% = 13\%$$

调节时间为

$$t_s = 3T = \frac{3}{\xi\omega_n} = 0.17\,(\text{s}) \quad (\pm 5\%\text{误差带})$$

$$t_s = 4T = \frac{4}{\xi\omega_n} = 0.23\,(\text{s}) \quad (\pm 2\%\text{误差带})$$

【例 3-3-2】 已知某反馈控制系统的结构如图 3-3-12 所示。试确定结构参数 $K$ 和 $\tau$，使得系统满足动态性能指标 $\sigma\%=20\%$，$t_p = 1\,\text{s}$，并计算上升时间 $t_r$ 和调节时间 $t_s$。

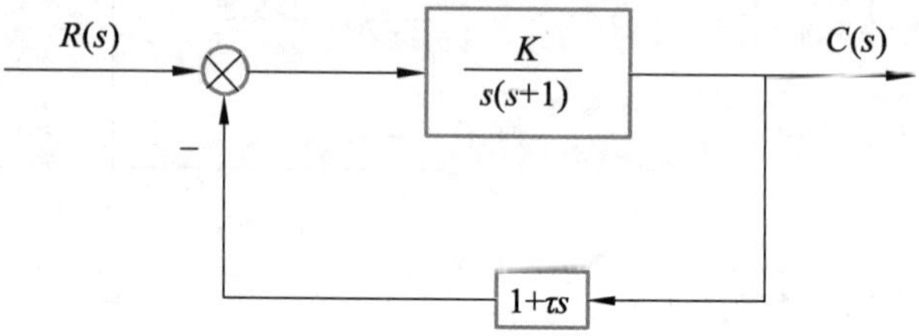


图 3-3-12　反馈控制系统结构

解：系统的闭环传递函数为

$$\Phi(s) = \frac{G(s)}{1+G(s)H(s)} = \frac{\dfrac{K}{s(s+1)}}{1+\dfrac{K}{s(s+1)}(1+\tau s)} = \frac{K}{s^2+(1+K\tau)s+K}$$

根据给定超调量 $\sigma\%=20\%$，由 $\sigma\% = \mathrm{e}^{-\frac{\xi\pi}{\sqrt{1-\xi^2}}} \times 100\% = 20\%$，解得

$$\xi = 0.456$$

根据给定峰值时间 $t_p = 1\,\text{s}$，由 $t_p = \dfrac{\pi}{\omega_d} = \dfrac{\pi}{\omega_n\sqrt{1-\xi^2}} = 1(\text{s})$，解得

$$\omega_n = 3.53 \text{（rad/s）}$$

根据二阶系统的闭环传递函数标准式，得

$$\Phi(s) = \frac{K}{s^2 + (1+K\tau)s + K} = \frac{\omega_n^2}{s^2 + 2\xi\omega_n s + \omega_n^2}$$

比较系数可得

$$K = \omega_n^2 = 3.53^2, \quad 1+K\tau = 2\xi\omega_n = 3.22$$

解得 $K = 12.46$， $\tau = 0.178$

上升时间为

$$t_r = \frac{\pi - \arccos\xi}{\omega_n\sqrt{1-\xi^2}} = \frac{\pi - 1.097\ 3}{3.142} = 0.65(s)$$

调节时间为

$$t_s = 3T = \frac{3}{\xi\omega_n} = 1.86\ (s) \quad （\pm5\%误差带）$$

$$t_s = 4T = \frac{4}{\xi\omega_n} = 2.5\ (s) \quad （\pm2\%误差带）$$

【例 3-3-3】 某单位反馈随动系统如图 3-3-13 所示。令 $K$=16，$T$=0.25 s。试求：

（1）典型二阶系统的特征参数 $\xi$ 和 $\omega_n$。

（2）动态性能指标 $\sigma\%$ 和 $t_s$。

（3）欲使 $\sigma\%$=16%，当 $T$ 不变时，$K$ 应取何值？

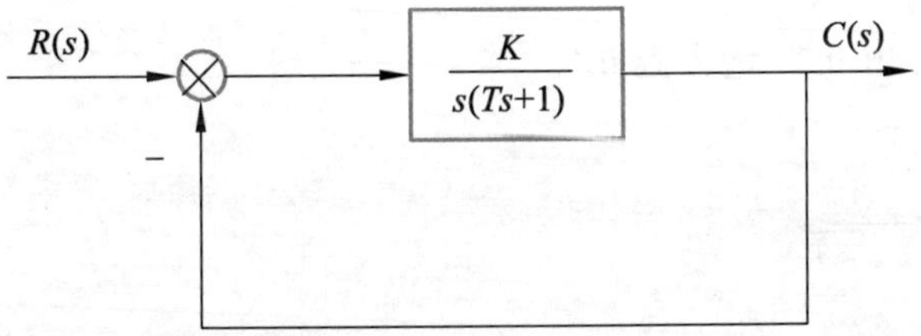


图 3-3-13 单位反馈随动系统结构

解：系统的闭环传递函数为

$$\Phi(s) = \frac{\dfrac{K}{s(Ts+1)}}{1+\dfrac{K}{s(Ts+1)}} = \frac{K}{Ts^2 + s + K} = \frac{\dfrac{K}{T}}{s^2 + \dfrac{1}{T}s + \dfrac{K}{T}}$$

对于典型二阶系统，有

$$\Phi(s) = \frac{\omega_n^2}{s^2 + 2\xi\omega_n s + \omega_n^2}$$

（1）比较以上两式可得

$$\omega_n=\sqrt{\frac{K}{T}}\ ,\quad \xi=\frac{1}{2\omega_n T}=\frac{1}{2\sqrt{KT}}$$

已知 $K$=16，$T$=0.25 s，故自然振荡角频率 $\omega_n$ 为

$$\omega_n=\sqrt{\frac{K}{T}}=\sqrt{\frac{16}{0.25}}=8(\text{rad/s})$$

从而

$$\xi=\frac{1}{2\sqrt{KT}}=\frac{1}{2\sqrt{16\times 0.25}}=0.25$$

（2）超调量为

$$\sigma\%=\mathrm{e}^{-\frac{\xi\pi}{\sqrt{1-\xi^2}}}\times 100\%=\mathrm{e}^{-\frac{0.25\pi}{\sqrt{1-0.25^2}}}\times 100\%=47\%$$

调节时间为

$$t_s=\frac{3}{\xi\omega_n}=\frac{3}{0.25\times 8}=1.5(\text{s})\quad （\pm 5\%误差带）$$

$$t_s=\frac{4}{\xi\omega_n}=\frac{4}{0.25\times 8}=2(\text{s})\quad （\pm 2\%误差带）$$

（3）欲使 $\sigma\%$=16%，则

$$\sigma\%=\mathrm{e}^{-\frac{\xi\pi}{\sqrt{1-\xi^2}}}\times 100\%=16\%$$

求得 $\xi=0.5$，即应使 $\xi$ 由 0.25 增大到 0.5。

因为

$$\xi=\frac{1}{2\sqrt{KT}}$$

所以此时

$$K=\frac{1}{4T\xi^2}=\frac{1}{4\times 0.25\times 5^2}=4$$

## 3.4 高阶系统的时域分析

用三阶或三阶以上的微分方程描述的控制系统，称为高阶系统。由于高阶微分方程求解的复杂性，对高阶系统准确地进行时域分析是比较困难的。因此在时域分析中，主要是对高阶系统做定性分析，或者应用所谓闭环主导极点的概念，把一些高阶系统简化为低阶系统，实现对其动态性能的近似估计。高阶系统的精确时间响应及性能指标的定量计算，可借助 MATLAB 等计算机仿真工具实现。

### 3.4.1 高阶系统的单位阶跃响应

设高阶系统的闭环传递函数可表示为

$$\Phi(s)=\frac{b_0s^m+b_1s^{m-1}+\cdots+b_{m-1}s+b_m}{a_0s^n+a_1s^{n-1}+\cdots+a_{n-1}s+a_n}\quad(n\geqslant m)\tag{3-4-1}$$

设 $\Phi(s)$ 的零点为 $z_1$，$z_2$，…，$z_m$，极点为 $p_1$，$p_2$，…，$p_n$，则上式可写成（零、极点形式）

$$\Phi(s)=\frac{K^*(s-z_1)(s-z_2)\cdots(s-z_m)}{(s-p_1)(s-p_2)\cdots(s-p_n)}=\frac{K^*\prod_{i=1}^{m}(s-z_i)}{\prod_{j=1}^{n}(s-p_j)}\quad(n\geqslant m)\tag{3-4-2}$$

当输入信号为单位阶跃信号时，输出信号为

$$C(s)=\frac{K^*\prod_{i=1}^{m}(s-z_i)}{\prod_{j=1}^{n}(s-p_j)}\times\frac{1}{s}=\frac{K^*\prod_{i=1}^{m}(s-z_i)}{s\prod_{j=1}^{q}(s-p_j)\prod_{k=1}^{r}(s^2+2\xi_k\omega_{nk}s+\omega_{nk}^2)}\tag{3-4-3}$$

式中，$n=q+2r$；$q$ 为闭环实数极点的个数；$r$ 为闭环共轭复数极点的对数。用部分分式展开得（假设所有闭环极点互不相等）

$$C(s)=\frac{A_0}{s}+\sum_{j=1}^{q}\frac{A_j}{s-p_j}+\sum_{k=1}^{r}\frac{B_k(s+\xi_k\omega_{nk})+C_k\omega_{nk}\sqrt{1-\xi_k^2}}{s^2+2\xi_k\omega_{nk}s+\omega_{nk}^2}\tag{3-4-4}$$

对上式取拉氏反变换得

$$\begin{aligned}c(t)=A_0&+\sum_{j=1}^{q}A_j\mathrm{e}^{p_jt}+\sum_{k=1}^{r}B_k\mathrm{e}^{-\xi_k\omega_{nk}t}\cos\sqrt{1-\xi_k^2}\,\omega_{nk}t+\\&\sum_{k=1}^{r}C_k\mathrm{e}^{-\xi_k\omega_{nk}t}\sin\sqrt{1-\xi_k^2}\,\omega_{nk}t\quad(t\geqslant0)\end{aligned}\tag{3-4-5}$$

分析上式可知，高阶系统的动态响应是一阶惯性环节和二阶振荡响应分量的合成。系统的响应 $c(t)$ 不仅与 $\xi_k$、$\omega_{nk}$ 有关，还与闭环零点及系数 $A_j$、$B_k$、$C_k$ 的大小有关。这些系数的大小都与闭环系统的所有极点和零点有关，所以单位阶跃响应取决于高阶系统闭环零、极点的分布情况。

【例 3-4-1】 已知某系统的闭环传递函数为

$$\Phi(s)=\frac{C(s)}{R(s)}=\frac{1.05(0.476\,2s+1)}{(0.125s+1)(0.5s+1)(s^2+s+1)}$$

试结合主导极点的概念分析该四阶系统的动态性能。

解：改写系统的闭环传递函数，可得

$$\Phi(s)=\frac{C(s)}{R(s)}=\frac{8(s+2.1)}{(s+8)(s+2)(s^2+s+1)}$$

再利用 MATLAB 的零极点绘图命令 pzmap，可得该四阶系统的零、极点分布，如图 3-4-1 所示。

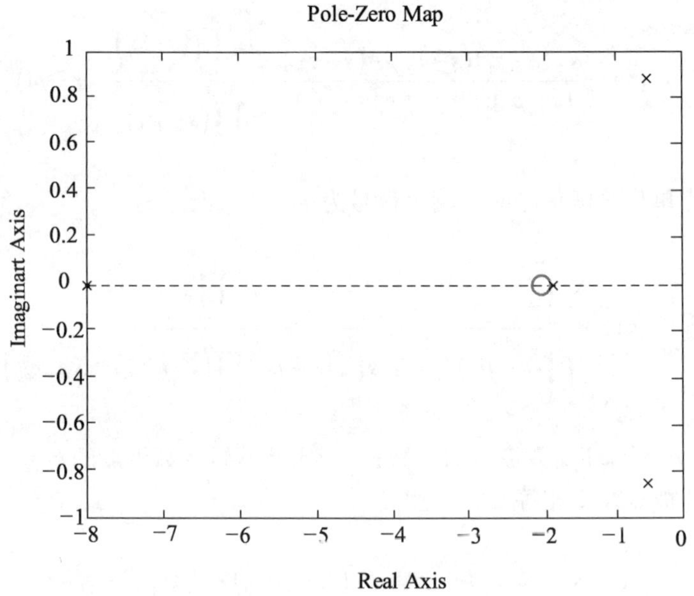


图 3-4-1　零极点分布图（MATLAB）

由图 3-4-1 内容并根据主导极点概念（见 3.4.3 小节），可知该高阶系统具有一对共轭复数主导极点 $s_{1,2}=-0.5\pm j0.866$，且非主导极点 $s_3=-2$，$s_4=-8$ 实部的模比主导极点实部的模大 3 倍以上，闭环零点 $z=-2.1$ 不在主导极点附近，因此该四阶系统可近似成如下的二阶系统：

$$\Phi(s)\approx\frac{R(s)}{C(s)}=\frac{1.05}{s^2+s+1}$$

下面进行分析：

运行如下 MATLAB 文本，可绘制出原四阶系统和近似二阶系统的单位阶跃响应：

```
sys=zpk（[-2.1]，[-8 -2 -0.5 + 0.866* j-0.5-0.866 * j]，8）；%原四阶系统建模
sys1=tf（[1.05]，[1 1 1]）；%由原系统近似的二阶系统
step（sys，'b-'，sys1，'r ：'）%绘制系统的阶跃响应曲线
```

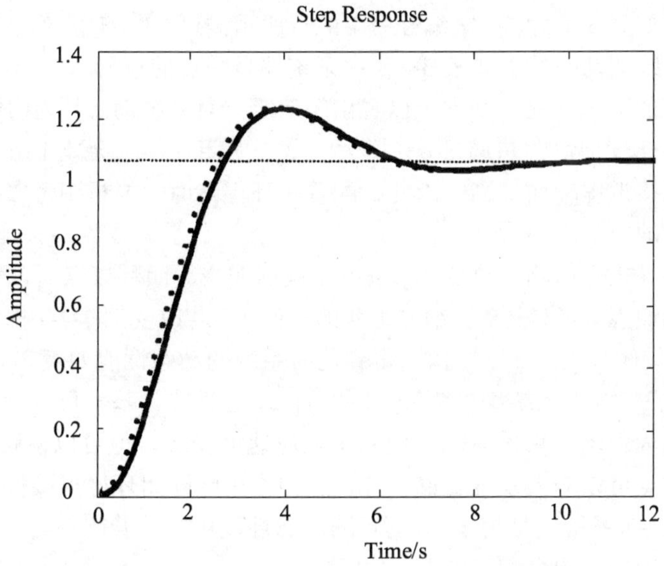


图 3-4-2 高阶系统单位阶跃响应（MATLAB）

在运行得到的图 3-4-2 中，原四阶系统和近似二阶系统的单位阶跃响应曲线分别用实线和虚线表示。在图 3-4-2 中点击鼠标右键，四阶系统动态性能如表 3-4-1 中系统编号为 2 的行所示。将此仿真结果与表 3-4-1 中系统编号为 6 的行近似二阶系统的动态性能比较可知，基于一对共轭复数主导极点求取的高阶系统单位阶跃响应与近似欠阻尼二阶系统的单位阶跃响应是不完全相同的，但结果基本正确。

表 3-4-1 高阶系统动态性能分析比较

| 系统编号 | 系统闭环传递函数 | 上升时间 $t_r$/s | 峰值时间 $t_p$/s | 超调量 $\sigma\%$ | 调节时间 $t_s/\mathrm{s}(\Delta=2\%)$ |
|---|---|---|---|---|---|
| 1 | $\dfrac{1.05}{(0.125s+1)(0.5s+1)(s^2+s+1)}$ | 1.89 | 4.42 | 13.8% | 8.51 |
| 2 | $\dfrac{1.05(0.476\,2s+1)}{(0.125s+1)(0.5s+1)(s^2+s+1)}$ | 1.68 | 3.75 | 15.9% | 8.20 |
| 3 | $\dfrac{1.05(s+1)}{(0.125s+1)(0.5s+1)(s^2+s+1)}$ | 1.26 | 3.20 | 25.3% | 8.10 |
| 4 | $\dfrac{1.05(0.476\,2s+1)}{(0.25s+1)(0.5s+1)(s^2+s+1)}$ | 1.73 | 4.09 | 15.0% | 8.36 |
| 5 | $\dfrac{1.05(0.476\,2s+1)}{(0.5s+1)(s^2+s+1)}$ | 1.66 | 3.64 | 16.0% | 8.08 |
| 6 | $\dfrac{1.05}{s^2+s+1}$ | 1.64 | 3.64 | 16.3% | 8.08 |

事实上，高阶系统毕竟不是二阶系统，因而在用二阶系统性能进行近似时，还需要考虑其他非主导闭环极点对系统动态性能的影响。下面再结合例 3-4-1 对此加以讨论说明。

（1）闭环零点影响。改变例 3-4-1 系统的闭环传递函数，使其没有闭环零点，则仿真得到系统的动态性能如表 3-4-1 中系统编号为 1 的行所示。若例 3-4-1 系统的闭环零点为 $z=-1$，则仿真得到搭配系统的动态性能如表 3-4-1 中系统编号为 3 的行所示。比较表 3-4-1 中系统编号为 1、2、3 的行的动态性能，基本可以看出闭环零点对系统动态性能的影响为：减小峰值时间，使系统响应速度加快，超调量 $\sigma\%$ 增大。这表明闭环零点会减小系统阻尼，并且这种作用将随闭环零点接近虚轴而加剧。因此，配置闭环零点时，要折中考虑闭环零点对系统响应速度和阻尼程度的影响。

（2）闭环非主导极点影响。改变例 3-4-1 系统的非主导闭环极点 $s_4$，令 $s_4=-4$，仿真得到系统的动态性能如表 3-4-1 中系统编号为 4 的行所示。若改变例 3-4-1 中系统的闭环传递函数，使其没有非主导闭环极点 $s_4$，则仿真得到此时系统的动态性能如表 3-4-1 中系统编号为 5 的行所示。比较表 3-4-1 中系统编号为 4、5 的行的动态性能，基本可以看出非主导极点对系统动态性能的影响为：增大峰值时间，使系统响应速度变缓，但可以使超调量 $\sigma\%$ 减小。这表明闭环非主导极点可以增大系统阻尼，并且这种作用将随闭环极点接近虚轴而加剧。

（3）比较表 3-4-1 系统编号为 5、6 的行的动态性能可知，若闭环零、极点彼此接近，则它们对系统响应速度的影响会相互削弱。

在设计高阶系统时，我们常常利用主导极点的概念来选择系统参数，使系统具有一对复数共轭主导极点，利用 MATLAB 软件对系统进行动态性能的初步分析。

### 3.4.2　闭环零、极点对系统性能的影响

由上述分析可知，高阶系统的阶跃响应曲线是由一些指数曲线和阻尼正弦曲线叠加而成的。

（1）动态分量中的各分量的性质完全取决于相应极点在 $s$ 平面上的位置。若极点位于 $s$ 左半平面，则该极点对应的动态分量一定是衰减的；若极点位于 $s$ 右半平面，则该极点对应的动态分量是渐增的；若极点位于实轴上，则该分量是非振荡的，否则就是振荡的。

（2）如果所有闭环极点都位于 $s$ 左半平面，则系统响应中所有指数项和阻尼振荡项都随时间 $t$ 的增大而趋近于零，于是稳态输出变成 $c(\infty)=A_0$。

### 3.4.3　闭环主导极点

在稳定的高阶系统中，对于其时间响应起到主导作用的闭环极点称为闭环主导极点，它应满足以下两个条件：

（1）在 $s$ 平面上，距离虚轴比较近，且附近没有其他的零点和极点。

（2）其实部的绝对值比其他极点实部的绝对值小 5 倍以上。

应用闭环主导极点的概念，可以把一些高阶系统近似为一阶或二阶系统，以实现对高阶系统动态性能的评估。在实际控制工程中，通常要求系统既具有较快的响应速度，又具有一定的阻尼程度，因此常调整高阶系统的增益，使其具有衰减振荡的动态特性。此时，闭环主导极点是一对共轭复数的形式，可以用二阶系统的动态性能指标来估算高阶系统的动态性能。

## 3.5　线性系统的稳定性分析

稳定是控制系统的重要性能，也是系统能够正常运行的首要条件。控制系统在实际运行

过程中，总会受到外界和内部一些因素的扰动，例如，负载和能源的波动、系统参数的变化、环境条件的改变等。如果系统不稳定，就会在任何微小的扰动作用下偏离原来的平衡状态，并随时间的推移而发散。因而，如何分析系统的稳定性并提出保证系统稳定的措施，是自动控制理论的基本任务之一。



### 3.5.1 稳定性的概念及线性系统稳定的充要条件

任何系统在扰动作用下都会偏离原平衡状态，产生初始偏差。

所谓稳定性，是指系统在扰动消失后，由初始偏差状态恢复到原平衡状态的性能。若系统能恢复到原来的平衡状态，则称系统是稳定的；若扰动消失后系统不能恢复到原来的平衡状态，则称系统是不稳定的。

线性系统的稳定性取决于系统本身固有的特性而与扰动信号无关，它决定于扰动消失后动态分量的衰减与否。根据上一节的动态特性分析可知，动态分量的衰减与否，取决于系统闭环传递函数的极点（系统的特征根）在 $s$ 平面的分布。

如果所有极点都分布在 $s$ 左半平面，系统的动态分量将逐渐衰减为零，则系统是稳定的；如果有共轭极点分布在 $s$ 平面的虚轴上，则系统的动态分量做等幅振荡，系统处于临界稳定状态；如果有闭环极点分布在 $s$ 右半平面，系统具有发散的动态分量，则系统是不稳定的。

因此，线性系统稳定的充分必要条件是：系统特征方程的根（即系统闭环传递函数的极点）全部为负实数或具有负实部的共轭复数，也就是所有的闭环极点分布在 $s$ 左半平面（即虚轴的左侧）。

有些观点认为，需要在这个充要条件前加一个前提条件：闭环系统分母阶数不低于分子阶数。

既然线性系统的稳定性完全取决于特征方程的根，那么只要解出特征方程来就可以判定系统是否稳定了。但对于高阶系统，求解特征方程的根是非常困难的。借助于劳斯稳定判据，我们可以在不必解出特征方程的情况下就能判定它是否具有位于 $s$ 右半平面的根以及根的个数，进而判别线性系统的稳定性。

### 3.5.2 劳斯稳定判据

劳斯稳定判据实际上是一个代数判据，用于分析一个特征方程式是否具有不稳定根，而不必实际求解这一方程式。该判据是根据特征方程的系数，直接判别系统的绝对稳定性，它的应用只局限于有限项多项式中。

用劳斯稳定判据判别系统稳定性的一般方法如下：

（1）将系统的特征方程式写成以下标准形式，即

$$a_0s^n + a_1s^{n-1} + a_2s^{n-2} + \cdots + a_{n-1}s + a_n = 0 \tag{3-5-1}$$

式中的系数为实数。假设 $a_n \neq 0$，即排除掉任何零根的情况。

（2）如果特征方程式在至少存在一个正系数的情况下，还存在等于零或负值的系数，那么它必然存在虚根或具有正实部的根，此时系统是不稳定的。因此，线性系统稳定的必要条件是特征方程式的各项系数均为正值。

（3）如果特征方程式的各项系数都是正值，将特征方程式中的 $s$ 各次项系数排列成如下

的劳斯表，即

$$
\begin{array}{lllll}
s^n & a_0 & a_2 & a_4 & a_6 & \cdots \\
s^{n-1} & a_1 & a_3 & a_5 & a_7 & \cdots \\
s^{n-2} & b_1 & b_2 & b_3 & b_4 & \cdots \\
s^{n-3} & c_1 & c_2 & c_3 & c_4 & \cdots \\
\vdots & \vdots & \vdots & & & \\
s^2 & e_1 & e_2 & & & \\
s^1 & f_1 & & & & \\
s^0 & g_1 & & & &
\end{array}
$$

劳斯表的行数：劳斯表共$n+1$行，最下面的两行各有 1 列，其上两行各有 2 列（$s^2$，$s^3$ 行有 2 列指$s^0$，$s^1$行有 1 列），再上面两行各有 3 列，依此类推。

劳斯表的列数：最高一行应有$(n+1)/2$列（若 $n$ 为奇数）或$(n+2)/2$列（若 $n$ 为偶数）。

表中前两行由间隔取特征方程中的系数形成，从第三行开始，各系数由计算得出，计算公式为

$$
b_1=\frac{a_1a_2-a_0a_3}{a_1},\quad b_2=\frac{a_1a_4-a_0a_5}{a_1},\quad b_3=\frac{a_1a_6-a_0a_7}{a_1},\ \cdots
$$

$$
c_1=\frac{b_1a_3-a_1b_2}{b_1},\quad c_2=\frac{b_1a_5-a_1b_3}{b_1},\quad c_3=\frac{b_1a_7-a_1b_4}{b_1},\ \cdots
$$

$$
\cdots
$$

这一计算过程，一直进行到$s^0$行，计算到每行其余的系数全部等于零为止。

（4）根据劳斯表中第 1 列各系数的符号，用劳斯稳定判据来判别系统的稳定性。

劳斯稳定判据的内容如下：

（1）如果劳斯表中第 1 列的系数均为正值，则特征方程式的所有根都在 $s$ 左半平面，相应的系统是稳定的。

（2）如果劳斯表中第 1 列系数的符号发生变化，则系统是不稳定的，且第 1 列系数正负号改变的次数等于特征方程的根在 $s$ 右半平面的个数。

综上可知，劳斯稳定判据是根据闭环特征方程式的各项系数，按一定的规则排列成劳斯表，然后根据表中第 1 列系数正、负符号的变化情况来判别系统的稳定性。

【例 3-5-1】 某三阶系统的特征方程式为$a_0s^3+a_1s^2+a_2s+a_3=0$，试确定使系统稳定的充要条件。

解：列出劳斯表为

$$
\begin{array}{lll}
s^3 & a_0 & a_2 \\
s^2 & a_1 & a_3 \\
s^1 & \dfrac{a_1a_2-a_0a_3}{a_1} & \\
s^0 & a_3 &
\end{array}
$$

故系统稳定的充要条件为：$a_0>0$，$a_1>0$，$a_2>0$，$a_3>0$，$a_1a_2-a_0a_3>0$。

【例 3-5-2】已知系统的特征方程式为 $s^4+2s^3+3s^2+4s+5=0$，试用劳斯稳定判据判别系统的稳定性及其在 $s$ 右半平面的根的个数。

解：列出劳斯表为

$$
\begin{array}{llll}
s^4 & 1 & 3 & 5 \\
s^3 & 2 & 4 & \\
s^2 & \dfrac{2\times3-1\times4}{2}=1 & \dfrac{2\times5-1\times0}{2}=5 & \\
s^1 & \dfrac{1\times4-2\times5}{1}=-6 & & \\
s^0 & \dfrac{-6\times5-1\times0}{-6}=5 & &
\end{array}
$$

由于劳斯表第 1 列系数中有负数，所以系统是不稳定的；又由于第 1 列系数的符号改变了两次（$1\to-6\to5$），所以系统有两个根在 $s$ 右半平面。

### 3.5.3 劳斯稳定判据的两种特殊情况

第一种特殊情况：如果劳斯表中某行的第 1 个系数为零，而该行中其余各系数不为零或没有其他系数，将使得劳斯表无法往下排列。此时，可用一个接近于零的很小的正数 $\varepsilon$ 来代替这个零，并据其计算出劳斯表中的其余各项。

如果劳斯表第 1 列中 $\varepsilon$ 上下各项的符号相同，则说明系统存在一对虚根，系统处于临界稳定状态；如果 $\varepsilon$ 上下各项的符号不同，表明有符号变化，则系统是不稳定的。

【例 3-5-3】已知系统的特征方程式为 $s^4+2s^3+s^2+2s+1=0$，试用劳斯稳定判据判别系统的稳定性。

解：特征方程式的各项系数均为正数，劳斯表为

$$
\begin{array}{llll}
s^4 & 1 & 1 & 1 \\
s^3 & 2 & 2 & \\
s^2 & \varepsilon(\approx 0) & 1 & \\
s^1 & 2-\dfrac{2}{\varepsilon} & & \\
s^0 & 1 & &
\end{array}
$$

由于 $\varepsilon$ 是接近于零的很小的正数，故 $2-2/\varepsilon$ 是一个绝对值很大的负数，可以认为劳斯表第 1 列中各系数的符号改变了两次，所以系统有两个根位于 $s$ 右半平面。

第二种特殊情况：如果劳斯表中某一行的所有系数都为零，则表明系统存在两个大小相等、符号相反的实根和（或）共轭虚根，或存在更多的这种大小相等、但在 $s$ 平面上关于原点对称的根。

这时可以利用该行上面一行的系数构成一个辅助方程式，将辅助方程式对 $s$ 求导后所得多项式的系数列入该行（即取代全零行），这样劳斯表中其余各行的计算可继续下去。$s$ 平面中这些大小相等，关于原点对称的根可以通过辅助方程式得到，而且这些根的个数总是偶数。

【例 3-5-4】 已知系统的特征方程式为 $s^5+s^4+3s^3+3s^2+2s+2=0$，试用劳斯稳定判据判别系统的稳定性。

解：列出劳斯表为

$$\begin{array}{llll} s^5 & 1 & 3 & 2 \\ s^4 & 1 & 3 & 2 \\ s^3 & 0 & 0 & \end{array}$$

由于 $s^3$ 这一行的系数全部为零，使得劳斯表无法往下排列。这时可用上一行 $s^4$ 的各系数组成辅助方程 $F(s)=s^4+3s^2+2=0$。

将辅助方程 $F(s)$ 对 $s$ 求导，得

$$\frac{\mathrm{d}F(s)}{\mathrm{d}s}=4s^3+6s=0$$

上式中的各项系数作为 $s^3$ 行的系数，并计算剩余各行的系数，得劳斯表为

$$\begin{array}{llll} s^5 & 1 & 3 & 2 \\ s^4 & 1 & 3 & 2 \\ s^3 & 4 & 6 & \\ s^2 & \dfrac{3}{2} & 2 & \\ s^1 & \dfrac{3}{2} & & \\ s^0 & 2 & & \end{array}$$

首先应当明确的是，劳斯表出现了第二种特殊情况：全零行，则系统一定是不稳定的。

接下来才是根据辅助方程替代后计算出的劳斯表中第 1 列系数，判断系统不稳定的具体情况。

第 1 列系数的符号没有改变，说明系统在 $s$ 右半平面没有特征根，需要再次提醒，由于出现过全零行，这并不能说明系统是稳定的。

根据辅助方程 $P(s)=s^4+3s^2+2=(s^2+1)(s^2+2)=0$，可解得系统有两对共轭虚根，即 $s_{1,2}=\pm\mathrm{j}$，$s_{3,4}=\pm\mathrm{j}\sqrt{2}$。系统有虚根，代表系统处于临界稳定状态。再次强调，临界稳定属于不稳定的范畴。系统有纯虚根，系统是不稳定的。

【例 3-5-5】 已知系统特征方程为 $D(s)=s^6+s^5-2s^4-3s^3-7s^2-4s-4=0$，试用劳斯稳定判据分析系统的稳定性。

解：按劳斯稳定判据的要求，列出劳斯表为

$$\begin{array}{lllll} s^6 & 1 & -2 & -7 & -4 \\ s^5 & 1 & -3 & -4 & \\ s^4 & 1 & -3 & -4 & (\text{辅助方程}F(s)=0\text{系数}) \\ s^3 & 0 & 0 & 0 & \end{array}$$

由于出现全零行，故用 $s^4$ 行系数构造以下辅助方程，即

$$F(s)=s^4-3s^2-4=0$$

取辅助方程对变量 $s$ 的导数，得导数方程为

$$\frac{\mathrm{d}F(s)}{\mathrm{d}s}=4s^3-6s=0$$

用导数方程的系数取代全零行相应的元，便可按劳斯表的计算规则运算下去，得到

$$\begin{array}{lllll}
s^6 & 1 & -2 & -7 & -4 \\
s^5 & 1 & -3 & -4 & 0 \\
s^4 & 1 & -3 & -4 & \\
s^3 & 4 & -6 & 0 & \left(\mathrm{d}F(s)/\mathrm{d}s=0\text{系数}\right) \\
s^2 & -1.5 & -4 & & \\
s^1 & -16.5 & 0 & & \\
s^0 & -4 & & &
\end{array}$$

劳斯表出现了全零行，故系统不稳定。由于劳斯表第一列数值有一次符号变化，说明不稳定系统有一个正实部根，即一个不稳定根。

如果解辅助方程 $F(s)=s^4-3s^2-4=0$，可以求出产生全零行的特征方程的根为±2 和±j。倘若直接求解给出的特征方程，其特征根应是±2，±j 以及 $\left(-1\pm \mathrm{j}\sqrt{3}\right)/2$。其中，特征根 2 是一个正实部根，表明劳斯表的判断结果是正确的。

### 3.5.4 劳斯稳定判据在系统分析中的应用

劳斯稳定判据的一个重要应用就是，可以通过检查系统的参数值，确定一个或两个系统参数的变化对系统稳定性的影响，界定参数值的稳定范围问题。

【例 3-5-6】 已知系统的结构如图 3-5-1 所示，试确定使系统稳定的 $K$ 值范围。

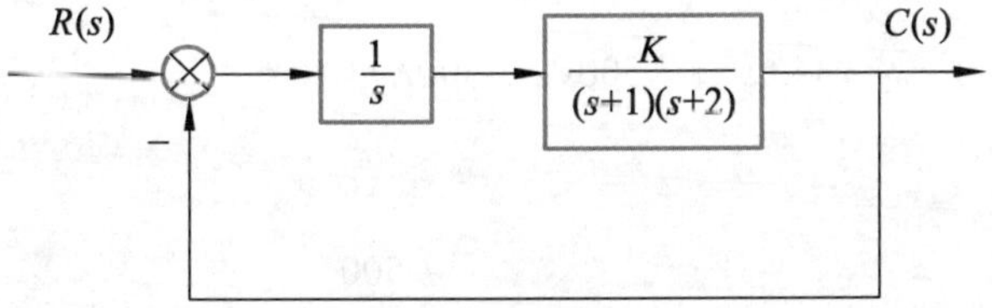


3-5-1 系统结构

解：系统的传递函数为

$$\Phi(s)=\frac{C(s)}{R(s)}=\frac{\frac{1}{s}\times\frac{K}{(s+1)(s+2)}}{1+\frac{1}{s}\times\frac{K}{(s+1)(s+2)}}=\frac{K}{s^3+3s^2+2s+K}$$

系统的特征方程式为

$$s^3+3s^2+2s+K=0$$

列出劳斯表为

$$
\begin{array}{lll}
s^3 & 1 & 2 \\
s^2 & 3 & K \\
s^1 & \dfrac{6-K}{3} & \\
s^0 & K &
\end{array}
$$

为了使系统稳定，$K$ 必须为正值，并且第 1 列中所有的系数必须为正值，因此，$0<K<6$。

【例 3-5-7】设比例-积分（PI）控制系统如图 3-5-2 所示。其中，$K$ 为与积分器时间常数有关的待定参数。已知参数 $\xi=0.2$ 及 $\omega_{\mathrm{n}}=86.6$，试用劳斯稳定判据确定使闭环系统稳定的 $K_1$ 取值范围。如果要求闭环系统的极点全部位于 $s=-1$ 垂线之左，问 $K_1$ 值范围又应取多大?

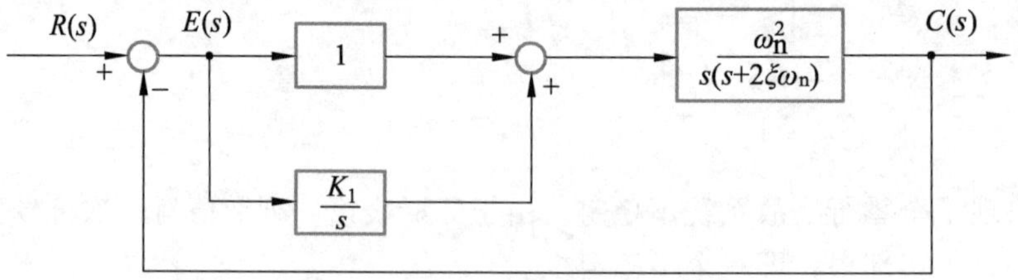


图 3-5-2　比例-积分（PI）控制系统

解：根据图 3-5-2 可写出系统的闭环传递函数为

$$
\Phi(s)=\frac{\omega_{\mathrm{n}}^2(s+K_1)}{s^3+2\xi\omega_{\mathrm{n}}s^2+\omega_{\mathrm{n}}^2 s+K_1\omega_{\mathrm{n}}^2}
$$

系统闭环特征方程为

$$
D(s)=s^3+2\xi\omega_{\mathrm{n}}s^2+\omega_{\mathrm{n}}^2 s+K_1\omega_{\mathrm{n}}^2=0
$$

代入已知的 $\xi$ 与 $\omega_{\mathrm{n}}$，得

$$
D(s)=s^3+34.5s^2+7\,500s+7\,500K_1=0
$$

列出相应的劳斯表为

$$
\begin{array}{lll}
s^3 & 1 & 7\,500 \\
s^2 & 34.6 & 7\,500K_1 \\
s^1 & \dfrac{34.6\times 7\,500-7\,500K_1}{34.6} & 0 \\
s^0 & 7\,500K_1 &
\end{array}
$$

根据劳斯稳定判据，令劳斯表中第一列各元为正，求得 $K_1$ 的取值范围为：

$$
0<K_1<34.6
$$

当要求闭环极点全部位于 $s=-1$ 垂线之左时，可令 $s=s_1-1$，代入原特征方程，得到以下新特征方程为

$$
(s_1-1)^3+34.6(s_1-1)^2+7\,500(s_1-1)+7\,500K_1=0
$$

整理得

$$s_1^3+31.6s_1^2+7\,433.8s_1+\left(7\,500K_1-7\,466.4\right)=0$$

相应的劳斯表为

$$\begin{array}{lcc}
s_1^3 & 1 & 7\,433.8 \\
s_1^2 & 31.6 & 7\,500K_1-7\,466.4 \\
s_1^1 & \dfrac{31.6\times 7\,433.8-\left(7\,500K_1-7\,466.4\right)}{31.6} & 0 \\
s_1^0 & 7\,500K_1-7\,466.4 &
\end{array}$$

令劳斯表中第一列各元素为正，得使全部闭环极点位于 $s=-1$ 垂线之左的 $K_1$ 取值范围为：

$$1<K_1<32.3$$

如果需要确定系统其他参数，例如时间常数对系统稳定性的影响，方法是类似的。一般说来，这种待定参数不能超过两个。有关系统稳定性分析及参数选择对系统稳定性的影响问题，可以利用 MATLAB 软件包来解决。

## 3.6 线性系统的稳态误差分析

控制系统的稳态误差，是系统控制准确度（控制精度）的一种度量，通常称为稳态性能。在控制系统设计中，稳态误差是一项重要的技术指标。

对于一个实际的控制系统，由于系统结构、输入作用的类型（控制量或扰动量）、输入函数的形式（阶跃、斜坡或加速度）不同，控制系统的稳态输出不可能在任何情况下都与输入量一致或相当，也不可能在任何形式的扰动作用下都能准确地恢复到原平衡位置。此外，控制系统中不可避免地存在摩擦、间隙、不灵敏区、零位输出等非线性因素，都会造成附加的稳态误差。

可以说，控制系统的稳态误差是不可避免的。控制系统设计的任务之一，是尽量减小系统的稳态误差，或者使稳态误差小于某一容许值。显然，只有当系统稳定时，研究稳态误差才有意义；对于不稳定的系统而言，根本不存在研究稳态误差的可能性。有时，把在阶跃函数作用下没有稳态误差的系统，称为无差系统；而把具有稳态误差的系统，称为有差系统。

本节主要讨论线性控制系统由于系统结构、输入作用形式和类型所产生的稳态误差，即稳态误差的计算方法，其中包括系统类型与稳态误差的关系，同时介绍定量描述系统误差的两类系数，即静态误差系数和动态误差系数。

非线性因素所引起的系统稳态误差，则称为附加稳态误差或结构性稳态误差，本书不讨论。

### 3.6.1 控制系统的误差与稳态误差定义

#### 1. 误　差

设典型负反馈控制系统结构如图 3-6-1 所示。

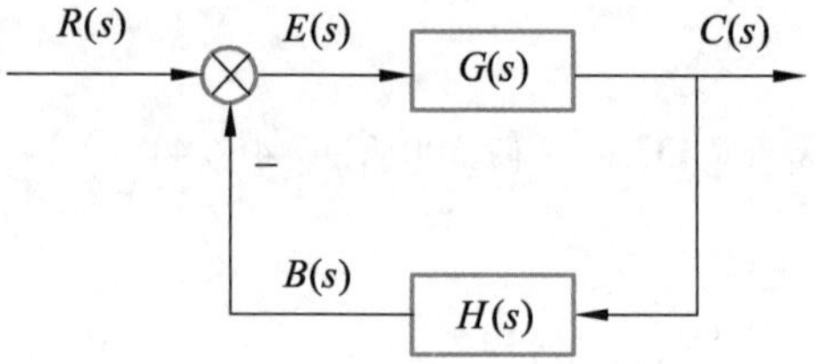


图 3-6-1　典型负反馈控制系统结构

当输入信号 $R(s)$ 与主反馈信号 $B(s)$ 不等时，比较装置的输出为

$$E(s)=R(s)-H(s)C(s) \tag{3-6-1}$$

此时，系统在 $E(s)$ 信号作用下产生动作，使输出趋于希望值。通常，称 $E(s)$ 为误差信号，简称误差（亦称偏差）。

误差有两种不同的定义方法：一种是式（3-6-1）所描述的在系统输入端定义误差的方法；另一种是从系统输出端来定义，它定义为系统输出量的希望值与实际值之差。前者定义的误差，在实际系统中是可以量测的，具有一定的物理意义；后者定义的误差，在系统性能指标的提法中经常使用，但在实际系统中有时无法量测，因而一般只有数学意义。

上述两种定义误差的方法存在着内在联系。下面将图 3-6-1 所示结构变换为图 3-6-2 所示的等效单位反馈形式。

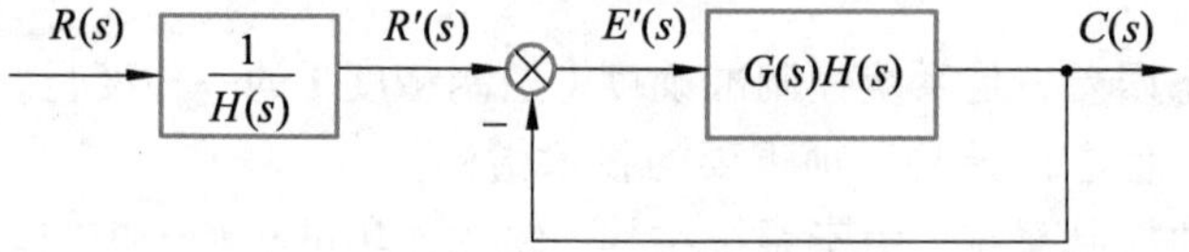


图 3-6-2　等效单位反馈系统

图 3-6-2 中，$R'(s)$ 代表输出量的希望值，$E'(s)$ 是从系统输出端定义的非单位反馈系统的误差。不难证明，$E(s)$ 与 $E'(s)$ 之间存在以下简单关系，即

$$E'(s)=E(s)/H(s) \tag{3-6-2}$$

所以，在本书以下的叙述中，均采用从系统输入端定义的误差 $E(s)$ 来进行计算和分析。如果有必要计算输出端误差 $E'(s)$，可利用式（3-6-2）进行换算。特别指出，对于单位反馈控制系统，输出量的希望值就是输入信号 $R(s)$，因而两种误差定义的方法是一致的。

控制系统的误差又分为动态误差与稳态误差。

一般认为，系统的调节时间 $t_s$ 之前的误差为动态误差。但是在控制理论中，通常采用另外的性能指标来评价系统的动态性能，如超调量 $\sigma\%$、振荡次数等。所以，上述动态误差一般用于考查系统对输入信号的各阶次分量的跟踪能力和综合误差性能指标。

2. 稳态误差

稳态误差的数学描述为

$$e_{ss}=\lim_{t\to\infty}e(t) \tag{3-6-3}$$

即时间 $t$ 趋于无穷大时的误差。工程实践中可以粗略地认为，稳态误差是系统进入稳态后的误差值，即调节时间 $t_s$ 之后的误差。

考查系统的稳态误差是根据系统所要求跟踪的信号为参考基准的。如需跟踪的信号是恒值信号，那么就要考查时间趋于无穷时，输出信号是否趋于恒值，另外是否趋于准确的恒值，这些是由系统的结构所决定的。如需跟踪的信号是斜坡信号，那么就要考查时间趋于无穷时，输出信号是否趋于恒速，是以有差方式趋于恒速还是以无差方式趋于恒速，等等。所以，系统不同形式的稳态误差一是由输入信号决定的，二是由系统的结构决定的。



### 3.6.2 稳态误差计算

在计算系统的稳态误差前，首先定义开环控制系统的型别。

将开环控制系统 $G_k(s)$ 用零、极点因子的环节增益归一表达式来表示时，可以写为

$$G_k(s)=G(s)H(s)=\frac{K\prod_{i=1}^{m_1}(s+s_i)\prod_{i=1}^{m_2}(s^2+2\xi_k\omega_k s+\omega_k^2)}{s^v\prod_{j=1}^{n_1}(s+s_j)\prod_{j=1}^{n_2}(s^2+2\xi_l\omega_l s+\omega_l^2)} \tag{3-6-4}$$

式中 $K$——系统的开环增益（放大系数）；

$v$——前向通道积分环节的个数，$\frac{1}{s^v}$ 表示 $v$ 个积分环节 $\frac{1}{s}$ 串联。

根据前向通道积分环节的个数 $v$，可定义开环系统的类型为：

$v$=0，称该开环系统为 0 型系统。

$v$=1，称该开环系统为I型系统。

$v$=2，称该开环系统为II型系统。

上式中，若令

$$G_n(s)=\frac{\prod_{i=1}^{m_1}(\tau_i s+1)\prod_{i=1}^{m_2}(\tau_k^2 s^2+2\xi_k\tau_k s+1)}{\prod_{j=1}^{n_1}(T_j s+1)\prod_{l=1}^{n_2}(T_l^2 s^2+2\xi_l T_l s+1)} \tag{3-6-5}$$

则有

$$\lim_{s\to 0}G_n(s)=1$$

由误差信号的时间表达式

$$e(t)=r(t)-c(t)$$

得其拉氏变换式为

$$E(s)=R(s)-C(s)=R(s)-R(s)\Phi(s)=[1-\Phi(s)]R(s)$$

对于图 3-6-2 等效单位反馈系统，只取后面的闭环控制系统部分，将 $R'(s)$ 记为 $R(s)$ 后

结构如图 3-6-3 所示。

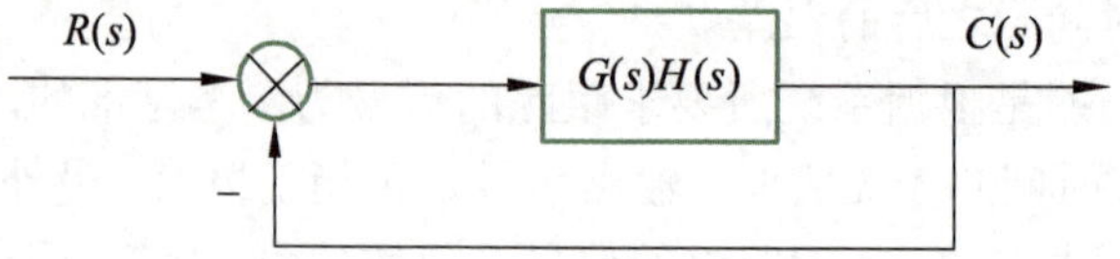


图 3-6-3　将一般反馈控制系统等价为单位反馈控制系统

系统的开环传递函数为

$$G_k(s)=G(s)H(s)$$

闭环传递函数为

$$\Phi(s)=\frac{C(s)}{R(s)}=\frac{G_k(s)}{1+G_k(s)}=\frac{G(s)H(s)}{1+G(s)H(s)}$$

所以，误差传递函数为

$$\Phi(s)=\frac{E(s)}{R(s)}=1-\Phi(s)=1-\frac{G(s)H(s)}{1+G(s)H(s)}=\frac{1}{1+G(s)H(s)}=\frac{1}{1+G_k(s)} \tag{3-6-6}$$

### 1. 给定输入作用下的稳态误差

考虑给定输入信号 $R(s)$ 作用时，系统误差函数的拉氏变换为

$$E_r(s)=\Phi_{er}(s)R(s)=\frac{R(s)}{1+G_k(s)} \tag{3-6-7}$$

根据拉氏变换的终值定理，可以求得系统的稳态误差为

$$e_{ssr}=\lim_{t\to\infty}e_r(t)=\lim_{s\to0}s\cdot E_r(s)=\lim_{s\to0}s\cdot\frac{R(s)}{1+G_k(s)}=\lim_{s\to0}s\cdot\frac{R(s)}{1+\dfrac{K}{s^{\nu}}} \tag{3-6-8}$$

下面分别讨论不同的系统在不同的输入信号下，所产生的不同形式的稳态误差。

1）输入信号为单位阶跃信号

单位阶跃信号为 $r(t)=1(t)$，拉式变换为 $R(s)=\frac{1}{s}$。由稳态误差的一般表达式得

$$\begin{aligned}e_{ssr}&=\lim_{t\to\infty}e_r(t)=\lim_{s\to0}s\cdot E_r(s)=\lim_{s\to0}s\cdot\frac{R(s)}{1+G_k(s)}\\&=\lim_{s\to0}s\cdot\frac{1}{1+G_k(s)}\cdot\frac{1}{s}=\frac{1}{1+\lim\limits_{s\to0}G_k(s)}\end{aligned} \tag{3-6-9}$$

将式中的极限式 $\lim\limits_{s\to0}G_k(s)$ 定义为系统的静态位置误差系数 $K_p$，表示为

$$K_{\mathrm{p}}=\lim_{s\to 0}G_{\mathrm{k}}(s) \tag{3-6-10}$$

这样，稳态误差可以由静态位置误差系数 $K_{\mathrm{p}}$ 来表示为

$$e_{\mathrm{ssr}}=\frac{1}{K_{\mathrm{p}}} \tag{3-6-11}$$

（1）对于 0 型系统。

前向通道积分环节的个数为零，即 $v=0$，由于

$$G_{\mathrm{k}}(s)=\frac{K}{s^{v}}\cdot G_{\mathrm{n}}(s)\bigg|_{v=0}=\frac{K}{s^{0}}\cdot G_{\mathrm{n}}(s)$$

而

$$K_{\mathrm{p}}=\lim_{s\to 0}G_{\mathrm{k}}(s)=\lim_{s\to 0}\frac{K}{s^{0}}\cdot G_{\mathrm{n}}(s)=K$$

所以，0 型系统的静态位置误差系数 $K_{\mathrm{p}}$ 等于常数值，即系统的开环增益 $K$。代入稳态误差表达式，有

$$e_{\mathrm{ssr}}=\frac{1}{1+K_{\mathrm{p}}}\bigg|_{K_{\mathrm{p}}=K}=\frac{1}{1+K}$$

以上计算说明，单位阶跃信号输入时，由于 0 型系统的静态位置误差系数 $K_{\mathrm{p}}$ 等于开环增益的大小 $K$，所以 0 型系统在阶跃信号输入作用时的稳态误差也为常数。

（2）对于Ⅰ型及以上系统。

对于Ⅰ型系统，前向通道积分环节的个数为 1，即 $v=1$，故

$$K_{\mathrm{p}}=\lim_{s\to 0}G_{\mathrm{k}}(s)=\lim_{s\to 0}\frac{K}{s^{1}}\cdot G_{\mathrm{n}}(s)=\infty$$

所以，Ⅰ型系统的静态位置误差系数等于无穷大。代入稳态误差表达式，得

$$e_{\mathrm{ssr}}=\frac{1}{1+K_{\mathrm{p}}}\bigg|_{K_{\mathrm{p}}=\infty}=0$$

以上计算说明，单位阶跃信号输入时，由于Ⅰ型系统的静态位置误差系数 $K_{\mathrm{p}}$ 等于无穷大，所以Ⅰ型系统的稳态误差为零。也可以说，Ⅰ型系统是一阶无差系统。

不难得到，对于Ⅰ型及其以上系统，前向通道积分环节的个数不为零，即 $v\geqslant 1$，均有

$$K_{\mathrm{p}}=\infty$$

则

$$e_{\mathrm{ssr}}=0$$

2）输入信号为单位斜坡信号

单位斜坡信号为 $r(t)=t$，拉氏变换为 $R(s)=\dfrac{1}{s^2}$。由稳态误差的一般表达式得

$$\begin{aligned} e_{\text{ssr}} &= \lim_{t\to\infty} e_{\text{r}}(t) = \lim_{s\to 0} s\cdot E_{\text{r}}(s) = \lim_{s\to 0} s\cdot \frac{R(s)}{1+G_{\text{k}}(s)} \\ &= \lim_{s\to 0} s\cdot \frac{1}{1+G_{\text{k}}(s)}\cdot\frac{1}{s^2} = \frac{1}{\lim\limits_{s\to 0} s\cdot G_{\text{k}}(s)} \end{aligned} \tag{3-6-12}$$

将式中的极限式 $\lim\limits_{s\to 0} s\cdot G_{\text{k}}(s)$ 定义为系统的静态速度误差系数 $K_v$，表示为

$$K_v = \lim_{s\to 0} s\cdot G_{\text{k}}(s)$$

这样，稳态误差可以由静态速度误差系数 $K_v$ 来表示为

$$e_{\text{ssr}} = \frac{1}{K_v}$$

对于不同类型的系统，其稳态误差也是不同的。

（1）对于0型系统。

前向通道积分环节的个数为零，即 $v$=1，由于

$$G_{\text{k}}(s) = \frac{K}{s^v}\cdot G_{\text{n}}(s)\bigg|_{v=0} = \frac{K}{s^0}\cdot G_{\text{n}}(s)$$

而

$$K_v = \lim_{s\to 0} s\cdot G_{\text{k}}(s) = \lim_{s\to 0} s\cdot \frac{K}{s^0}\cdot G_{\text{n}}(s) = 0$$

所以，0型系统的静态速度误差系数 $K_v$ 等于零，代入稳态误差表达式，有

$$e_{\text{ssr}} = \frac{1}{K_v}\bigg|_{K_v=0} = \infty$$

上式说明，对0型系统施加斜坡信号，当时间趋于无穷大时，其稳态误差的值是趋于无穷大的。也就是说，0型系统不能跟踪斜坡信号。

（2）对于Ⅰ型系统。

静态速度误差系数 $K_v$ 为

$$K_v = \lim_{s\to 0} s\cdot G_{\text{k}}(s) = \lim_{s\to 0} s\cdot \frac{K}{s^1}\cdot G_{\text{n}}(s) = K$$

稳态误差为

$$e_{\text{ssr}} = \frac{1}{K_v}\bigg|_{K_v=K} = \frac{1}{K}$$

上式说明，对Ⅰ型系统施加斜坡信号，当时间趋于无穷大时，其稳态误差趋于常数值，且大小等于系统的开环增益 $K$ 的倒数。也就是说，Ⅰ型系统有跟踪斜坡信号的能力，但是

在跟踪过程中，只能实现有差跟踪。可以通过加大开环增益 $K$ 来减小稳态误差，但不能消除它。

（3）对于Ⅱ型系统。

静态速度误差系数 $K_v$ 为

$$K_v = \lim_{s\to 0} s \cdot G_k(s) = \lim_{s\to 0} s \cdot \frac{K}{s^2} \cdot G_n(s) = \infty$$

稳态误差为

$$e_{ssr} = \left.\frac{1}{K_v}\right|_{K_v=\infty} = 0$$

上式说明，如果系统的前向通道中有两个积分环节，则在跟踪单位斜坡信号时，由于稳态误差为零，所以可以实现无差跟踪。也就是说，只要系统是稳定的，那么系统的响应在过了动态时间之后，就与单位斜坡信号相同了。所以，$v$=2 的系统又称为二阶无差系统。

3）输入信号为单位抛物线信号

单位抛物线信号为 $r(t) = \frac{1}{2}t^2$，拉氏变换为 $R(s) = \frac{1}{s^3}$。由稳态误差的一般表达式得

$$e_{ssr} = \lim_{t\to\infty} e_r(t) = \lim_{s\to 0} s \cdot E_r(s) = \lim_{s\to 0} s \cdot \frac{R(s)}{1+G_k(s)}$$

$$= \lim_{s\to 0} s \cdot \frac{1}{1+G_k(s)} \cdot \frac{1}{s^3} = \frac{1}{\lim\limits_{s\to 0} s^2 \cdot G_k(s)}$$

将式中的极限式 $\lim\limits_{s\to 0} s^2 \cdot G_k(s)$ 定义为系统的静态加速度误差系数 $K_a$，表示为

$$K_a = \lim_{s\to 0} s^2 \cdot G_k(s)$$

这样，稳态误差可以由静态加速度误差系数 $K_a$ 来表示为

$$e_{ssr} = \frac{1}{K_a}$$

（1）对于 0 型系统。

系统的开环传递函数为

$$G_k(s) = \left.\frac{K}{s^v} \cdot G_n(s)\right|_{v=0} = \frac{K}{s^0} \cdot G_n(s)$$

静态加速度误差系数 $K_a$ 为

$$K_a = \lim_{s\to 0} s^2 \cdot G_k(s) = \lim_{s\to 0} s^2 \cdot \frac{K}{s^0} \cdot G_n(s) = 0$$

稳态误差为

$$e_{ssr} = \left.\frac{1}{K_a}\right|_{K_a=0} = \infty$$

（2）对于Ⅰ型系统。

静态加速度误差系数 $K_a$ 为

$$K_{\mathrm{a}}=\lim_{s\to 0}s^2\cdot G_{\mathrm{k}}(s)=\lim_{s\to 0}s^2\cdot\frac{K}{s^1}\cdot G_{\mathrm{n}}(s)=0$$

稳态误差为

$$e_{\mathrm{ssr}}=\left.\frac{1}{K_{\mathrm{a}}}\right|_{K_{\mathrm{a}}=0}=\infty$$

（3）对于Ⅱ型系统。

静态加速度误差系数 $K_a$ 为

$$K_{\mathrm{a}}=\lim_{s\to 0}s^2\cdot G_{\mathrm{k}}(s)=\lim_{s\to 0}s^2\cdot\frac{K}{s^2}\cdot G_{\mathrm{n}}(s)=K$$

稳态误差为

$$e_{\mathrm{ssr}}=\left.\frac{1}{K_{\mathrm{a}}}\right|_{K_{\mathrm{a}}=K}=\frac{1}{K}$$

上面的分析说明，0 型和Ⅰ型系统的稳态误差都是无穷大，不能跟踪抛物线输入信号；而Ⅱ型系统的稳态误差等于常数，且与系统开环增益 $K$ 的大小成反比，故可以跟踪抛物线输入信号，但存在稳态误差。

反馈控制系统的型别、静态误差系数和输入信号形式之间的关系，统一归纳在表 3-6-1 之中。

表 3-6-1　输入信号作用下的稳态误差

| 系统类型 | 静态误差系数 | | | 阶跃输入 $r(t)=R\cdot 1(t)$ | 斜坡输入 $r(t)=Rt$ | 加速度输入 $r(t)=\frac{Rt^2}{2}$ |
|---|---|---|---|---|---|---|
| | $K_p$ | $K_v$ | $K_a$ | 位置误差 $e_{ss}=\frac{R}{1+K_p}$ | 速度误差 $e_{ss}=\frac{R}{K_v}$ | 加速度误差 $e_{ss}=\frac{R}{K_a}$ |
| 0 | $K$ | 0 | 0 | $\frac{R}{1+K}$ | $\infty$ | $\infty$ |
| Ⅰ | $\infty$ | $K$ | 0 | 0 | $\frac{R}{K}$ | $\infty$ |
| Ⅱ | $\infty$ | $\infty$ | $K$ | 0 | 0 | $\frac{R}{K}$ |
| Ⅲ | $\infty$ | $\infty$ | $\infty$ | 0 | 0 | 0 |

表 3-6-1 表明，同一个控制系统，在不同形式的输入信号作用下具有不同的稳态误差。为了使系统具有较小的稳态误差，必须针对不同的输入量选择不同类型的系统，并且选取较高的 $K$ 值。但是，考虑到系统的稳定性，一般选择Ⅱ型以内的系统，并且 $K$ 值也要满足系统稳定性的要求。

【例 3-6-1】设控制系统如图 3-6-4 所示，输入信号 $r(t)=1(t)$，试确定当 $K$ 分别为 1 和 0.1 时，系统输出量的稳态误差 $e_{ssr}$。

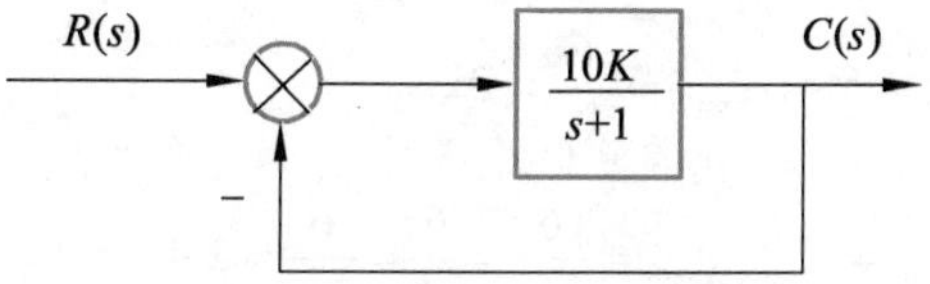


图 3-6-4　控制系统结构

解：系统的开环传递函数为

$$G_{\mathrm{k}}(s)=\frac{10K}{s+1}$$

由于输入信号为单位阶跃信号，且系统是 0 型系统，所以静态位置误差系数 $K_{\mathrm{p}}$ 为

$$K_{\mathrm{p}}=\lim_{s\to 0}G_{\mathrm{k}}(s)=10K$$

因此

$$e_{\mathrm{ssr}}=\left.\frac{1}{1+K_{\mathrm{p}}}\right|_{K_{\mathrm{p}}=10K}=\frac{1}{1+10K}$$

当 $K$=1 时，稳态误差为

$$e_{\mathrm{ssr}}=\frac{1}{1+10K}=\frac{1}{11}$$

当 $K$=0.1 时，稳态误差为

$$e_{\mathrm{ssr}}=\frac{1}{1+10K}=\frac{1}{2}$$

可以看出，随着 $K$ 的增加，稳态误差 $e_{\mathrm{ssr}}$ 逐渐减小。

【例 3-6-2】 已知单位负反馈系统的开环传递函数为 $G_{\mathrm{k}}(s)=\dfrac{10(s+1)}{s^2(s+4)}$，当参考输入为 $r(t)=4+6t+3t^2$ 时，试求系统的稳态误差。

解：由于系统的开环传递函数

$$G_{\mathrm{k}}(s)=\frac{10(s+1)}{s^2(s+4)}=\frac{2.5(s+1)}{s^2(0.25s+1)}$$

所以系统是Ⅱ型系统（$v=2$），且开环增益 $K$=2.5。

易知参考输入 $r(t)$ 由阶跃信号、斜坡信号和抛物线信号组成，即

$$r(t)=4+6t+3t^2=4\cdot 1(t)+6\cdot t+6\cdot\frac{t^2}{2}$$

令 $r_1(t)=4\cdot 1(t)$，此时 $K_{\mathrm{p}}=\infty$，$e_{\mathrm{ssr1}}=\dfrac{4}{1+K_{\mathrm{p}}}=0$；

令 $r_2(t)=6\cdot t$，此时 $K_v=\infty$，$e_{ssr2}=\dfrac{6}{K_v}=0$；

令 $r_3(t)=6\cdot\dfrac{t^2}{2}$，此时 $K_a=K$，$e_{ssr3}=\dfrac{6}{K_a}=\dfrac{6}{K}=\dfrac{6}{2.5}=2.4$。

所以，系统的稳态误差为

$$e_{ssr}=e_{ssr1}+e_{ssr2}+e_{ssr3}=2.4$$

2. 扰动信号作用下的稳态误差

在任何情况下，控制系统都不可避免地受到扰动信号的作用，导致希望的系统性能无法实现。因此，除了研究系统在给定信号作用下的稳态误差外，还要研究扰动信号对系统性能的影响，从而使干扰对输出的影响尽可能小，因此，干扰对输出的影响反映了系统的抗干扰能力。

在扰动信号作用下，系统的结构如图 3-6-5 所示。

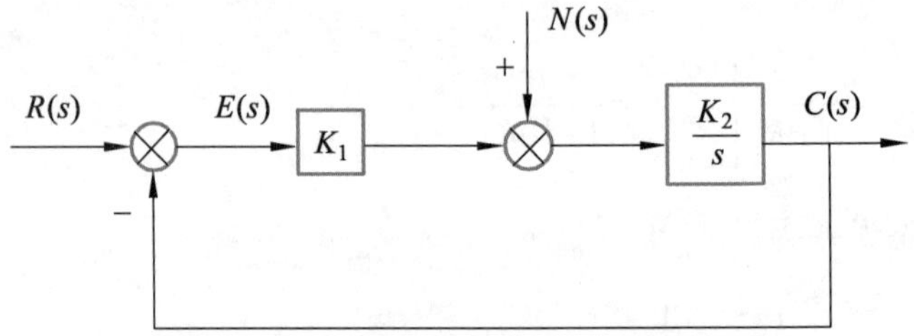


图 3-6-5　扰动信号作用下的系统结构

图 3-6-5 中，$N(s)$表示扰动信号。实际上，扰动信号可以从系统的任何地方加入，如作为负载扰动从输出端加入，作为输入信号的波动从输入端加入，或者由系统的中间环节加入等。不管是什么情况，都可以通过等价变换化为图 3-6-5 所示方式的扰动作用下的系统结构图。

由叠加原理知，系统的输出可以表示为

$$C(s)=C_r(s)+C_n(s)$$

式中，$C_r(s)$为输入信号作用下的系统输出，$C_n(s)$为扰动信号作用下的系统输出。

输入信号单独作用下的闭环传递函数$\Phi_r(s)$为

$$\Phi_r(s)=\frac{C_r(s)}{R(s)}=\frac{G_1(s)G_2(s)}{1+G_1(s)G_2(s)}$$

此时输出信号为

$$C_r(s)=\Phi_r(s)\cdot R(s)=\frac{G_1(s)G_2(s)}{1+G_1(s)G_2(s)}\cdot R(s)$$

扰动信号单独作用下的闭环传递函数$\Phi_n(s)$为

$$\Phi_n(s)=\frac{C_n(s)}{N(s)}=\frac{G_2(s)}{1+G_1(s)G_2(s)}$$

此时输出信号 $C_{\mathrm{n}}(s)$ 为

$$C_{\mathrm{n}}(s)=\Phi_{\mathrm{n}}(s)\cdot N(s)=\frac{G_2(s)}{1+G_1(s)G_2(s)}\cdot N(s)$$

同样，应用叠加原理，系统的误差可以表示为

$$E(s)=E_{\mathrm{r}}(s)+E_{\mathrm{n}}(s)$$

式中，$E_{\mathrm{r}}(s)$为输入信号作用下的误差；$E_{\mathrm{n}}(s)$为扰动信号作用下的误差。

由误差定义有

$$\begin{aligned}E(s)&=R(s)-C(s)=R(s)-C_{\mathrm{r}}(s)-C_{\mathrm{n}}(s)\\&=R(s)-\frac{G_1(s)G_2(s)}{1+G_1(s)G_2(s)}\cdot R(s)-\frac{G_2(s)}{1+G_1(s)G_2(s)}\cdot N(s)\\&=\frac{1}{1+G_1(s)G_2(s)}\cdot R(s)-\frac{G_2(s)}{1+G_1(s)G_2(s)}\cdot N(s)\end{aligned}$$

所以，输入信号单独作用下的误差为

$$E_{\mathrm{r}}(s)=\frac{1}{1+G_1(s)G_2(s)}\cdot R(s)$$

扰动信号单独作用下的误差为

$$E_{\mathrm{n}}(s)=-\frac{G_2(s)}{1+G_1(s)G_2(s)}\cdot N(s)$$

由于扰动信号作用下的系统输出为

$$C_{\mathrm{n}}(s)=\frac{G_2(s)}{1+G_1(s)G_2(s)}\cdot N(s)=-E_{\mathrm{n}}(s)$$

可见，扰动信号所产生的输出全部都是误差，故

$$E_{\mathrm{n}}(s)=-C_{\mathrm{n}}(s)$$

所以扰动作用下的稳态误差为

$$e_{\mathrm{ssn}}=\lim_{t\to\infty}e_{\mathrm{n}}(t)=\lim_{s\to 0}s\cdot E_{\mathrm{n}}(s)=\lim_{s\to 0}s\cdot\left[-C_{\mathrm{n}}(s)\right]=\lim_{s\to 0}s\cdot\left[-\frac{G_2(s)}{1+G_1(s)G_2(s)}\cdot N(s)\right]$$

综上所述，研究扰动信号对系统的影响目的，就是要设法克服或减小扰动信号所产生的输出。下面以例题来做进一步的解释与说明。

【例 3-6-3】已知有扰系统如图 3-6-6 所示，设输入信号为 $R(s)=\frac{1}{s}$，扰动信号为 $N(s)=\frac{1}{s}$，试计算系统的稳态误差。

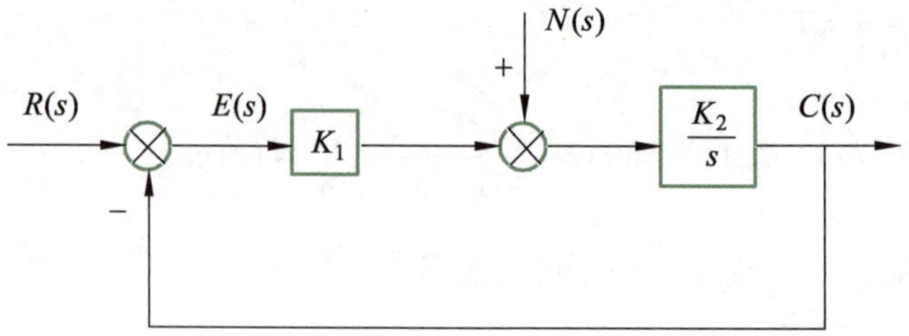


图 3-6-6　有扰系统结构图

解：易知系统为I型系统（ $v=1$ ），应用叠加原理。

（1）当输入信号单独作用时，此时扰动信号 $N(s)=0$ ，输入为

$$R(s)=\frac{1}{s}$$

此时系统的稳态误差为

$$e_{\text{ssr}}=0$$

（2）当扰动信号单独作用时，给定输入 $R(s)=0$ ，此时扰动作为输入

$$N(s)=\frac{1}{s}$$

系统的输出为

$$C_{\text{n}}(s)=\frac{\frac{K_2}{s}}{1+K_1\cdot\frac{K_2}{s}}\cdot\frac{1}{s}=\frac{K_2}{s+K_1K_2}\cdot\frac{1}{s}$$

由于扰动信号作用下的误差等于扰动信号作用下系统输出的负值，即 $E_{\text{n}}(s)=-C_{\text{n}}(s)$ ，所以扰动作用下的稳态误差为

$$e_{\text{ssn}}=\lim_{s\to 0}s\cdot E_{\text{n}}(s)=\lim_{s\to 0}s\cdot\left[-C_{\text{n}}(s)\right]=\lim_{s\to 0}s\cdot\left[-\frac{K_2}{s+K_1K_2}\cdot\frac{1}{s}\right]=-\frac{1}{K_1}$$

因此，系统总的稳态误差为

$$e_{\text{ss}}=e_{\text{ssr}}+e_{\text{ssn}}=0+\left(-\frac{1}{K_1}\right)=-\frac{1}{K_1}$$

综上可知，增大前置增益 $K_1$ 可以减小扰动引起的稳态误差，但是不能将该稳态误差消除。

### 3.6.3　减小稳态误差的方法

为了减小系统在给定信号和扰动信号作用下的稳态误差，可以采取以下几种方法：

（1）保证系统中各个环节（或元件），特别是反馈回路中元件的参数具有一定的精度和恒定性，必要时需采取误差补偿措施。

（2）增大开环增益，以提高系统对给定输入的跟踪能力；增大扰动作用前系统前向通道的增益，以降低扰动稳态误差。增大系统的开环增益是降低稳态误差的一种简单而有效的方

法，但增大开环增益的同时会使系统的稳定性降低。为了解决这个问题，在增大开环增益的同时通常要附加校正装置，以确保系统的稳定性。

（3）增加系统前向通道中积分环节的数目，使系统的无差度（阶次）提高，可以消除不同输入信号时的稳态误差。但是，增加积分环节的数目会降低系统的稳定性，并影响其他的动态性能指标。在过程控制系统中，采用比例积分（PI）调节器可以消除系统在扰动作用下的稳态误差，但为了保证系统的稳定性，相应地要降低比例增益。如果采用比例积分微分（PID）调节器，则可以得到更满意的调节效果。

（4）采用补偿方法进行前馈控制（复合控制）。为了进一步减小给定和扰动稳态误差，可以采取补偿方法。所谓补偿，是指在作用于控制对象的控制信号中，除了偏差信号外，还引入与扰动或给定量有关的补偿信号，以提高系统的控制精度，减小误差。

## 3.7 实 例

【例 3-7-1】 海底隧道钻机控制系统。

连接法国和英国的英吉利海峡海底隧道于 1987 年 12 月开工建设，隧道由三条长 51 km 的平行隧道组成，总长度 153 km，其中海底段的隧道长 3 × 38 km。

钻机在推进过程中，为了保证必要的隧道对接精度，施工中使用了一个激光导引系统，以保持钻机的直线方向。钻机控制系统如图 3-7-1 所示。图中，$C(s)$为钻机向前的实际角度，$R(s)$为预期角度，$N(s)$为负载对机器的影响。

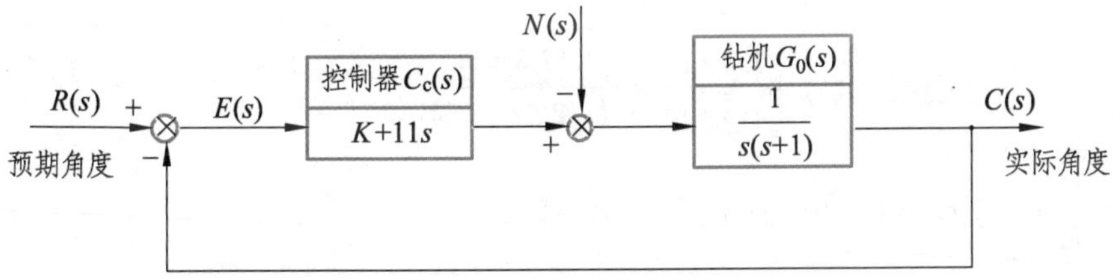


图 3-7-1 钻机控制系统

该系统设计目的是选择增益 K，使系统对输入角度的响应满足工程要求，并且使扰动引起的稳态误差较小。

解：该钻机控制系统采用了比例-微分（PD）控制。应用梅森增益公式，可得系统在$R(s)$和$N(s)$同时作用下的输出为

$$C(s)=\frac{K+11s}{s^2+12s+K}R(s)-\frac{1}{s^2+12s+K}N(s)$$

显然，闭环系统特征方程为

$$s^2+12s+K=0$$

因此，只要选择 $K>0$，闭环系统一定稳定。

由于系统在扰动$N(s)$作用下的闭环传递函数为

$$\Phi_n(s)=\frac{C_n(s)}{N(s)}=-\frac{1}{s^2+12s+K}$$

令 $N(s)=\dfrac{1}{s}$，可得单位阶跃扰动作用下系统的稳态输出为

$$c_{\mathrm{n}}(\infty)=\lim_{s\to 0}s\Phi_{\mathrm{n}}(s)N(s)=-\frac{1}{K}$$

若选 $K>10$，则 $c_{\mathrm{n}}(\infty)<0.1$，可以减小扰动的影响。因而，从系统稳态性能考虑，以取 $K>10$ 为宜。

为了选择适当的 $K$ 值，需要分析比例-微分控制的作用。如果仅选用比例（P）控制，则系统的开环传递函数为

$$G_{\mathrm{c}}(s)G_{\mathrm{o}}(s)=\frac{K}{s(s+1)}$$

相应的闭环传递函数为

$$\Phi(s)=\frac{K}{s^2+s+K}=\frac{\omega_{\mathrm{n}}^2}{s^2+2\xi\omega_{\mathrm{n}}s+\omega_{\mathrm{n}}^2}$$

可得系统无阻尼自然频率与阻尼比分别为

$$\omega_{\mathrm{n}}=\sqrt{K}\ \ ,\ \ \xi=\frac{1}{2\sqrt{K}}$$

如果选用 PD 控制，系统的开环传递函数为

$$G_{\mathrm{c}}(s)G_{\mathrm{o}}(s)=\frac{K+11s}{s(s+1)}=\frac{K(T_{\mathrm{d}}s+1)}{s(s/2\xi_{\mathrm{d}}\omega_{\mathrm{n}}+1)}$$

式中，$T_{\mathrm{d}}=\dfrac{11}{K}$；$2\xi_{\mathrm{d}}\omega_{\mathrm{n}}=1$。相应的闭环传递函数为

$$\Phi(s)=\frac{K+11s}{s^2+12s+K}=\frac{\omega_{\mathrm{n}}^2}{z}\left(\frac{s+z}{s^2+2\xi_{\mathrm{d}}\omega_{\mathrm{n}}s+\omega_{\mathrm{n}}^2}\right)$$

式中，$z=\dfrac{1}{T_{\mathrm{d}}}=\dfrac{K}{11}$ 为闭环零点，而

$$\omega_{\mathrm{n}}=\sqrt{K}\ \ ,\ \ \xi_{\mathrm{d}}=\xi+\frac{\omega_{\mathrm{n}}}{2z}=\frac{12}{2\sqrt{K}}$$

表明引入微分控制可以增大系统阻尼，改善系统动态性能。

1）取 $K=100$，则 $\omega_{\mathrm{n}}=10$，$e_{\mathrm{ssn}}(\infty)=-0.01$。

P 控制时：

$$\xi=\frac{1}{2\omega_{\mathrm{n}}}=0.05$$

$$\sigma\%=100\mathrm{e}^{-\pi\xi/\sqrt{1-\xi^2}}\%=85.4\%$$

动态性能：

$$t_{\mathrm{d}}=\frac{1+0.6\xi+0.2\xi^2}{\omega_{\mathrm{n}}}=0.103\ \mathrm{s}$$

$$t_{\mathrm{r}}=\frac{\pi-\beta}{\omega_{\mathrm{d}}}=\frac{\pi-\arccos\xi}{\omega_{\mathrm{n}}\sqrt{1-\xi^2}}=0.162\ \mathrm{s}$$

$$t_{\mathrm{p}}=\frac{\pi}{\omega_{\mathrm{d}}}=0.314\ \mathrm{s}$$

$$t_{\mathrm{s}}=\frac{4.4}{\xi\omega_{\mathrm{n}}}=8.8\ \mathrm{s}\quad(\varDelta=2\%)$$

PD 控制时：

$$\xi_{\mathrm{d}}=0.6,\quad z=\frac{K}{11}=9.09$$

$$r=\frac{\sqrt{z^2-2\xi_{\mathrm{d}}\omega_{\mathrm{n}}z+\omega_{\mathrm{n}}^2}}{z\sqrt{1-\xi_{\mathrm{d}}^2}}=1.18,\quad \beta_{\mathrm{d}}=\arctan\left(\frac{\sqrt{1-\xi_{\mathrm{d}}^2}}{\xi_{\mathrm{d}}}\right)=53.13^\circ$$

$$\phi=-\pi+\arctan\left(\frac{\omega_{\mathrm{n}}\sqrt{1-\xi_{\mathrm{d}}^2}}{z-\xi_{\mathrm{d}}\omega_{\mathrm{n}}}\right)+\arctan\left(\frac{\sqrt{1-\xi_{\mathrm{d}}^2}}{\xi_{\mathrm{d}}}\right)=-58^\circ$$

动态性能：

$$t_{\mathrm{r}}=\frac{0.9}{\omega_{\mathrm{n}}}=0.09\ \mathrm{s},\quad t_{\mathrm{p}}=\frac{\beta_{\mathrm{d}}-\phi}{\omega_{\mathrm{n}}\sqrt{1-\xi_{\mathrm{d}}^2}}=0.24\ \mathrm{s}$$

$$t_{\mathrm{s}}=\frac{4.0+\ln r}{\xi_{\mathrm{d}}\omega_{\mathrm{n}}}=0.52\ \mathrm{s}\quad(\varDelta=2\%)$$

$$\sigma\%=r\sqrt{1-\xi_{\mathrm{d}}^2}\,\mathrm{e}^{-\xi_{\mathrm{d}}\omega_{\mathrm{n}}t_{\mathrm{p}}}\times100\%=22.4\%$$

## 习 题

3-1 已知一阶系统的传递函数为

$$G(s)=10/(0.2s+1)$$

今欲采用图 3-1 所示负反馈的办法将过渡过程时间 $t_{\mathrm{s}}$ 减小为原来的1/10，并保证总的放大倍数不变，试选择 $K_{\mathrm{H}}$ 和 $K_0$ 的值。

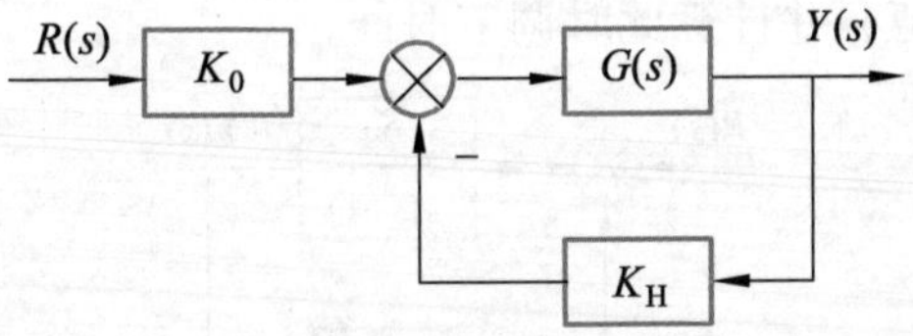


图 3-1 题 3-1 图

3-2 设单位反馈系统的开环传递函数为

$$G(s)=\frac{K}{s(0.2s+1)}$$

试求开环增益 $K$ 分别为 10 和 20 时系统的阻尼比 $\xi$、无阻尼自振频率 $\omega_n$、单位阶跃响应的超调量 $\sigma\%$ 和峰值时间 $t_p$，并讨论 $K$ 的大小对系统的动态性能的影响。

3-3 系统的结构图和单位阶跃响应曲线如图 3-2 所示，试确定 $K_1$、$K_2$ 和 $a$ 的值。

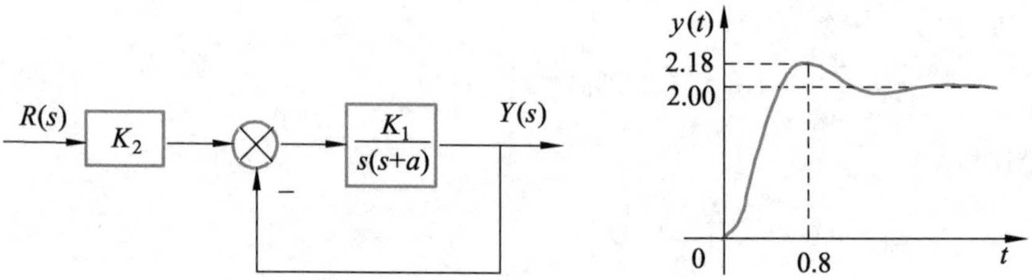


（a）　　（b）

图 3-2　题 3-3 图

3-4 设系统的闭环传递函数为

$$\frac{Y(s)}{R(s)}=\frac{\omega_n^2}{s^2+2\xi\omega_n s+\omega_n^2}$$

（1）试求 $\xi=0.1$，$\omega_n=1$ rad/s; $\xi=0.1$，$\omega_n=4$ rad/s; $\xi=0.1$，$\omega_n=12$ rad/s 时对应的单位阶跃响应的超调量 $\sigma\%$ 和调节时间 $t_s$（取误差带 $\Delta=5\%$）。

（2）试求 $\xi=0.1$，$\omega_n=4$ rad/s 时单位阶跃响应的超调量 $\sigma\%$ 和调节时间 $t_s$。

（3）讨论 $\xi$ 和 $\omega_n$ 与过渡过程性能指标的关系。

3-5 典型二阶系统单位阶跃响应超调量 $\sigma\%=30\%$，峰值时间 $t_p=0.1$ s，试求系统的开环传递函数。

3-6 设二阶系统如图 3-3 所示，欲加负反馈使系统阻尼比由原来的 $\xi$ 提高到 $\bar{\xi}$，且放大系数 $K$ 和自然频率 $\omega_n$ 保持不变，试确定 $H(s)$。

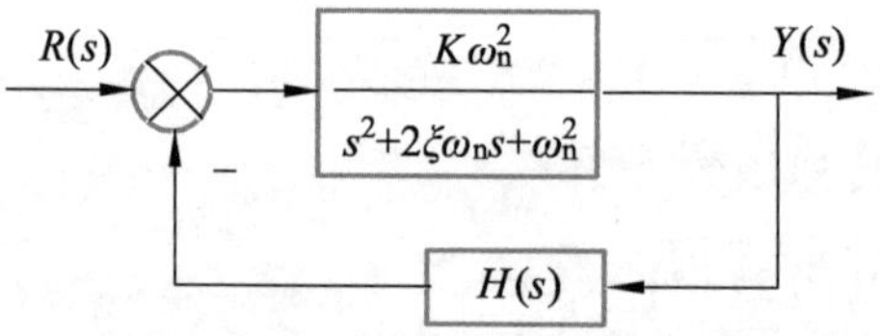


图 3-3　题 3-6 图

3-7 设系统结构如图 3-4 所示。如果要求系统阶跃响应的超调量等于 20%，峰值时间等于 1 s，试确定 $K_1$ 和 $K_t$ 的值，并计算此时调节时间 $t_s$。

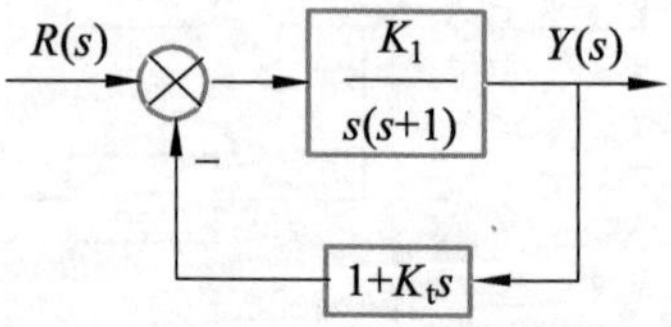


图 3-4　题 3-7 图

3-8 已知某控制系统如图 3-5 所示，要求该系统的单位阶跃响应 $y(t)$ 具有超调量 $\sigma\% = 15\%$、峰值时间 $t_p = 0.8$ s，试确定前置放大器的增益 $K$ 及内反馈系数 $K_t$ 之值。

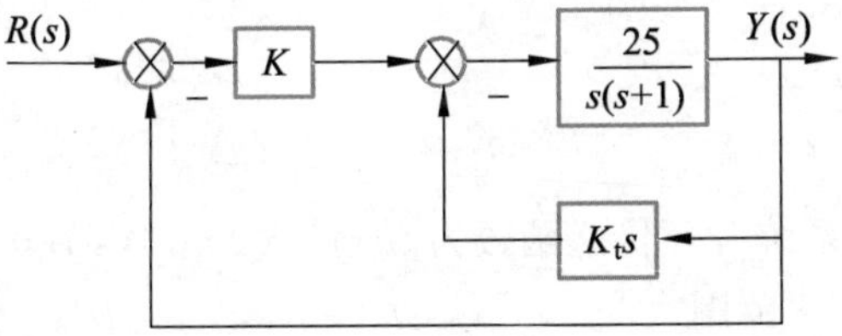


图 3-5 题 3-8 图

3-9 设单位反馈系统开环传递函数为

$$G(s) = \frac{K(T_d s + 1)}{s(s+1)}$$

式中，$K$ 为开环增益。已知系统在单位斜坡输入时的稳态误差 $e_{ss}(\infty) = 0.1$ rad，$\xi_d = 0.6$，确定 $K$ 与 $T_d$ 值，并估算系统在单位阶跃输入下的各项性能指标。

3-10 试用劳斯稳定判据确定具有下列闭环特征方程式的系统的稳定性。

（1）$(s+1)(2s+1)(4s+1)+20=0$；（2）$s^4+8s^3+18s^2+16s+5=0$；

（3）$s^5+6s^4+3s^3+2s^2+s+1=0$；（4）$s^5+2s^4+24s^3+48s^2-25s-50=0$。

3-11 设单位反馈系统开环传递函数分别为

（1）$G(s)=K/s(s+1)(s+2)$；（2）$G(s)=K/s\left(\frac{1}{3}s+1\right)\left(\frac{1}{6}s+1\right)$；

（3）$G(s)=K(s+1)/s^2(2s+4)$。

试确定使系统稳定的 $K$ 值范围。

3-12 系统结构如图 3-6 所示。试就 $T_1=T_2=T_3$，$T_1=T_2=2T_3$，$T_1=2T_2=3T_3$ 三种情况求使系统稳定的临界开环增益值。

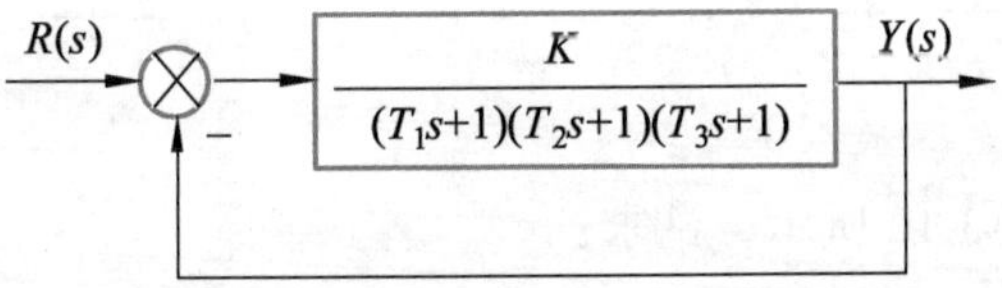


图 3-6 题 3-12 图

3-13 试分析如图 3-7 所示系统的稳定性，其中增益 $K>0$。

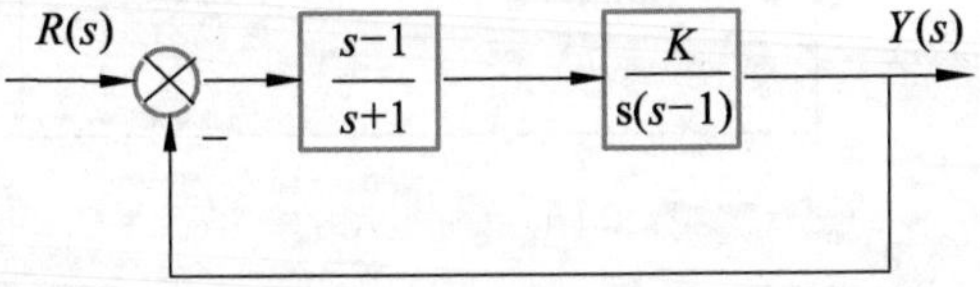


图 3-7 题 3-13 图

3-14 设某系统如图 3-8 所示。若系统以 $\omega_n = 3$ rad/s 的频率做等幅振荡，试确定振荡时参数 $K$ 与 $a$ 之值。

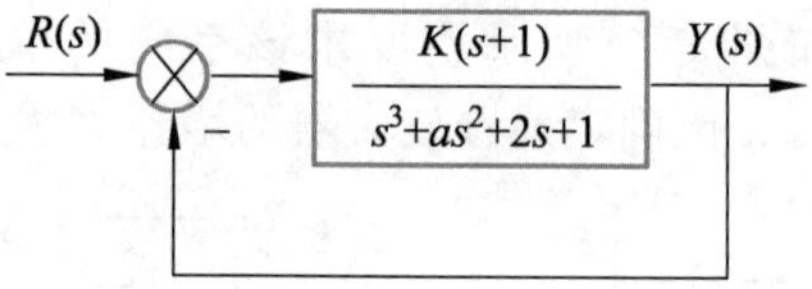


图 3-8　题 3-14 图

3-15　已知单位反馈系统开环传递函数为 $G(s)=K/s(0.1s+1)(0.25s+1)$，试求：

（1）使系统稳定的 $K$ 值范围。

（2）若要求闭环系统的特征根全部位于垂线 $s=-1$ 以左，试确定参数 $K$ 的取值范围。

3-16　已知单位负反馈系统的开环传递函数为 $G(s)=\dfrac{K(s+1)}{s(1+Ts)(1+2s)}$，确定使闭环系统稳定的 $K$、$T$ 的取值范围。

3-17　已知单位反馈系统开环传递函数 $G(s)=K^*(s+1)/s^3+2s^2+3s+8$，试确定系统的临界稳定时的参数 $K^*_{临}$ 值和系统的等幅振荡频率 $\omega_n$。

3-18　已知单位反馈系统开环传递函数如下：

（1）$G(s)=50/[(0.1s+1)(2s+1)]$；

（2）$G(s)=K/[s(s^2+4s+200)]$；

（3）$G(s)=10(2s+1)(4s+1)/[s^2(s^2+2s+10)]$。

试求位置误差系数 $K_p$、速度误差系数 $K_v$、加速度误差系数 $K_a$。

3-19　设控制系统如图 3-9 所示，其中干扰信号 $n(t)=1(t)$，可否通过选择某一合适的 $K_1$ 值，使系统在扰动作用下的稳态误差 $e_{ssn}=-0.1$。

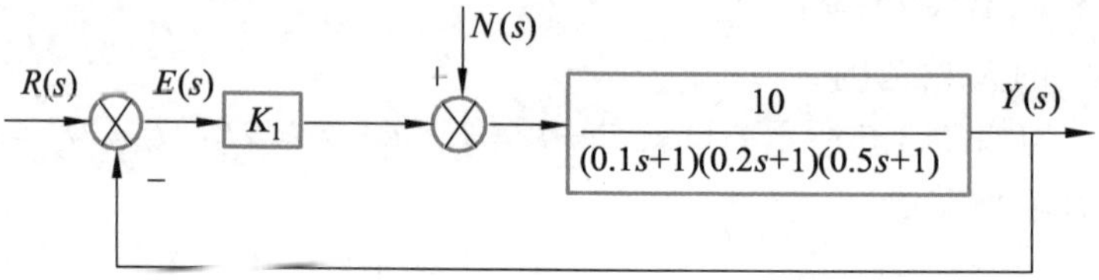


图 3-9　题 3-19 图

3-20　已知系统如图 3-10 所示，试求：

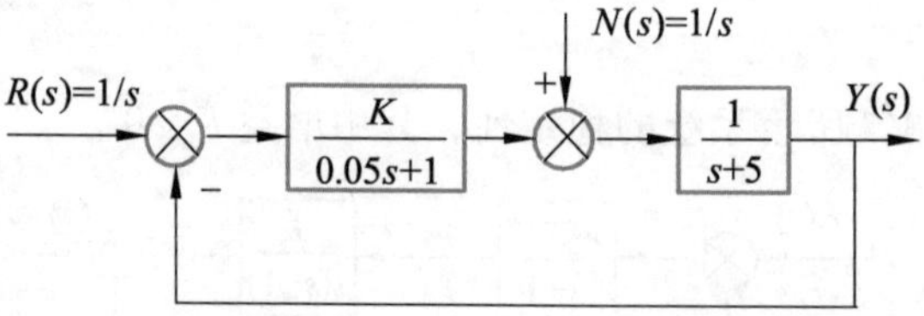


图 3-10　题 3-20 图

（1）当 $K=50$ 时求系统的稳态误差。

（2）当 $K=10$ 时，其结果如何？

（3）在扰动作用点之前的前向通道中引入积分环节 $1/s$，对结果有什么影响？在扰动作用点之后引入积分环节 $1/s$，结果又如何？

3-21 已知单位反馈系统的开环传递函数为：

（1）$G(s)=\dfrac{100}{(0.1s+1)(s+5)}$；

（2）$G(s)=\dfrac{50}{s(0.1s+1)(s+5)}$。

试求输入分别为 $r(t)=2t$ 和 $r(t)=2+2t+t^2$ 时系统的稳态误差。

3-22 考虑一个单位负反馈三阶系统，其开环传递函数 $G(s)$ 的分子为常数，要求：① 在 $r(t)=t$ 作用下的稳态误差为 1.2；② 三阶系统的一对闭环主导极点为 $s_{1,2}=-1\pm \mathrm{j}1$。试求同时满足上述条件的系统开环传递函数 $G(s)$。

3-23 设速度控制系统如图 3-11 所示。为消除系统的稳态误差，使斜坡输入通过比例-微分元件再进入系统。

（1）试计算该系统总的稳态误差。

（2）适当选择 $K_\mathrm{d}$ 使系统总的稳态误差为零 $(e=r-y)$。

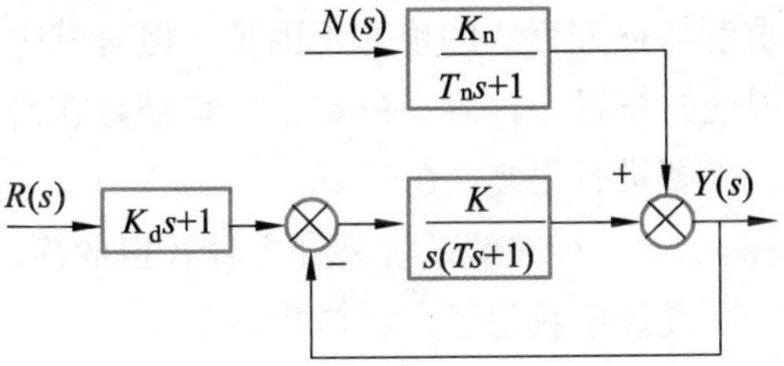


图 3-11 题 3-23 图

# 第 4 章

# 根轨迹分析法

从第 3 章可知，控制系统的稳定性及瞬态响应过程的基本特性，与系统特征方程式的根在根平面上所在的位置密切相关。而系统的品质指标则取决于它的闭环极点及零点。因此，在分析和设计系统时确定特征根在复平面上的位置是很重要的。

对于一个二阶系统，求解特征方程式的根并不困难，但对三阶以上的高阶控制系统，基于手工求解特征方程式的根通常不是一件容易的事情。特别是在研究系统中某个参数的变化对系统动态性能的影响时，需要进行很复杂的计算。

伊文思于 1948 年首先提出了一种求解系统特征方程式根的简便图解法，称为根轨迹法。根轨迹法在控制系统的分析和设计中获得了广泛应用。

所谓根轨迹是指系统某一参数由零变化到无穷大时，闭环系统特征根在复平面上的相应轨迹。在根轨迹中主要研究的是以系统开环增益为参变量的根轨迹，以此为基础该方法也可推广到随其他参数变化的广义根轨迹。

根轨迹法包括两个部分：首先是求取或绘制根轨迹，其次是利用根轨迹图进行分析和设计。本章讨论的重点是从开环传递函数的极点和零点绘制根轨迹的方法，以及调整开环极点和零点使闭环传递函数的极点符合规定的性能指标的途径。由于根轨迹法具有简便、直观等特点，因而已发展为经典控制理论中最基本的方法之一，与下一章要介绍的频率法互为补充，成为分析和设计控制系统的有效工具。

## 4.1 根轨迹的基本概念

### 4.1.1 根轨迹定义

首先来看一个引例。设一随动系统如图 4-1-1 所示。

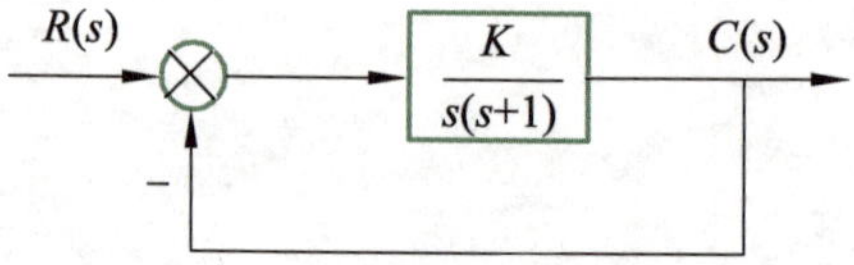


图 4-1-1 随动系统结构

其开环传递函数为

$$G_k(s)=\frac{K}{s(s+1)}$$

闭环传递函数为

$$\Phi(s)=\frac{G_k(s)}{1+G_k(s)}=\frac{K}{s^2+s+K}$$

则闭环特征方程为

$$s^2+s+K=0$$

用解析法可求得特征方程的两个根为

$$s_{1,2}=-\frac{1}{2}\pm\frac{1}{2}\sqrt{1-4K}$$

当开环增益 $K$ 从 0 开始增加，取不同值时，可求得相应的特征根 $s_1$、$s_2$，如表 4-1-1 所示。

表 4-1-1 例题特征根变化

| $K$ | 0 | 0.1 | 0.25 | 0.5 | … | ∞ |
|---|---|---|---|---|---|---|
| $s_1$ | 0 | −0.113 | −0.5 | −0.5 + j0.5 | … | −0.5 + j∞ |
| $s_2$ | −1 | −0.887 | −0.5 | −0.5 − j0.5 | … | −0.5 − j∞ |

由于系统的闭环极点是连续变化的，将它们表示在 $s$ 平面上就是引例系统的根轨迹，如图 4-1-2 所示。图中箭头方向表示开环增益 $K$ 增大时闭环极点移动的方向，开环极点用“×”来表示，开环零点用“o”来表示（此系统没有开环零点），粗实线即为开环增益 $K$ 变化时闭环极点移动的轨迹。

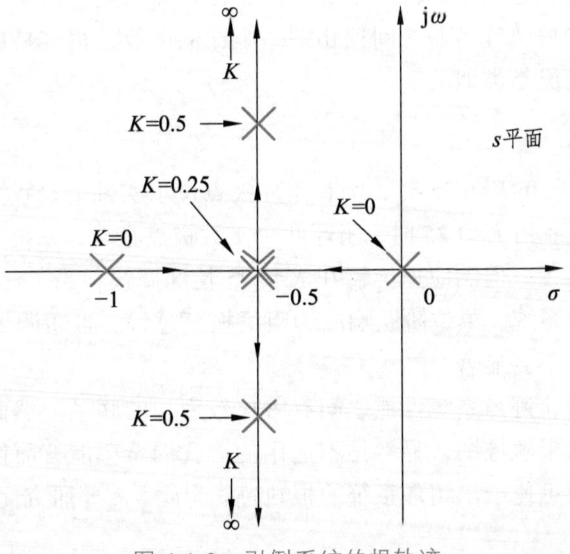


图 4-1-2 引例系统的根轨迹

图中：

（1）开环增益 $K=0$ 时的极点为根轨迹的起点，此时的闭环特征方程为 $s^2+s=0$，所以根轨迹的起点也就是系统的开环极点。

（2）当开环增益增加到 $K=0.25$ 时，对应的闭环特征方程为 $s^2+s+0.25=0$，方程有两个重根 $s_{1,2}=-0.5$，所以当开环增益的取值范围为 $0\leqslant K\leqslant 0.25$ 时，闭环极点在实轴上。

（3）当 $K>0.25$ 后，闭环极点为 $s_{1,2}=-\dfrac{1}{2}\pm\dfrac{1}{2}\sqrt{1-4K}$，共轭复根的实部为常数值 $-0.5$，虚部随着 $K$ 的增大向两边延伸，如图 4-1-2 所示。

（4）当 $K\to\infty$ 时有 $s_{1,2}=-\dfrac{1}{2}\pm\dfrac{1}{2}\sqrt{1-4K}\Big|_{K\to\infty}=-0.5\pm \mathrm{j}\infty$。

由引例得出根轨迹的定义：

所谓根轨迹，就是系统开环传递函数中某一参数（如开环增益）从零变到无穷大时，系统闭环特征方程的根在 $s$ 平面上移动的轨迹。

有了根轨迹图，可以立即分析系统的各种性能。下面以图 4-1-2 为例进行说明。

1. 稳定性

当开环增益从零变到无穷时，图 4-1-2 上的根轨迹不会越过虚轴进入右半 $s$ 平面，因此图 4-1-2 系统对所有的 $K$ 值都是稳定的，这与我们在第 3 章所得出的结论完全相同。

如果分析高阶系统的根轨迹图，那么根轨迹有可能越过虚轴进入 $s$ 右半平面，此时根轨迹与虚轴交点处的 $K$ 值，就是临界开环增益。

2. 稳态性能

由图 4-1-2 可见，开环系统在坐标原点有一个极点，所以系统属Ⅰ型系统，因而根轨迹上的 $K$ 值就是静态速度误差系数。如果给定系统的稳态误差要求，则由根轨迹图可以确定闭环极点位置的容许范围。

在一般情况下，根轨迹图上标注出来的参数不是开环增益，而是所谓根轨迹增益。下面将要指出，开环增益和根轨迹增益之间仅相差一个比例常数，很容易进行换算。对于其他参数变化的根轨迹图，情况是类似的。

3. 动态性能

由图 4-1-2 可见，当 $0<K<0.25$ 时，所有闭环极点位于实轴上，系统为过阻尼系统，单位阶跃响应为非周期过程；当 $K=0.25$ 时，闭环两个实数极点重合，系统为临界阻尼系统，单位阶跃响应仍为非周期过程，但响应速度较 $0<K<0.25$ 情况要快；当 $K>0.25$ 时，闭环极点为复数极点，系统为欠阻尼系统，单位阶跃响应为阻尼振荡过程，且超调量将随 $K$ 值的增大而加大，但调节时间的变化不会显著。

上述分析表明，根轨迹与系统性能之间有着比较密切的联系。然而，对于高阶系统，用解析的方法绘制系统的根轨迹图，显然是不适用的。我们希望能有简便的图解方法，可以根据已知的开环传递函数迅速绘出闭环系统的根轨迹。为此，需要研究闭环零、极点与开环零、极点之间的关系。

### 4.1.2 闭环零、极点与开环零、极点之间的关系

由于开环零、极点是已知的，因此建立开环零、极点与闭环零、极点之间的关系，有助于闭环系统根轨迹的绘制，并由此导出根轨迹方程。

设控制系统如图 4-1-3 所示。其闭环传递函数为

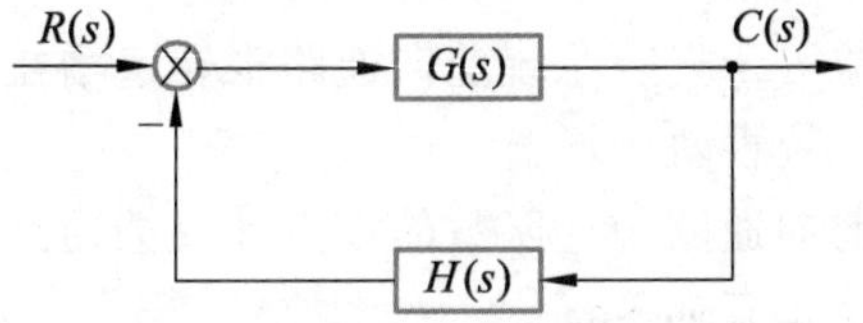


图 4-1-3 控制系统

$$\Phi(s)=\frac{G(s)}{1+G(s)H(s)} \tag{4-1-1}$$

在一般情况下，前向通路传递函数 $G(s)$ 和反馈通路传递函数 $H(s)$ 可分别表示为

$$G(s)=\frac{K_{\rm G}(\tau_1 s+1)(\tau_2^2 s^2+2\varsigma_1\tau_2 s+1)\cdots}{s^{v}(T_1 s+1)(T_2^2 s^2+2\varsigma_2 T_2 s+1)\cdots}=K_{\rm G}^*\frac{\prod\limits_{i=1}^{f}(s-z_i)}{\prod\limits_{i=1}^{q}(s-p_i)} \tag{4-1-2}$$

式中，$K_{\rm G}$ 为前向通路增益；$K_{\rm G}^*$ 为前向通路根轨迹增益。它们之间满足如下关系：

$$K_{\rm G}^*=K_{\rm G}\frac{\tau_1\tau_2^2\cdots}{T_1T_2^2\cdots} \tag{4-1-3}$$

以及

$$H(s)=K_{\rm H}^*\frac{\prod\limits_{i=1}^{f}(s-z_i)}{\prod\limits_{i=1}^{q}(s-p_i)} \tag{4-1-4}$$

式中，$K_{\rm H}^*$ 为反馈通路根轨迹增益。于是，图 4-1-3 系统的开环传递函数可表示为

$$G(s)H(s)=K^*\frac{\prod\limits_{i=1}^{f}(s-z_i)\prod\limits_{j=1}^{l}(s-z_j)}{\prod\limits_{i=1}^{q}(s-p_i)\prod\limits_{j=1}^{h}(s-p_j)} \tag{4-1-5}$$

式中，$K^*=K_{\rm G}^*K_{\rm H}^*$ 称为开环系统根轨迹增益，它与开环增益 $K$ 之间的关系类似于式（4-1-3），仅相差一个比例常数。对于有 $m$ 个开环零点和 $n$ 个开环极点的系统，必有 $f+l=m$ 和 $q+h=n$。将式（4-1-2）和（4-1-5）代入式（4-1-1）中，得

$$\Phi(s)=\frac{K_G^*\prod_{i=1}^{f}(s-z_i)\prod_{j=1}^{h}(s-p_j)}{\prod_{i=1}^{n}(s-p_i)+K^*\prod_{j=1}^{m}(s-z_j)} \tag{4-1-6}$$

比较式（4-1-5）和式（4-1-6），可得以下结论：

（1）闭环系统根轨迹增益等于开环系统前向通路根轨迹增益。对于单位反馈系统，闭环系统根轨迹增益就等于开环系统根轨迹增益。

（2）2 闭环零点由开环前向通路传递函数的零点和反馈通路传递函数的极点所组成。对于单位反馈系统，闭环零点就是开环零点。

（3）闭环极点与开环零点、开环极点以及根轨迹增益 $K^*$ 均有关。

根轨迹法的基本任务在于：如何由已知的开环零、极点的分布及根轨迹增益，通过图解的方法找出闭环极点。一旦确定闭环极点后，闭环传递函数的形式便不难确定，因为闭环零点可由式（4-1-6）直接得到。在已知闭环传递函数的情况下，闭环系统的时间响应可利用拉氏反变换的方法求出。

### 4.1.3　根轨迹方程

既然系统的根轨迹是闭环特征根随参数变化的轨迹，则描述其变化关系的闭环特征方程就是根轨迹方程。

设系统的开环传递函数为

$$G(s)H(s)=\frac{K^*\prod_{i=1}^{m}(s-z_i)}{\prod_{j=1}^{n}(s-p_j)} \tag{4-1-7}$$

式中，$K^*$ 称为根轨迹增益；$z_i$ 是开环零点；$p_j$ 是开环极点。

而系统的闭环传递函数为

$$\frac{C(s)}{R(s)}=\frac{G(s)}{1+G(s)H(s)}$$

则系统的根轨迹方程（即闭环特征方程）为

$$1+G(s)H(s)=0 \tag{4-1-8}$$

所以，即根轨迹方程为

$$\frac{K^*\prod_{i=1}^{m}(s-z_i)}{\prod_{j=1}^{n}(s-p_j)}=-1 \tag{4-1-9}$$

显然，满足上式的复变量 $s$ 即是系统的闭环特征根，也就是根轨迹上的点。

当$K^*$从 0 变到$\infty$时，$n$个特征根将随之变化出$n$条轨迹。这$n$条轨迹就是系统的闭环根轨迹（简称根轨迹）。



### 4.1.4 绘制根轨迹的相角条件和幅值条件

根轨迹方程又可分解为相角方程和幅值方程，即

相角方程：

$$\sum_{i=1}^{m}\angle(s-z_i)-\sum_{j=1}^{n}\angle(s-p_j)=\pm(2k+1)180^\circ \quad (k=0,1,2,\cdots) \tag{4-1-10}$$

幅值方程：

$$\frac{K^*\prod_{i=1}^{m}|s-z_i|}{\prod_{j=1}^{n}|s-p_j|}=1 \tag{4-1-11}$$

几点说明：

（1）开环零点$z_i$和开环极点$p_j$是决定闭环根轨迹的条件。

（2）注意到式（4-1-10）定义的相角方程不含$K^*$，当（4-1-10）条件满足时，总有一个$K^*$使得（4-1-11）满足，因此，相角方程是决定闭环根轨迹的充分必要条件。也就是说，$s$平面上的某个点只要满足相角方程，则该点必在根轨迹上。

（3）将满足相角方程的闭环极点$s$值代入幅值方程式（4-1-11)，就可以求出对应的$K^*$值，显然一个$K^*$对应$n$个$s$值，满足幅值方程的$s$值不一定满足相角方程。因此，由幅值方程（及其变化式）求出的$K^*$值不一定是根轨迹上的点。

## 4.2 根轨迹绘制的基本法则

本节讨论绘制概略根轨迹的基本法则和闭环极点的确定方法，重点放在基本法则的叙述和证明上。这些基本法则非常简单，熟练地掌握它们，对于分析和设计控制系统是非常有益的。

在下面的讨论中假定所研究的变化参数是根轨迹增益$K^*$，当可变参数为系统的其他参数时，这些基本法则仍然适用。应当指出的是，用这些基本法则绘出的根轨迹，其相角遵循$180^\circ+2k\pi$条件，因此称为 180°根轨迹，相应的绘制法可以叫作 180°根轨迹的绘制法则。

绘制控制系统根轨迹的一般规则和方法如下：

（1）根据给定控制系统的特征方程，按照基本规则求系统的等效开环传递函数，并将其写成零、极点的规范形式（如式（4-1-7）所示），以此作为绘制根轨迹的依据。

（2）找出$s$平面上所有满足相角条件式（4-1-10）的点，将它们连接起来即为系统的根轨迹。

（3）根据需要，可用幅值条件式（4-1-11）确定根轨迹上某些点的开环根轨迹增益值。

绘制根轨迹的方法一般有：解析法、计算机绘制法以及试探法。解析法计算量较大，计

算机绘制法有“通用程序包”可供使用，试探法（或试凑法）是手工绘制的常用方法。

分析研究相角条件和幅值条件，可以找出控制系统根轨迹的一些基本特性。将这些特性归纳为若干绘图规则，应用“绘图规则”可快速且较准确地绘制出系统的根轨迹，特别是对于高阶系统，其优越性更加明显。绘图规则是各种根轨迹绘制方法的重要依据，绘制的时候，有的是概略绘制，有的需准确绘制，下面就将概略绘制和准确绘制规则主要内容介绍如下：

### 4.2.1. 概略绘制根轨迹图的规则

表 4-2-1 列出了概略绘制根轨迹的基本规则，假定系统的开环传递函数由式（4-1-7）确定。

表 4-2-1　概略绘制根轨迹的基本规则

| 序号 | 内容 | 法则 |
|---|---|---|
| 规则 1 | 根轨迹的分支数 | 根轨迹的分支数等于开环极点数 $n$（$n>m$）或开环零点数 $m$（$m>n$） |
| 规则 2 | 根轨迹的对称性 | 根轨迹连续且对称于实轴 |
| 规则 3 | 根轨迹的起点和终点 | 根轨迹起始于开环极点（包括无限远极点），终止于开环零点（包括无限远零点） |
| 规则 4 | 实轴上的根轨迹 | 在实轴上有根轨迹的区段的右侧，开环实极点与开环实零点的数目之和为奇数 |
| 规则 5 | 根轨迹的走向 | 当 $n-m\geqslant 2$ 时，闭环极点之和等于开环极点之和，且与 $K^*$ 无关。若一些根轨迹分支向左移动，则另一些分支必向右移动 |

表 4-2-1 概略绘制根轨迹的基本规则说明：

（1）规则 1 的结论显然可由式（4-1-9）得出。

（2）规则 2 的结论亦可由式（4-1-9）得出，复平面上的每一个根（对）均对称于实轴。

（3）规则 3 的结论仍可由式（4-1-9）得出，起点对应 $K^* \to 0$，显然只有 $s \to p_j$ 时满足（或 $s\to\infty$，$m>n$ 时，称为有 $m>n$ 个无穷远极点），终点对应 $K^* \to\infty$，只有 $s\to z_i$ 时满足（或 $s\to\infty$，$n>m$ 时，称为有 $n-m$ 个无穷远零点）。

（4）规则 4 可由相角方程式（4-1-10）得出，注意到式（4-1-10）是设 $K^*\geqslant 0$（若 $K^*\leqslant 0$，则式（4-1-10）右侧应为180°的偶数倍）。

（5）对于规则 5，可以这样证明：设 $s_j$ 为系统的任一个闭环特征根，则闭环特征方程可以表示为

$$\prod_{j=1}^{n}\left(s-s_j\right)=s^n+\left(-\sum_{j=1}^{n}s_j\right)s^{n-1}+\cdots+\prod_{j=1}^{n}\left(-s_j\right)=0 \tag{4-2-1}$$

用开环传递函数表示闭环特征方程可得

$$\begin{aligned}&\prod_{j=1}^{n}\left(s-p_j\right)+K^*\prod_{i=1}^{m}\left(s-z_i\right)\\&=s^n+\left(-\sum_{j=1}^{n}p_j\right)s^{n-1}+\cdots+\prod_{j=1}^{n}\left(-p_j\right)+K^*\left[s^m+\left(-\sum_{i=1}^{m}z_j\right)s^{m-1}+\cdots+\prod_{i=1}^{m}\left(-z_j\right)\right]=0\end{aligned} \tag{4-2-2}$$

比较以上两式的系数，当 $n \geqslant m+2$ 时，式（4-2-1）中的第二项系数为

$$\left(-\sum_{j=1}^{n} s_j\right)=\left(-\sum_{j=1}^{n} p_j\right) \tag{4-2-3}$$

式（4-2-3）中不包含 $K^*$，在开环极点 $p_j$ 已知时，这是一个不变的常数。所以，当 $K^*$ 增加时，若某些闭环特征根在 $s$ 平面上向左移动，则另一些闭环特征根必向右移动。

### 4.2.2. 较为准确地绘制根轨迹图的规则

若要更加准确地绘制根轨迹，如下几条规则是必要的。

**规则 6** 根轨迹的渐近线。

如果开环零点数 $m$ 小于开环极点数 $n$，则当系统的根轨迹增益 $K^* \to \infty$ 时，趋向无穷远处的根轨迹共有 $(n-m)$ 条，这 $(n-m)$ 条根轨迹趋向无穷远处的方位可由渐近线确定。

渐近线与实轴的交点坐标为

$$\sigma_a=\frac{\sum_{i=1}^{n} p_i-\sum_{j=1}^{m} z_j}{n-m} \tag{4-2-4}$$

而渐近线与实轴正方向的夹角为

$$\varphi_a=\frac{(2k+1)\pi}{n-m}; \quad k=0,1,2,\cdots,n-m-1 \tag{4-2-5}$$

说明：

渐近线就是 $s$ 值很大时的根轨迹，因此渐近线也一定对称于实轴。将开环传递函数写成多项式形式，得

$$G(s)H(s)=K^* \frac{\prod_{j=1}^{m}\left(s-z_j\right)}{\prod_{i=1}^{n}\left(s-p_i\right)}=K^* \frac{s^m+b_1 s^{m-1}+\cdots+b_{m-1} s+b_m}{s^n+a_1 s^{n-1}+\cdots+a_{n-1} s+a_n} \tag{4-2-6}$$

式中，当 $s$ 值很大时，式（4-2-6）可近似为

$$G(s)H(s)=\frac{K^*}{s^{n-m}+\left(a_1-b_1\right) s^{n-m-1}}$$

由 $G(s)H(s)=-1$ 得渐近线方程为

$$s^{n-m}\left(1+\frac{a_1-b_1}{s}\right)=-K^*$$

或

$$s\left(1+\frac{a_1-b_1}{s}\right)^{\frac{1}{n-m}}=\left(-K^*\right)^{\frac{1}{n-m}} \tag{4-2-7}$$

根据二项式定理得

$$\left(1+\frac{a_1-b_1}{s}\right)^{\frac{1}{n-m}}=1+\frac{a_1-b_1}{(n-m)s}+\frac{1}{2!}\times\frac{1}{n-m}\left(\frac{1}{n-m}-1\right)\left(\frac{a_1-b_1}{s}\right)^2+\cdots$$

在 $s$ 值很大时，近似有

$$\left(1+\frac{a_1-b_1}{s}\right)^{\frac{1}{n-m}}=1+\frac{a_1-b_1}{(n-m)s} \tag{4-2-8}$$

将式（4-2-8）代入式（4-2-7），渐近线方程可表示为

$$s\left[1+\frac{a_1-b_1}{(n-m)s}\right]=\left(-K^*\right)^{\frac{1}{n-m}} \tag{4-2-9}$$

现在以 $s=\sigma+\mathrm{j}\omega$ 代入式（4-2-9），得

$$\left(\sigma+\frac{a_1-b_1}{n-m}\right)+\mathrm{j}\omega=\sqrt[n-m]{K^*}\left[\cos\frac{(2k+1)\pi}{n-m}+\mathrm{j}\sin\frac{(2k+1)\pi}{n-m}\right];\ k=0,1,2,\cdots,n-m-1$$

令实部和虚部分别相等，有

$$\sigma+\frac{a_1-b_1}{n-m}=\sqrt[n-m]{K^*}\cos\frac{(2k+1)\pi}{n-m}$$

$$\omega=\sqrt[n-m]{K^*}\sin\frac{(2k+1)\pi}{n-m}$$

从最后两个方程中解出：

$$\sqrt[n-m]{K^*}=\frac{\omega}{\sin\varphi_a}=\frac{\sigma-\sigma_a}{\cos\varphi_a}$$

$$\omega=(\sigma-\sigma_a)\tan\varphi_a \tag{4-2-10}$$

式中

$$\varphi_a=\frac{(2k+1)\pi}{n-m};\ k=0,1,2,\cdots,n-m-1 \tag{4-2-11}$$

$$\sigma_a=-\left(\frac{a_1-b_1}{n-m}\right)=\frac{\sum_{i=1}^{n}p_i-\sum_{j=1}^{m}z_j}{n-m} \tag{4-2-12}$$

在 $s$ 平面上，式（4-2-10）代表直线方程，它与实轴的交角为 $\varphi_a$，交点为 $\sigma_a$。当 $k$ 取不同值时，可得 $n-m$ 个 $\varphi_a$ 角，而 $\sigma_a$ 不变，因此根轨迹渐近线是 $n-m$ 条与实轴交点为 $\sigma_a$、交角为 $\varphi_a$ 的一组射线，如图 4-2-1 所示（图中只画了一条渐近线）。

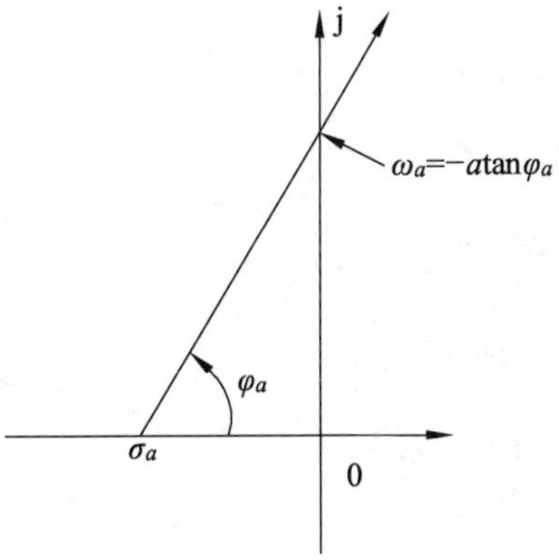


图 4-2-1　根轨迹渐近线

**规则** 7　根轨迹与虚轴的交点。

根轨迹可能和虚轴相交，交点的坐标及相应的 $K^*$ 值可由劳斯稳定判据求得，也可在特征方程中令 $s=\mathrm{j}\omega$，然后使特征方程的实部和虚部分别等于零而求得。根轨迹与虚轴相交表明系统在相应 $K^*$ 值下处于临界稳定状态。此处的根轨迹增益 $K^*$ 称为临界根轨迹增益。

说明：

若根轨迹与虚轴相交，则表示闭环系统存在纯虚根，这意味着 $K^*$ 的数值使闭环系统处于临界稳定状态。因此令劳斯表第一列中包含 $K^*$ 的项为零，即可确定根轨迹与虚轴交点上的 $K^*$ 值。此外，因为一对纯虚根是数值相同但符号相异的根，所以利用劳斯表中 $s^2$ 行的系数构成辅助方程，必可解出纯虚根的数值，这一数值就是根轨迹与虚轴交点上的 $\omega$ 值。如果根轨迹与正虚轴（或者负虚轴）有一个以上交点，则应采用劳斯表中幂大于 2 的 $s$ 偶次方的系数构造辅助方程。

确定根轨迹与虚轴交点处参数的另一种方法，是将 $s=\mathrm{j}\omega$ 代入闭环特征方程，得到

$$1+G(\mathrm{j}\omega)H(\mathrm{j}\omega)=0$$

令上述方程的实部和虚部分别为零，有

$$\mathrm{Re}\left[1+G(\mathrm{j}\omega)H(\mathrm{j}\omega)\right]=0$$

和

$$\mathrm{Im}\left[1+G(\mathrm{j}\omega)H(\mathrm{j}\omega)\right]=0$$

利用这种实部方程和虚部方程，不难解出根轨迹与虚轴交点处的 $K^*$ 值和 $\omega$ 值。

【例 4-2-1】 设系统的开环传递函数为

$$G_{\mathrm{k}}(s)=\frac{K^*}{s(s+1)(s+2)}$$

求根轨迹与虚轴的交点，并计算临界根轨迹增益。

解；系统的闭环特征方程为

$$s(s+1)(s+2)+K^*=0$$

即 $$s^3+3s^2+2s+K^*=0$$

令 $s=\mathrm{j}\omega$，并将其代入特征方程，得

$$(\mathrm{j}\omega)^3+3(\mathrm{j}\omega)^2+2(\mathrm{j}\omega)+K^*=0$$

将上式分解为实部和虚部形式，即

$$\left(K^*-3\omega^2\right)+\mathrm{j}\left(2\omega-\omega^3\right)=0$$

令实部和虚部分别等于零，得

$$\begin{cases}K^*-3\omega^2=0\\2\omega-\omega^3=0\end{cases}$$

解得

$$\begin{cases}\omega=0\\K^*=0\end{cases} 或 \begin{cases}\omega=\pm\sqrt{2}\\K^*=6\end{cases}$$

$K^*=0$ 时，为根轨迹的起点；$K^*=6$ 时，根轨迹和虚轴相交，交点的坐标为 $\pm\mathrm{j}\sqrt{2}$。$K^*=6$ 为临界根轨迹增益。

此外，还可用劳斯稳定判据来确定根轨迹与虚轴的交点及相应的 $K^*$ 值。列出劳斯表为

| | | |
|---|---|---|
| $s^3$ | 1 | 2 |
| $s^2$ | 3 | $K^*$ |
| $s^1$ | $\dfrac{6-K^*}{3}$ | |
| $s^0$ | $K^*$ | |

当劳斯表中 $s^1$ 行等于 0 时，特征方程可能出现共轭虚根，令 $s^1$ 行等于 0，则得 $K^*=6$。共轭虚根的值可由 $s^2$ 行的辅助方程求得，即

$$3s^2+K^*=3s^2+6=0$$

即 $$s=\pm\mathrm{j}\sqrt{2}$$

**规则 8** 根轨迹的出射角和入射角。

从开环极点 $p_j$ 出发的根轨迹，其出射角为

$$\theta_{p_j}=\pm(2k+1)180°+\varphi_{p_j} \quad （4-2-13）$$

式中，$\varphi_{p_j}=\sum_{j=1}^{m}\angle\left(z_i-z_j\right)-\sum_{\substack{l=1\\(l\neq j)}}^{n}\angle\left(p_j-p_l\right)$，为开环零点和除开环极点 $p_j$ 以外的其他开环极点往该极点所引向量的相角的净值。

根轨迹到达开环零点 $z_i$ 的入射角为

$$\theta_{z_i} = \pm(2k+1)180° - \varphi_{z_i} \tag{4-2-14}$$

式中，$\varphi_{z_i} = \sum_{\substack{j=1 \\ (i \neq j)}}^{m} \angle(z_i - z_j) - \sum_{l=1}^{n} \angle(z_i - p_l)$，为除开环零点 $z_i$ 以外的其他开环零点和开环极点往该零点所引向量的相角的净值。

说明：

下面以开环复极点 $p_j$ 出射角为例，论证如下：

先考察一个具体系统，设其开环零、极点分布如图 4-2-2 所示。现研究根轨迹离开复极点 $p_j$ 的出射角。

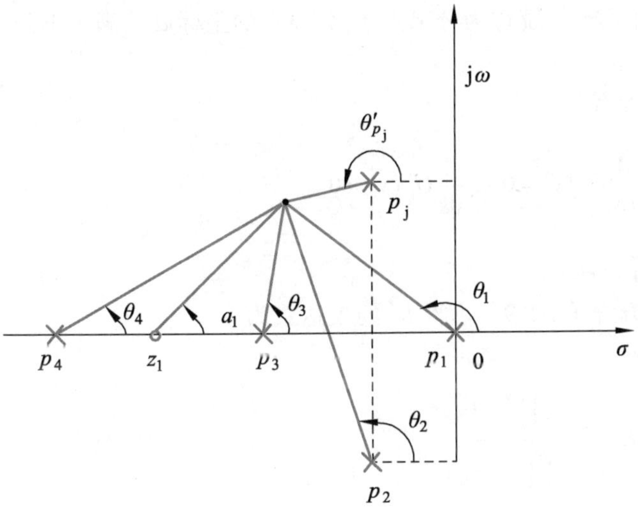


图 4-2-2　根轨迹出射角的确定

在从 $p_j$ 出发的根轨迹分支上，靠近 $p_j$ 任取一点 $s$，则由各开环零、极点往该点所引向量的相角应满足相角条件，即

$$\alpha_1 - \left(\theta_1 + \theta_2 + \theta_3 + \theta_4 + \theta'_{p_j}\right) = \pm(2k+1)180° \tag{4-2-15}$$

当 $s$ 与 $p_j$ 充分接近时，则相角 $\theta'_{p_j}$ 趋近于开环复极点 $p_j$ 的出射角。故

$$\theta_{p_j} = \lim_{s \to p_j} \theta'_{p_j}$$

同理，对于一般控制系统，与式（4-2-15）相对应有下列关系式

$$\sum_{i=1}^{m} \angle(s - z_i) - \left[\sum_{\substack{l=1 \\ (l \neq j)}}^{n} \angle(s - p_l) + \theta'_{p_j}\right] = \pm(2k+1)180°$$

故一般系统开环复极点 $p_j$ 的出射角为

$$
\begin{aligned}
\theta_{p_j} &= \lim_{s \to p_j} \theta'_{p_j} \\
&= \pm(2k+1)180° + \lim_{s \to p_j}\left[\sum_{i=1}^{m}\angle(s-z_i) - \sum_{\substack{l=1 \\ (l \neq j)}}^{n}\angle(s-p_l)\right] \\
&= \pm(2k+1)180° + \sum_{i=1}^{m}\angle(p_j-z_i) - \sum_{\substack{l=1 \\ (l \neq j)}}^{n}\angle(p_j-p_l) \\
&= \pm(2k+1)180° + \varphi_{p_j}
\end{aligned}
$$

**规则 9** 根轨迹的分离点（或会合点）。

两条或两条以上的根轨迹分支，在 $s$ 平面上某处相遇后又分开的点，称为根轨迹的分离点（或会合点，为了简化，统称为分离点）。分离点的坐标 $d$ 是满足下列三组方程中任一组方程的解：

（1）在分离点处有

$$\frac{\mathrm{d}}{\mathrm{d}s}G_{\mathrm{k}}(s)=0 \text{ 或 } \frac{\mathrm{d}}{\mathrm{d}s}G'_{\mathrm{k}}(s)=0 \tag{4-2-16}$$

式中，$G_{\mathrm{k}}(s)=K^{*}G'_{\mathrm{k}}(s)$。

（2）由根轨迹方程（4-1-9）可得 $K^{*}$ 的表达式为

$$K^{*}=-\frac{\prod_{j=1}^{n}(s-p_j)}{\prod_{i=1}^{m}(s-z_i)}$$

在分离点处有

$$\frac{\mathrm{d}K^{*}}{\mathrm{d}s}=0 \tag{4-2-17}$$

（3）分离点坐标 $d$ 是下列方程的解：

$$\sum_{i=1}^{m}\frac{1}{d-z_i}=\sum_{j=1}^{n}\frac{1}{d-p_j} \tag{4-2-18}$$

式中，$z_i$ 为各开环零点的数值；$p_j$ 为各开环极点的数值；分离角为 $(2k+1)\pi/l$。

在说明本法则之前，需要介绍一下关于分离点的特性。因为根轨迹是对称的，所以根轨迹的分离点或位于实轴上，或以共轭形式成对出现在复平面中。一般情况下，常见的根轨迹分离点是位于实轴上的两条根轨迹分支的分离点。如果根轨迹位于实轴上两个相邻的开环极点之间，其中一个可以是无限极点，则在这两个极点之间至少存在一个分离点；同样，如果根轨迹位于实轴上两个相邻的开环零点之间，其中一个可以是无限零点，则在这两个零点之间也至少有一个分离点，如图 4-2-3 所示。

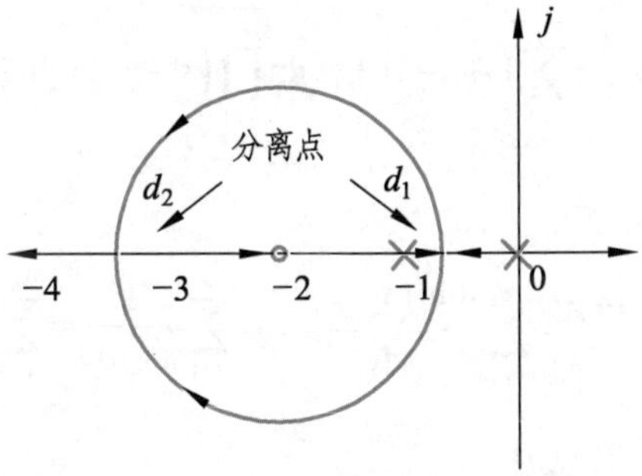


图 4-2-3 实轴上根轨迹的分离点

说明：

由根轨迹方程，有

$$1+\frac{K^*\prod_{j=1}^{m}(s-z_j)}{\prod_{i=1}^{n}(s-p_i)}=0$$

所以闭环特征方程为

$$D(s)=\prod_{i=1}^{n}(s-p_i)+K^*\prod_{j=1}^{m}(s-z_j)=0$$

根轨迹在 $s$ 平面上相遇，说明闭环特征方程有重根出现。设重根为 $d$，根据代数中重根条件，有

$$D(s)=\prod_{i=1}^{n}(s-p_i)+K^*\prod_{j=1}^{m}(s-z_j)=0$$

$$\dot{D}(s)=\frac{\mathrm{d}}{\mathrm{d}s}\left[\prod_{i=1}^{n}(s-p_i)+K^*\prod_{j=1}^{m}(s-z_j)\right]=0$$

或

$$\prod_{i=1}^{n}(s-p_i)=-K^*\prod_{j=1}^{m}(s-z_j) \tag{4-2-19}$$

$$\frac{\mathrm{d}}{\mathrm{d}s}\prod_{i=1}^{n}(s-p_i)=-K^*\frac{\mathrm{d}}{\mathrm{d}s}\prod_{j=1}^{m}(s-z_j) \tag{4-2-20}$$

将式（4-2-20）除以式（4-2-19），得

$$\frac{\frac{\mathrm{d}}{\mathrm{d}s}\prod_{i=1}^{n}(s-p_i)}{\prod_{i=1}^{n}(s-p_i)}=\frac{\frac{\mathrm{d}}{\mathrm{d}s}\prod_{j=1}^{m}(s-z_j)}{\prod_{j=1}^{m}(s-z_j)},\quad \frac{\mathrm{d}\ln\prod_{i=1}^{n}(s-p_i)}{\mathrm{d}s}=\frac{\mathrm{d}\ln\prod_{j=1}^{m}(s-z_j)}{\mathrm{d}s}$$

代入

$$\ln\prod_{i=1}^{n}(s-p_i)=\sum_{i=1}^{n}\ln(s-p_i)\text{，}\quad \ln\prod_{j=1}^{m}(s-z_j)=\ln\sum_{j=1}^{m}(s-z_j)$$

得

$$\sum_{i=1}^{n}\frac{\mathrm{d}\ln(s-p_i)}{\mathrm{d}s}=\sum_{j=1}^{m}\frac{\mathrm{d}\ln(s-z_j)}{\mathrm{d}s}\text{，}\quad \sum_{i=1}^{n}\frac{1}{s-p_i}=\sum_{j=1}^{m}\frac{1}{s-z_j}$$

从上式中解出 $s$，即为分离点 $d$。

这里不加证明地指出：当 1 条根轨迹分支进入并立即离开分离点时，分离角可由$(2k+1)\pi/l$ 决定，其中 $h$=0，1，…，$l-1$。需要说明的是，分离角定义为根轨迹进入分离点的切线方向与离开分离点的切线方向之间的夹角。显然，当 $l$=2 时，分离角必为直角。

【例 4-2-2】 已知系统的开环传递函数为

$$G(s)H(s)=\frac{K^*(s+1)}{s^2+3s+3.25}$$

试求系统闭环根轨迹的分离点坐标。

解：

$$G_\mathrm{k}(s)=K^*G_\mathrm{k}'(s)=G(s)H(s)=\frac{K^*(s+1)}{s^2+3s+3.25}=\frac{K^*(s+1)}{(s+1.5+\mathrm{j})(s+1.5-\mathrm{j})}$$

方法 1：根据式（4-2-16），对上式求导，即 $\frac{\mathrm{d}}{\mathrm{d}s}G_\mathrm{k}(s)=0$，可得

$$d_1=-2.12\text{，}\quad d_2=0.12$$

方法 2：求出闭环系统特征方程

$$1+G(s)H(s)=1+\frac{K^*(s+1)}{s^2+3s+3.25}=0$$

由上式可得

$$K^*=-\frac{s^2+3s+3.25}{s+1}$$

根据式（4-2-17）对上式求导，即 $\frac{\mathrm{d}K^*}{\mathrm{d}s}=0$，可得

$$d_1=-2.12\text{，}\quad d_2=0.12$$

方法 3：根据式（4-2-18）有

$$\frac{1}{d+1.5+\mathrm{j}}+\frac{1}{d+1.5-\mathrm{j}}=\frac{1}{d+1}$$

解此方程得

$$d_1=-2.12\text{，}\quad d_2=0.12$$

$d_1$在根轨迹上，即为所求的分离点；而$d_2$不在根轨迹上，则舍弃。此系统的根轨迹如图4-2-4所示。

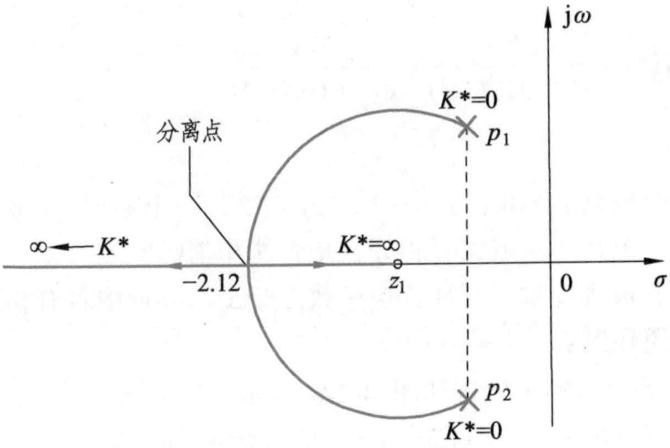


图 4-2-4　根轨迹的分离点

以上介绍了9条绘制根轨迹的一般规则。为了熟练应用上述9条规则，并能绘制复杂系统的根轨迹，下面再举一例说明如何绘制一个复杂系统的完整根轨迹图。

【例 4-2-3】 已知某系统的结构如图4-2-5所示，试绘制此多回路系统的根轨迹。

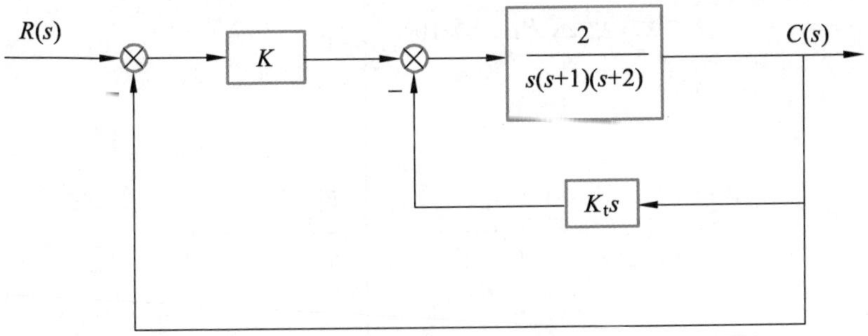


图 4-2-5　多回路系统结构

解：在一般情况下，绘制多回路系统的根轨迹时，首先根据内反馈回路的开环传递函数，绘制内反馈回路的根轨迹，确定内反馈回路的极点分布；然后由内反馈回路的零、极点和内回路外的零、极点构成整个多回路系统的开环零、极点；再按照单回路根轨迹的基本规则，绘制出系统总的根轨迹。

需要指出的是，这样绘制出来的根轨迹只能确定多回路系统极点的分布，而多回路系统的零点还需要根据系统的闭环传递函数来确定。

下面根据图4-2-5所示系统，绘制多回路系统的根轨迹。首先确定内回路的根轨迹。

内回路的闭环传递函数为

$$\Phi_1(s)=\frac{2}{s(s+1)(s+2)+2K_t s}$$

内回路的特征方程为

$$D_1(s)=s(s+1)(s+2)+2K_t s=0$$

绘制 $K_t$ 由 $0 \to \infty$ 时的根轨迹，需要根据内回路的特征方程 $D_1(s)$ 构造一个新系统，使新系统的特征方程与 $D_1(s)$ 一样，而参数 $K_t$ 应相当于开环增益，故新系统的开环传递函数应为

$$G_1(s)=\frac{2K_t s}{s(s+1)(s+2)}=\frac{K_t^* s}{s(s+1)(s+2)}$$

式中，$K_t^*=2K_t$。

内回路开环有三个极点 $p_1=0$、$p_2=-1$、$p_3=-2$，一个零点 $z_1=0$。

其中开环零点与一个开环极点完全相等，是否能相消呢？

特别注意，在绘制根轨迹时，开环传递函数的分子、分母中若有相同因子，此时不能相消，相消后将会丢掉闭环极点。

当 $K_t^*$ 由 $0 \to \infty$ 时的内回路根轨迹如图 4-2-6 所示。当 $K_t^*=2.5$，$K_t=1.25$ 时，对应的内回路闭环极点分别为 $p_1'=0$、$p_{2,3}'=-1.5\pm \mathrm{j}1.5$。闭环传递函数为

$$\Phi_1(s)=\frac{2}{(s+1.5+\mathrm{j}1.5)(s+1.5-\mathrm{j}1.5)}$$

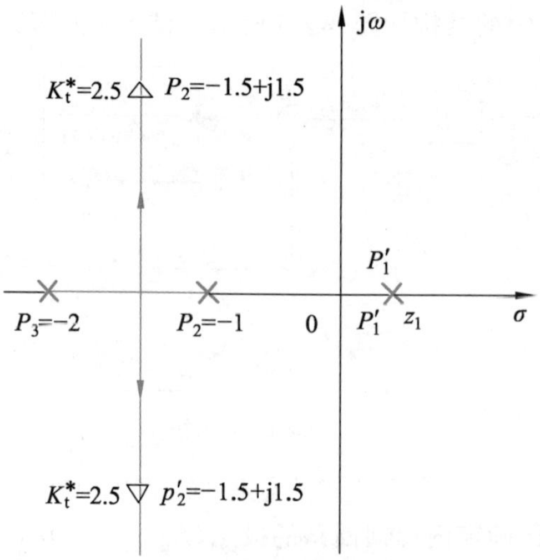


图 4-2-6　内回路根轨迹

内回路闭环零、极点确定以后，再绘制当 $K$ 由 $0 \to \infty$ 时的多回路系统的根轨迹。多回路系统的开环传递函数应为

$$G_2(s)=\frac{2K}{s(s+1.5+\mathrm{j}1.5)(s+1.5-\mathrm{j}1.5)}=\frac{K^*}{(s+1.5+\mathrm{j}1.5)(s+1.5-\mathrm{j}1.5)}$$

式中，$K^*=2K$。

（1）整个负实轴为根轨迹段；

（2）渐近线：

$$\varphi_a = \frac{\pm(2k+1)180°}{n-m} = \{60°、180°、-60°\}$$

$$\sigma_a = \frac{(-1.5-j1.5)+(-1.5+j1.5)}{3} = -1$$

（3）出射角：

$$\theta_{p_2} = (2k+1)180° - 135° - 90°$$

取 $k=0$，$\theta_{p_2} = -45°$；$k=1$，$\theta_{p_2} = 45°$。

（4）求与虚轴的交点：

$$D_2(s) = 1 + G_2(s) = 0 \Rightarrow D_2(s) = s(s+1.5+j1.5)(s+1.5-j1.5) + K^* = 0$$

令 $s = j\omega$，代入上式得

$$\omega_1 = 0\text{，}\quad \omega_{2,3} = \pm 2.12\text{，}\quad K^* = 13.5\text{，}\quad K = 6.25$$

多回路系统的根轨迹如图 4-2-7 所示。从根轨迹图可以看出，当 $K_t = 1.25$、$K > 6.25$ 时，此多回路系统将有两个闭环极点分布在 $s$ 右半平面，系统变为不稳定。

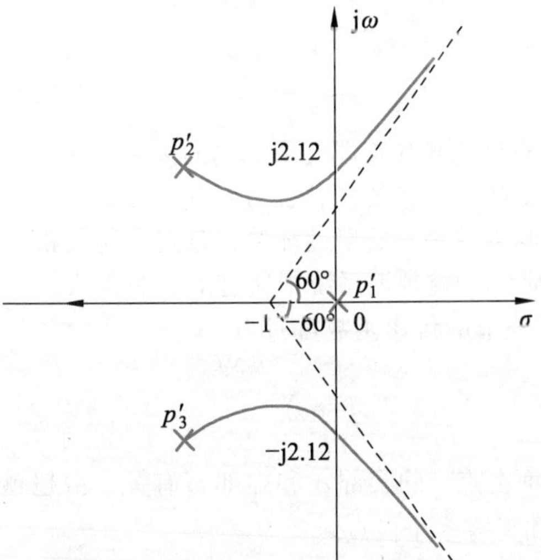


图 4-2-7　多回路系统的根轨迹

## 4.3　延迟系统的根轨迹

含有延迟环节的系统称为延迟系统，如图 4-3-1 所示。延迟系统是一种典型的自动控制系统，下面介绍如何画出它的根轨迹。

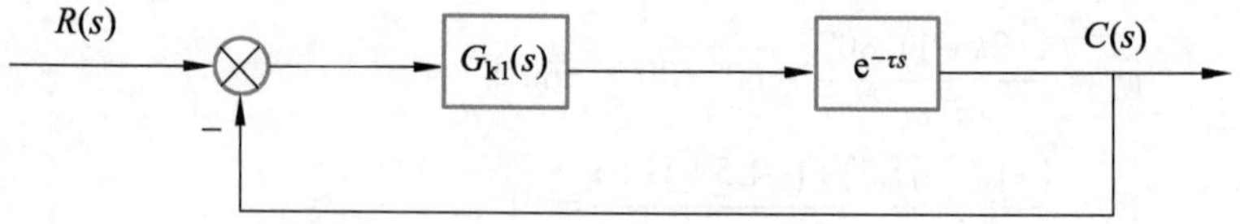


图 4-3-1　带延迟环节的系统

延迟环节的传递函数为 $e^{-\tau s}$，其中 $\tau$ 为延迟时间。设

$$G_{k1}(s)=\frac{K^*\prod_{i=1}^{m}(s-z_i)}{\prod_{j=1}^{n}(s-p_j)}=K^*\frac{N_1(s)}{D_1(s)} \tag{4-3-1}$$

则延迟系统的开环传递函数为

$$G_k(s)=G_{k1}(s)e^{-\tau s}=\frac{K^*\prod_{i=1}^{m}(s-z_i)}{\prod_{j=1}^{n}(s-p_j)}e^{-\tau s} \tag{4-3-2}$$

系统的闭环特征方程为

$$\prod_{j=1}^{n}(s-p_j)+K^*\prod_{i=1}^{m}(s-z_i)e^{-\tau s}=0 \tag{4-3-3}$$

由于 $e^{-\tau s}$ 是复变量 $s$ 的超越函数（即变量之间的关系不能用有限次加、减、乘、除、乘方、开方运算表示的函数），故延迟系统的特征方程是超越方程。前面已经指出，当 $\tau$ 很小时，延迟环节可近似为一个时间常数为 $\tau$ 的惯性环节，延迟系统的根轨迹可按前面介绍的方法近似地绘制。如果 $\tau$ 较大，则需研究延迟系统根轨迹的绘制方法。

令 $s=\sigma+j\omega$，则延迟环节的传递函数可写为

$$e^{-\tau s}=e^{-\tau(\sigma+j\omega)}=e^{-\tau\sigma}\angle(-\tau\omega) \tag{4-3-4}$$

其幅值和相角分别与复平面上点 $s$ 的实部 $\sigma$ 和虚部 $\omega$ 有关。由超越函数的多值性可知，延迟环节 $e^{-\tau s}$ 有无穷多个零点和无穷多个极点。

写出延迟系统的根轨迹方程为

$$\frac{K^*\prod_{i=1}^{m}(s-z_i)}{\prod_{j=1}^{n}(s-p_j)}e^{-\tau s}=-1 \tag{4-3-5}$$

相应的幅值方程为

$$\left|\frac{K^*\prod_{i=1}^{m}(s-z_i)}{\prod_{j=1}^{n}(s-p_j)}\right|e^{-\tau\sigma}=1 \text{ 或 } K^*=\left|\frac{\prod_{j=1}^{n}(s-p_j)}{\prod_{i=1}^{m}(s-z_i)}\right|e^{\tau\sigma} \qquad (4\text{-}3\text{-}6)$$

相角方程为

$$\sum_{i=1}^{m}\angle(s-z_i)-\sum_{j=1}^{n}\angle(s-p_j)=\pm(2k+1)180°+\tau\omega\times 57.3° \quad (k=0,1,2,\cdots) \qquad (4\text{-}3\text{-}7)$$

式中，角度的单位符号是°，$\omega$ 的单位符号是 rad/s，系数 $57.3°=180/\pi$ 是单位变换常数。由式（4-3-5）和式（4-3-6）可知，当 $\tau\neq 0$ 时，幅值方程和相角方程与一般系统的幅值方程和相角方程相同。当 $\tau\neq 0$ 时，特征根 $s=\sigma+j\omega$ 的实部将影响幅值方程，而相角方程也不是180°，它是 $\omega$ 的函数，且和 $K$ 值有关。当 $k=0$ 时，相角方程为

$$\sum_{i=1}^{m}\angle(s-z_i)-\sum_{j=1}^{n}\angle(s-p_j)=\pm 180°+\tau\omega\times 57.3° \qquad (4\text{-}3\text{-}8)$$

当 $k=1$ 时，相角方程变为

$$\sum_{i=1}^{m}\angle(s-z_i)-\sum_{j=1}^{n}\angle(s-p_j)=\pm 540°+\tau\omega\times 57.3° \qquad (4\text{-}3\text{-}9)$$

显然，当 $k$ 值从 $0,1,2,\cdots$ 变到 $\infty$ 时，相角条件公式（4-3-7）的右边也有无穷多个数值。因此，对应于一定的 $K^*$ 值，同时满足幅值条件和相角条件的复平面上的点有无穷多个，即延迟系统的根轨迹有无穷多支。

可见，绘制一般系统根轨迹的基本规则若用于延迟系统，均应做相应的更改。下面通过例题来说明。

【例 4-3-1】 绘制单位反馈延迟系统的根轨迹，设系统的开环传递函数为

$$G_k(s)=\frac{K^*e^{-\tau s}}{s+1} \quad (\text{其中 } \tau=1)$$

解：由根轨迹的相角条件有

$$\angle(s+1)=\pm(2k+1)180°-\tau\omega\times 57.3° \quad (k=0,1,2,\cdots)$$

当 $k=0$ 时，相角条件为

$$\angle(s+1)=\pm 180°-\tau\omega\times 57.3°$$

由实轴上的根轨迹判别规则可知，实轴上的根轨迹在 $(-\infty,-1]$ 区间。根轨迹的起点为 $-\infty$，和 $-1$。由于不存在有限零点，故两条根轨迹终止于无穷远处。

计算实轴上的分离点，由计算公式求得

$$\left(e^{-\tau s}\right)'(s+1)-e^{-\tau s}(s+1)'=0$$

即

$$-\tau e^{-\tau s}(s+1)-e^{-\tau s}=0$$

求得实轴的分离点为

$$-\sigma = s = -\left(1+\frac{1}{\tau}\right) = -2$$

当根轨迹趋于无穷远零点时，可以求得根轨迹的渐近线与虚轴的交点为

$$\begin{aligned}\omega &= \pm\frac{(2k+1)180°}{\tau\times 57.3°}\\ &= \pm\frac{\pi}{\tau},\pm\frac{3\pi}{\tau},\pm\frac{5\pi}{\tau}\cdots \quad (k=0,1,2,\cdots)\end{aligned}$$

当根轨迹趋于无穷远极点时，因 $n-m=1$，可以求得根轨迹与虚轴的交点为

$$\begin{aligned}\omega &= \pm\frac{2k\times 180°}{\tau\times 57.3°}\\ &=0,\pm\frac{2\pi}{\tau},\pm\frac{4\pi}{\tau},\pm\frac{6\pi}{\tau}\cdots \quad (k=0,1,2,\cdots)\end{aligned}$$

下面根据式（4-3-9）通过图解法求 $k$=0，$\tau=1$时，复平面上的根轨迹及根轨迹与虚轴的交点。

在虚轴上取一点 $s=\mathrm{j}\omega_1$，过实轴上的-1 点作倾斜角为$180°-\tau\omega\times 57.3°$ 的斜线，如图 4-3-2 所示，该斜线与过虚轴上 $\mathrm{j}\omega_1$ 点的水平线的交点 $s_1$ 满足式（4-3-9），故 $s_1$ 在根轨迹上。取不同的 $\omega$ 可得根轨迹的其他点。

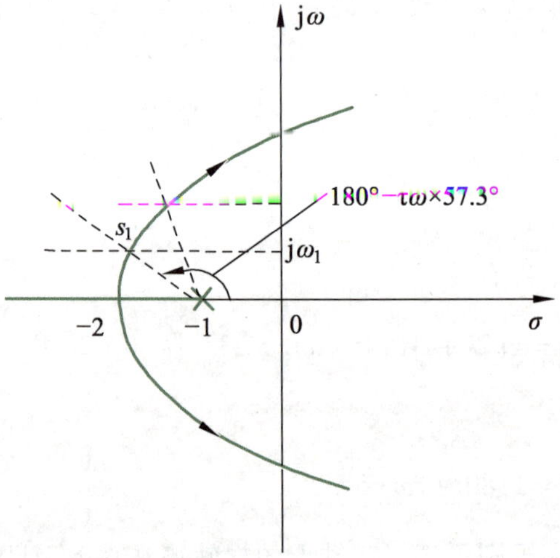


图 4-3-2　延迟系统的根轨迹（$k$=0，$\tau$=1 时）

当 $k$=0 时，根轨迹与虚轴的交点可由式（4-3-9）求得，即 $\arctan\omega = 180° - \tau\omega\times 57.3°$，结果为 $\omega = 2.03$。并由式（4-3-7）求得此时的临界根轨迹增益为 $K^* = 2.26$。

$k$=0 时的根轨迹曲线称为基本根轨迹曲线，如图 4-3-2 所示。

同理，可以绘制 $k=1,2,3,\cdots$ 时的各支根轨迹。当 $\tau=1$ 时，全部的根轨迹如图 4-3-3 所示。

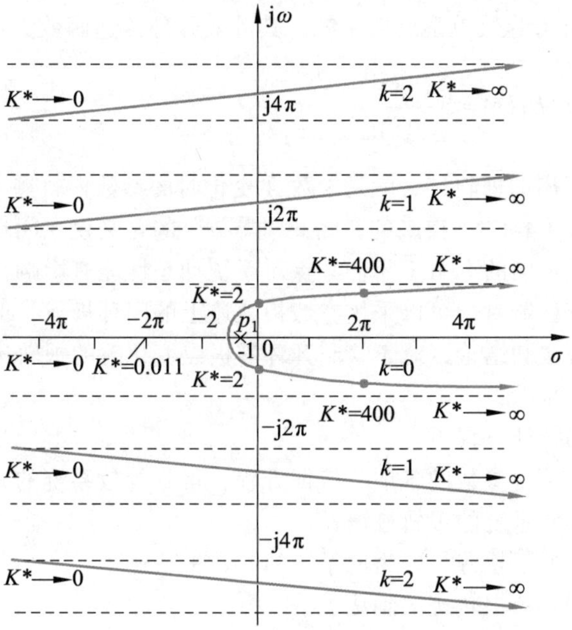


图 4-3-3　带延迟环节系统的根轨迹

## 4.4　广义根轨迹

在控制系统中，除根轨迹增益 $K^*$ 为变化参数的根轨迹以外，其他情形下的根轨迹统称为广义根轨迹。如系统的参数根轨迹，开环传递函数中零点个数多于极点个数时的根轨迹，以及零度根轨迹等均可列入广义根轨迹这个范畴。通常，将负反馈系统中 $K^*$ 变化时的根轨迹叫作常规根轨迹。

### 4.4.1　参数根轨迹

以非开环增益为可变参数绘制的根轨迹称为参数根轨迹，以区别于以开环增益 $K$ 为可变参数的常规根轨迹。

绘制参数根轨迹的法则与绘制常规根轨迹的法则完全相同。只要在绘制参数根轨迹之前，引入等效单位反馈系统和等效传递函数概念，则常规根轨迹的所有绘制法则，均适用于参数根轨迹的绘制。为此，需要对闭环特征方程

$$1+G(s)H(s)=0 \tag{4-4-1}$$

进行等效变换，将其写为如下形式，即

$$A\frac{P(s)}{Q(s)}=-1 \tag{4-4-2}$$

式中，$A$ 为除 $K^*$ 外系统任意的变化参数，而 $P(s)$ 和 $Q(s)$ 为两个与 $A$ 无关的首一多项式。显然，式（4-4-1）应与式（4-4-2）相等，即

$$Q(s)+AP(s)=1+G(s)H(s)=0 \tag{4-4-3}$$

根据式（4-4-3）可得等效单位反馈系统，其等效开环传递函数为

$$G_1(s)H_1(s)=A\frac{P(s)}{Q(s)} \tag{4-4-4}$$

利用式（4-4-4）画出的根轨迹，就是参数 $A$ 变化时的参数根轨迹。需要强调指出，等效开环传递函数是根据式（4-4-3）得来的，因此“等效”的含义仅在闭环极点相同这一点上成立，而闭环零点一般是不同的。由于闭环零点对系统动态性能有影响，所以由闭环零、极点分布来分析和估算系统性能时，可以采用参数根轨迹上的闭环极点，但必须采用原来闭环系统的零点。这一处理方法和结论，对于绘制开环零极点变化时的根轨迹同样适用。

绘制参数根轨迹的步骤：

（1）写出原系统的特征方程。

（2）以特征方程中不含参数的各项除特征方程，得到等效系统的开环传递函数，该方程中原系统的参数即为等效系统的根轨迹增益。

（3）绘制等效系统的根轨迹，即为原系统的参数根轨迹。

下面以例题来说明参数根轨迹的画法。

【例 4-4-1】 控制系统如图 4-4-1 所示，当 $K^*=4$ 时，试绘制开环极点 $p$ 变化时的参数根轨迹。

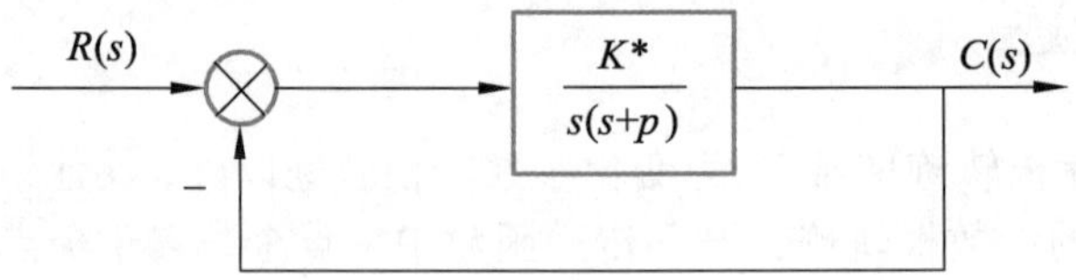


图 4-4-1 控制系统结构图

解：当 $K^*=4$ 时，系统的开环传递函数为

$$G_k(s)=\left.\frac{K^*}{s(s+p)}\right|_{K^*=4}=\frac{4}{s(s+p)}$$

系统的闭环传递函数为

$$\Phi(s)=\frac{4}{s^2+ps+4}$$

故闭环特征方程为

$$s^2+ps+4=0$$

所以

$$\frac{ps}{s^2+4}=-1$$

因此，等效系统的开环传递函数为

$$G_{dk}(s)=\frac{ps}{s^2+4}$$

$G_{dk}(s)$ 也可以用特征方程中不含参数 $p$ 的各项去除特征方程求得。

$G_{dk}(s)$ 与原系统的开环传递函数 $G_k(s)$ 在闭环特征方程上是等价的，因此称为等效开环传递函数。$G_{dk}(s)$ 中的参数 $p$ 称为等效根轨迹增益。

按照根轨迹绘图规则，可以绘制等效系统的等效根轨迹增益 $p$ 从零变化到无穷大时等效系统的根轨迹，如图 4-4-2 所示。

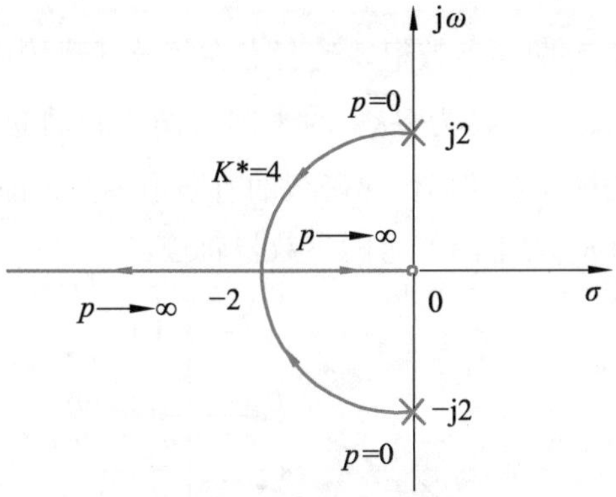


图 4-4-2　参数根轨迹

复平面上的根轨迹是个半圆，其起点位于 $\pm j2$ 。在实轴上，$-\sigma=-2$ 为根轨迹的分离点。当 $p\to\infty$ 时，根轨迹的一支趋于原点，另一支趋于实轴负无穷远处。

由于等效系统的特征方程和原系统的特征方程是一样的，$p$ 为原系统的参数，所以等效系统的根轨迹就表明了原系统参数 $p$ 变化时系统闭环特征根的变化情况。

还可绘出例题系统在 $p=0$ 时，$K^*$ 从零变化到无穷大时的根轨迹，如图 4-4-3 所示。

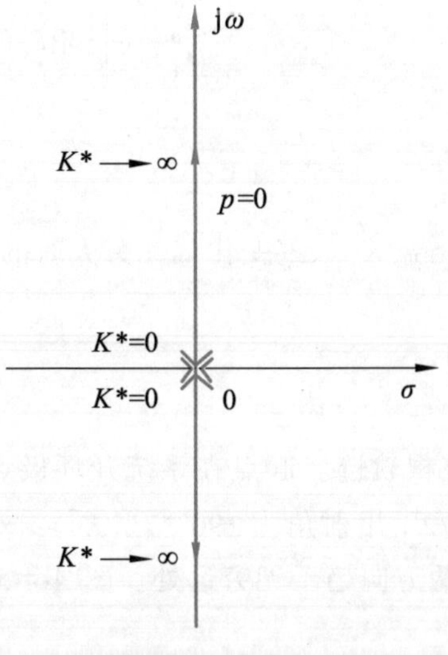


图 4-4-3　原根轨迹

该系统具有两支根轨迹，均从原点开始沿正虚轴和负虚轴趋于无穷远处。可以发现，图中 $K^*=4$ 时闭环系统的极点就是图 4-4-2 中参数根轨迹的起点。这是因为，它们都具有 $K^*=4$ 和 $p=0$。因此，等效系统与原系统具有相同的闭环极点。

当系统有两个参数变化时，所绘出的轨迹叫作根轨迹簇。仍以例题系统为例，可绘制 $K^*$ 和 $p$ 分别从零变化到无穷大时的根轨迹簇。一般有两种方法：

（1）取 $K^*$ 为不同值时，绘制参数 $p$ 从零变化到无穷大时的参数根轨迹。这时，根轨迹方程为

$$\frac{ps}{s^2+K^*}=-1$$

对应于任何 $-K^*$ 值，都有两支参数根轨迹起点在等效开环传递函数的极点 $\pm j\sqrt{K^*}$，复平面上的根轨迹是圆心在原点、半径为 $\sqrt{K^*}$ 的半圆，两支根轨迹在实轴上的会合点坐标为 $-\sqrt{K^*}$，两支根轨迹的终点在等效开环传递函数的有限值零点（即原点）和负实轴无穷远处。图 4-4-4 中画出了该系统当 $K^*$ 为不同值时的参数根轨迹。

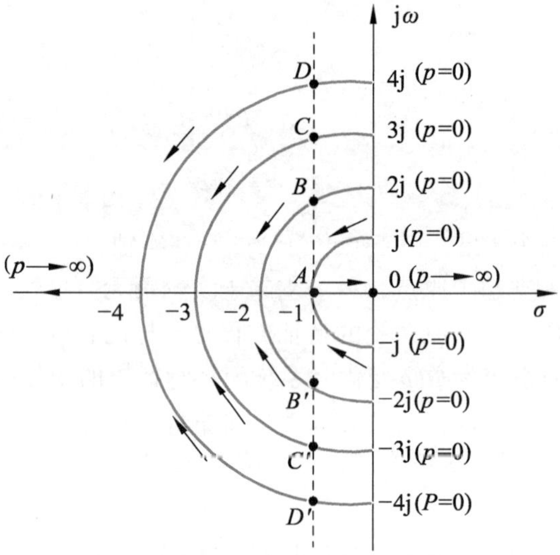


图 4-4-4　参数根轨迹簇

（2）取 $p$ 为不同值，绘制增益 $K^*$ 从零变化到无穷大时的根轨迹。这时，根轨迹方程为

$$\frac{K^*}{s(s+p)}=-1$$

对应于任意 $-p$ 值都有两支根轨迹。起点在系统开环极点 0 和 $-p$，实轴上的根轨迹在 $(-p,0)$ 区间，分离点坐标为 $-p/2$，出射角为 $\pm 90°$。当 $K^*\to\infty$ 时，两支根轨迹分别沿过 $-p/2$ 点且平行于虚轴的直线的上下两方向趋于无穷远处。图 4-4-5 中画出了该系统当 $p$ 为不同值时的根轨迹簇。

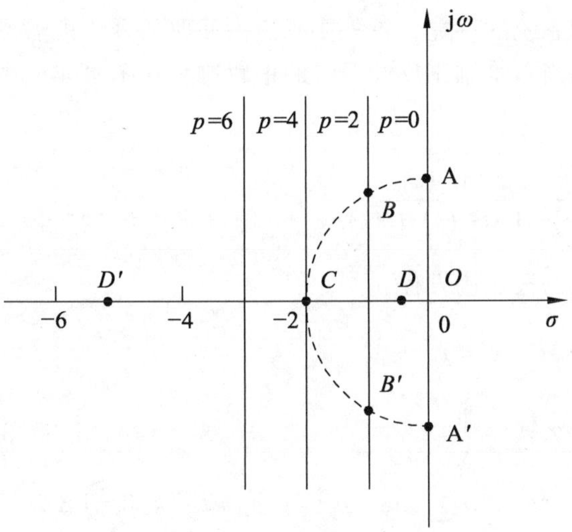

图 4-4-5　p 参数根轨迹簇

在图 4-4-4 中，可以得到 $p$ 为某确定值时，系统闭环特征方程的根。例如 $p=2$，当 $K^*=1,4,9$ 和 16 时，特征方程的根分别在复平面的 $A$（重根）、$B$、$B'$、$C$、$C'$ 和 $D$、$D'$ 点。

在图 4-4-5 中，也可以得到 $K^*$ 为某确定值时闭环系统的特征方程的根。例如当 $K^*=4$，$p=0,2,4,6$ 时，特征方程的根分别在复平面的 $B$、$B'$、$C$（重根）和 $D$、$D'$ 点。相同的 $p$ 值和相同的 $K^*$ 值时两根轨迹簇上所得到的闭环特征方程的根是一样的。

例如，当 $p=2$，$K^*=4$ 时，图 4-4-4 中的 $B$、$B'$ 和图 4-4-5 中的 $B$、$B'$ 是重合的。

### 4.4.2　零度根轨迹

如果所研究的控制系统为非最小相位系统，则有时不能采用常规根轨迹的绘制法则来绘制系统的根轨迹，因为其相角遵循 $0°+2k\pi$ 条件，而不是 $180°+2k\pi$ 条件，故一般称之为零度根轨迹。

这里所谓的非最小相位系统，系指在 $s$ 右半平面具有开环零极点的控制系统，其定义和特性将在下一章详细介绍。此外，如果有必要绘制正反馈系统的根轨迹，那么也必然会产生 $0°+2k\pi$ 的相角条件。一般说来，零度根轨迹的来源有两个方面：其一是非最小相位系统中包含 s 最高次幂的系数为负的因子；其二是控制系统中包含有正反馈内回路。前者是由于被控对象，如飞机、导弹的本身特性所产生的，或者是在系统结构图变换过程中所产生的；后者是由于某种性能指标要求，使得在复杂的控制系统设计中，必须包含正反馈内回路所致。

零度根轨迹的绘制方法与常规根轨迹的绘制方法略有不同。以正反馈系统为例，设某个复杂控制系统如图 4-4-6 所示，其中内回路采用正反馈，这种系统通常由外回路加以稳定。

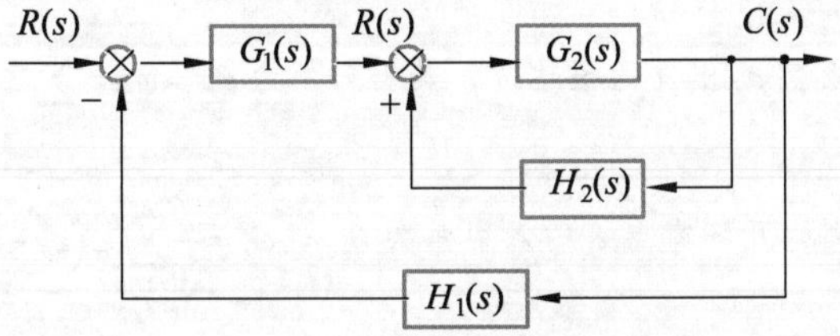

图 4-4-6　复杂控制系统

为了分析整个控制系统的性能，首先要确定内回路的零、极点。当用根轨迹法确定内回路的零、极点时，就相当于绘制正反馈系统的根轨迹。在图 4-4-6 中，正反馈内回路的闭环传递函数为

$$\frac{C(s)}{R_1(s)}=\frac{G_2(s)}{1-G_2(s)H_2(s)}$$

于是，得到正反馈系统的根轨迹方程

$$G_2(s)H_2(s)=1 \tag{4-4-5}$$

上式可等效为下列两个方程，即

$$\sum_{j=1}^{m}\angle(s-z_j)-\sum_{i=1}^{n}\angle(s-p_i)=0°+2k\pi \quad (k=0,\pm1,\pm2,\cdots) \tag{4-4-6}$$

和

$$K^*=\frac{\prod_{i=1}^{n}|s-p_i|}{\prod_{j=1}^{m}|s-z_j|} \tag{4-4-7}$$

前者称为零度根轨迹的相角条件，后者叫作零度根轨迹的模值条件。式中各符号的意义与以前指出的相同。

将式（4-4-6）和（4-4-7）与常规根轨迹的相应公式（4-1-10）和（4-1-11）相比可知，它们的模值条件完全相同，仅相角条件有所改变。因此，常规根轨迹的绘制法则，原则上可以应用于零度根轨迹的绘制，但在与相角条件有关的一些法则中需做适当调整。从这种意义上说，零度根轨迹也是常规根轨迹的一种推广。

绘制零度根轨迹时，应调整的绘制法则如表 4-4-1 所示。

表 4-4-1　零度根轨迹的部分绘图规则

| | |
|---|---|
| 规则 4 | 实轴上若有根轨迹分布的区段，则其右侧开环实极点与开环实零点的数目之和为偶数 |
| 规则 6 | 根轨迹有 $(n-m)$ 条分支，沿渐近线趋于无穷远处<br>渐近线与实轴的交点坐标为 $\sigma_a=\dfrac{\sum_{j=1}^{n}p_j-\sum_{i=1}^{m}z_i}{n-m}$<br>渐近线与实轴正方向的夹角为 $\varphi_a=\dfrac{\pm2k\times180°}{n-m}$ $(k=0,1,2,\cdots)$ |
| 规则 8 | 从开环极点 $p_j$ 出发的根轨迹，其出射角为 $\theta_F=\varphi_F=\sum_{i=1}^{m}\angle(p_j-z_i)-\sum_{l=1\,(l\neq j)}^{n}\angle(p_j-p_l)$<br>根轨迹到达开环零点 $z_i$ 的入射角为 $\theta_z=-\varphi_z=-\sum_{i=1\,(i\neq j)}^{m}\angle(z_j-z_i)+\sum_{l=1}^{n}\angle(z_i-p_l)$ |

【例 4-4-2】 已知单位反馈系统的开环传递函数为

$$G_{\mathrm{k}}(s)=\frac{K(1+0.1s)}{s(s+1)(0.25s+1)^2}$$

（1）分别画出 $0<K<\infty$ 及 $-\infty<K<0$ 时的根轨迹；

（2）用主导极点法求出系统处于临界阻尼时的开环增益，并写出对应的闭环传递函数。

解：（1）绘制 $0<K<\infty$ 及 $-\infty<K<0$ 时系统的根轨迹：

$$G_{\mathrm{k}}(s)=\frac{K(1+0.1s)}{s(s+1)(0.25s+1)^2}=\frac{K^*(s+10)}{s(s+1)(s+4)^2}$$

式中，$K^*=1.6K$。

当 $0<K<\infty$ 时，属于最小相位系统，按式（4-1-10）相角条件绘制根轨迹。根轨迹起始于 0、$-1$、$-4$、$-4$，终止于 $-10$ 和无穷远处。实轴上的根轨迹区间为 $[-1,0]$、$(-\infty,-10]$。

根轨迹的渐近线与实轴的交点和夹角分别为

$$\sigma_{\mathrm{a}}=0.33\;;\quad \varphi_{\mathrm{a}}=60°,180°,300°$$

根轨迹的分离点由

$$\frac{1}{d+10}=\frac{1}{d}+\frac{1}{d+1}+\frac{1}{d+4}$$

并用试探法求得 $d_1=-0.45$，$d_2=-2.25$，$d_3=-12.5$。显然 $d_1$ 和 $d_3$ 在根轨迹上，故分离点为

$$d_1=-0.45\,,\quad d_3=-12.5$$

再求根轨迹与虚轴的交点，系统的特征方程为

$$s(s+1)(s+4)^2+K^*(s+10)=0$$

即

$$s^4+9s^3+24s^2+\left(16+K^*\right)s+10K^*=0$$

将 $s$=j$\omega$ 代入特征方程，并令其实部和虚部分别等于零，得

$$\begin{cases}\omega^4-24\omega^2+10K^*=0\\ -9\omega^3+\left(16+K^*\right)\omega=0\end{cases}$$

解方程组得 $\omega=\pm1.53$，$K^*=5.07$，$K=3.17$。故当 $0<K<\infty$ 时，系统的根轨迹如图 4-4-7 中的实线所示。

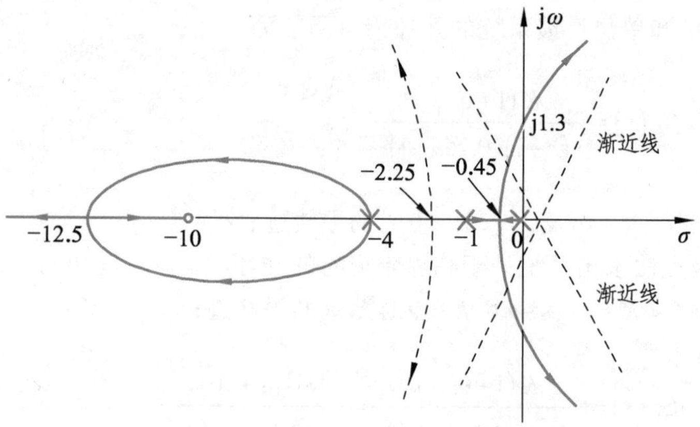


图 4-4-7　单位反馈系统的根轨迹

（2）求临界阻尼时的开环增益和闭环传递函数。

由于 $-\infty < K < 0$ 时（属于正反馈），系统均不稳定，因此不存在临界阻尼状态。当 $0 < K < \infty$ 时，根据主导极点的概念，当系统的两个闭环主导极点 $-s_1 = -s_2 = -0.45$ 时，系统处于临界阻尼状态。与 $-s_{1,2}$ 相对应的 $K^*$ 为

$$K^* = \frac{|(-0.45)-0| \cdot |(-0.45)-(-1)| \cdot |(-0.45)-(-4)|^2}{|(-0.45)-(-10)|} = \frac{0.45 \times 0.55 \times 3.55^2}{9.55} = 0.33$$

所以，系统处于临界阻尼时的开环增益为

$$K = \frac{K^*}{1.6} = 0.2$$

用长除法可将系统的特征方程化为

$$(s+0.45)^2(s^2+8.1s+16.51) = 0$$

所以系统处于临界阻尼时的闭环极点为

$$\begin{aligned} -s_1 &= -s_2 = -0.45 \\ -s_{3,4} &= -0.45 \pm \mathrm{j}0.33 \end{aligned}$$

显然，闭环零点 $-z = -10$ 及闭环极点 $-s_{3,4}$ 的影响可以忽略。此时系统的闭环传递函数为

$$\Phi(s) = \frac{0.2}{(s+0.45)^2}$$

## 4.5　控制系统的根轨迹分析法

在经典控制理论中，控制系统设计的重要评价取决于系统的单位阶跃响应。应用根轨迹法，可以迅速确定系统在某一开环增益或某一参数值下的闭环零、极点位置，从而得到相应的闭环传递函数。这时，可以利用拉氏反变换法或者 MATLAB 仿真法确定系统的单位阶跃

响应，由阶跃响应不难求出系统的各项性能指标。然而，在系统初步设计过程中，重要的方面往往不是如何求出系统的阶跃响应，而是如何根据已知的闭环零、极点去定性地分析系统的性能。

### 4.5.1 闭环零极点与时间响应

一旦用根轨迹法求出了闭环零点和极点，便可以立即写出系统的闭环传递函数。于是，或用拉氏反变换法，或用 MATLAB 仿真法，都不难得到系统的时间响应。然而在工程实践中，常常采用主导极点的概念对高阶系统进行近似分析。例如，研究具有如下闭环传递函数的系统，即

$$\Phi(s)=\frac{20}{(s+10)\left(s^2+2s+2\right)}$$

该系统的单位阶跃响应为

$$h(t)=1-0.024\mathrm{e}^{-10t}+1.55\mathrm{e}^{-t}\cos(t+129°)$$

式中，指数项是由闭环极点 $s_1=-10$ 产生的；衰减余弦项是由闭环复数极点 $s_{2,3}=-1\pm \mathrm{j}$ 产生的。比较两者可见，指数项衰减迅速且幅值很小，因而可略。于是

$$h(t)\approx 1+1.55\mathrm{e}^{-t}\cos(t+129°)$$

上式表明，系统的动态性能基本上由接近虚轴的闭环极点确定。这样的极点，称为主导极点。因此，主导极点定义为对整个时间响应过程起主要作用的闭环极点。必须注意，时间响应分量的消逝速度，除取决于相应闭环极点的实部值外，还与该极点处的留数，即闭环零、极点之间的相互位置有关。所以，只有既接近虚轴，又不十分接近闭环零点的闭环极点，才可能成为主导极点。

如果闭环零、极点相距很近，那么这样的闭环零、极点常称为偶极子。偶极子有实数偶极子和复数偶极子之分，而复数偶极子必共轭出现。不难看出，只要偶极子不十分接近坐标原点，它们对系统动态性能的影响就甚微，从而可以忽略它们的存在。例如，研究具有下列闭环传递函数的系统：

$$\Phi(s)=\left(\frac{2a}{a+\delta}\right)\frac{(s+a+\delta)}{(s+a)\left(s^2+2s+2\right)} \tag{4-5-1}$$

在这种情况下，闭环系统有一对复数极点 $-1\pm\mathrm{j}$、一个实数极点 $-a$ 和一个实数零点 $-(a+\delta)$。假定 $\delta\to 0$，即实数闭环零、极点十分接近，从而构成偶极子；同时假定，实数极点 $-a$ 不非常接近坐标原点，则式（4-5-1）系统的单位阶跃响应为

$$h(t)=1-\frac{2\delta}{(a+\delta)\left(a^2-2a+2\right)}\mathrm{e}^{-at}+\frac{2a}{(a+\delta)}\cdot\frac{\sqrt{1+(a+\delta-1)^2}}{\sqrt{2}\cdot\sqrt{1+(a-1)^2}}\mathrm{e}^{-t}\times \\ \sin\left(t+\arctan\frac{1}{a+\delta-1}-\arctan\frac{1}{a-1}-135°\right) \tag{4-5-2}$$

考虑到$\delta \to 0$，故上式可简化为

$$h(t)=1-\frac{2\delta}{a\left(a^2-2a+2\right)}\mathrm{e}^{-at}+\sqrt{2}\mathrm{e}^{-t}\sin\left(t-135°\right) \tag{4-5-3}$$

在关于$\delta$和$a$的假定下，式（4-5-3）可进一步简化为

$$h(t)\approx 1+\sqrt{2}\mathrm{e}^{-t}\sin\left(t-135°\right)$$

此时，偶极子的影响完全可以略去不计。系统的单位阶跃响应主要由主导极点$-1\pm \mathrm{j}$决定。如果偶极子十分接近原点，即$a\to 0$，那么式（4-5-3）只能简化为

$$h(t)\approx 1-\frac{\delta}{a}+\sqrt{2}\mathrm{e}^{-t}\sin\left(t-135°\right)$$

这时，$\delta$和$a$是可以相比的，$\delta/a$不能略去不计，所以接近坐标原点的偶极子对系统动态性能的影响必须考虑。然而，不论偶极子接近坐标原点的程度如何，它们并不影响系统主导极点的地位。复数偶极子也具备上述同样性质。

具体确定偶极子时，可以采用经验法则。经验指出，如果闭环零、极点之间的距离比它们本身的模值小一个数量级，则这一对闭环零、极点就构成了偶极子。

在工程计算中，采用主导极点代替系统全部闭环极点来估算系统性能指标的方法，称为主导极点法。采用主导极点法时，在全部闭环极点中，选留最靠近虚轴而又不十分靠近闭环零点的一个或几个闭环极点作为主导极点，略去不十分接近原点的偶极子，以及比主导极点距虚轴远6倍以上的闭环零、极点。这样一来，在设计中所遇到的绝大多数有实际意义的高阶系统，就可以简化为只有一、两个闭环零点和两、三个闭环极点的系统，因而可用比较简便的方法来估算高阶系统的性能。为了使估算得到满意的结果，选留的主导零点数不要超过选留的主导极点数。

在许多实际应用中，比主导极点距虚轴远2～3倍的闭环零、极点，也常可放在略去之列。此外，用主导极点代替全部闭环极点绘制系统时间响应曲线时，形状误差仅出现在曲线的起始段，而主要决定性能指标的曲线中后段，其形状基本不变。应当注意，输入信号极点不在主导极点的选择范围之内。

最后指出，在略去偶极子和非主导零、极点的情况下，闭环系统的根轨迹增益常会发生改变，必须注意核算，否则将导致性能的估算错误。例如，在式（4-5-1）中，显然有$\varPhi(0)=1$，表明系统在单位阶跃函数作用下的终值误差$e_{ss}(\infty)=0$；如果略去偶极子，简单化成

$$\varPhi(s)=\left(\frac{2a}{a+\delta}\right)\frac{1}{s^2+2s+2}$$

则有$\varPhi(0)\neq 1$，因而出现了在单位阶跃函数作用下终值误差不为零的错误结果。

### 4.5.2 系统性能的定性分析

采用根轨迹法分析或设计线性控制系统时，了解闭环零点和实数主导极点对系统性能指标的影响，是非常重要的。闭环零点的存在，将使系统的峰值时间提前，这相当于减小闭环

系统的阻尼，从而使超调量加大，当闭环零点接近坐标原点时，这种作用尤甚。对于具有一个闭环实数零点的振荡二阶系统，不同零点位置与超调量之间的关系曲线如图 4-5-1 所示。一般说来，闭环零点对调节时间的影响是不定的。

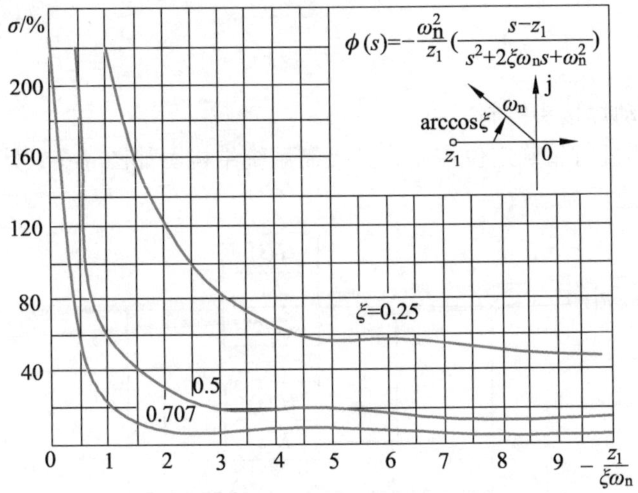


图 4-5-1　零点相对位置与超调量关系曲线

闭环零点对系统性能影响的物理意义已在二阶系统的时域分析中做过说明，这里不再重复。闭环实数主导极点对系统性能的影响是：闭环实数主导极点的作用，相当于增大系统的阻尼，使峰值时间滞后，超调量下降。如果实数极点比共轭复数极点更接近坐标原点，甚至可以使振荡过程变为非振荡过程。闭环实数极点的这种作用，可以用下面的物理浅释来说明：显然，无零点三阶系统相当于欠阻尼二阶系统与一个滞后的平滑滤波器的串联，因此欠阻尼二阶系统的时间响应经过平滑滤波器后，其峰值时间被滞后，超调量被削弱，过渡过程被平缓。实数极点越接近坐标原点，意味着滤波器的时间常数越大，上述这种作用便越强。

闭环系统零、极点位置对时间响应性能的影响，可以归纳为以下几点：

（1）稳定性。如果闭环极点全部位于 $s$ 左半平面，则系统一定是稳定的，即稳定性只与闭环极点位置有关，而与闭环零点位置无关。

（2）运动形式。如果闭环系统无零点，且闭环极点均为实数极点，则时间响应一定是单调的；如果闭环极点均为复数极点，则时间响应一般是振荡的。

（3）超调量。超调量主要取决于闭环复数主导极点的衰减率 $\sigma_1/\omega_d=\xi/\sqrt{1-\xi^2}$，并与其他闭环零、极点接近坐标原点的程度有关。

（4）调节时间。调节时间主要取决于最靠近虚轴的闭环复数极点的实部绝对值 $\sigma_1=\xi\omega_n$；如果实数极点距虚轴最近，并且它附近没有实数零点，则调节时间主要取决于该实数极点的模值。

（5）实数零、极点影响。零点减小系统阻尼，使峰值时间提前，超调量增大；极点增大系统阻尼，使峰值时间滞后，超调量减小。它们的作用随着其本身接近坐标原点的程度而加强。

（6）偶极子及其处理。如果零、极点之间的距离比它们本身的模值小一个数量级，则它们就构成了偶极子。远离原点的偶极子，其影响可略；接近原点的偶极子，其影响必须考虑。

（7）主导极点。在 $s$ 平面上，最靠近虚轴而附近又无闭环零点的一些闭环极点，对系统性能影响最大，称为主导极点。凡比主导极点的实部大 3~6 倍的其他闭环零、极点，其影响均可忽略。常把传递函数化为尾一化形式后进行判断。

## 4.6 实例

【例 4-6-1】 自动焊接头控制。

自动焊接头需要进行精确定位控制，其控制系统结构图如图 4-6-1 所示。图中，$K_1$ 为放大器增益，$K_2$ 为测速反馈系数。

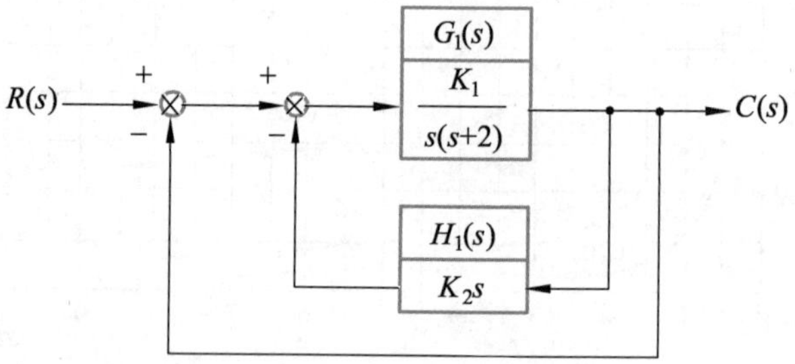


图 4-6-1 自动焊接头控制系统

设计要求：用根轨迹法选择参数 $K_1$ 与 $K_2$，使系统满足如下性能指标：

（1）系统对斜坡输入响应的稳态误差≤斜坡幅值的 35%。

（2）系统主导极点的阻尼比 $\xi \geqslant 0.707$。

（3）系统阶跃响应的调节时间 $t_s \leqslant 3$ s（$\Delta$=2%）。

解：由图 4-6-1 知，系统开环传递函数为

$$G(s)=\frac{G_1(s)}{1+G_1(s)H_1(s)}=\frac{K_1}{s(s+2+K_1K_2)}$$

显然，该系统为I型系统，在斜坡输入作用下，存在稳态误差。系统的误差信号为

$$E(s)=\frac{R(s)}{1+G(s)}=\frac{s(s+2+K_1K_2)}{s^2+(2+K_1K_2)s+K_1}R(s)$$

令 $R(s)=R/s^2$，则稳态误差为

$$e_{ss}(\infty)=\lim_{t\to\infty}e(t)=\lim_{s\to 0}sE(s)=\frac{2+K_1K_2}{K_1}R$$

根据系统对稳态误差的性能指标要求，$K_1$ 与 $K_2$ 的选取应满足以下要求，即

$$\frac{e_{ss}(\infty)}{R}=\frac{2+K_1K_2}{K_1}\leqslant 0.35$$

上式表明，为了获得较小的稳态误差，应该选择小的 $K_2$ 值。

根据系统对主导极点的阻尼比要求，系统的闭环极点应位于 $s$ 平面上 $\xi$=0.707 的 ±45°斜线之间；再由对系统的调节时间的指标要求可知，主导极点实部的绝对值应满足

$$t_s = \frac{4.4}{\sigma} \leqslant 3\ \mathrm{s}\left(\Delta = 2\%\right)$$

因此有$\sigma \geqslant 1.47$。于是，满足设计指标要求的闭环极点，应全部位于图 4-6-2 所示的扇形区域内。

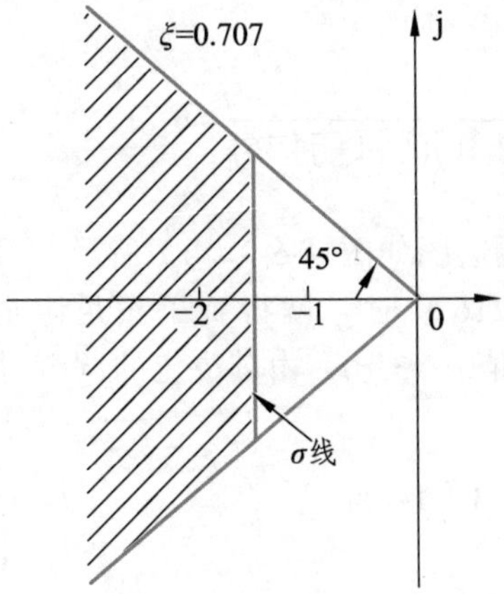


图 4-6-2　闭环极点的可行区域

设待定参数$\alpha = K_1$，$\beta = K_1 K_2$，则闭环特征方程为

$$D(s) = s^2 + \left(2 + K_1 K_2\right)s + K_1 = s^2 + 2s + \beta s + \alpha = 0$$

首先考虑参数$\alpha = K_1$的选择。令$\beta = 0$，则$\alpha$变化时的根轨迹方程为

$$1 + \frac{\alpha}{s(s+2)} = 0$$

令$\alpha$从 0 变化到∞，其根轨迹如图 4-6-3（a）所示。利用模值条件，在图 4-6-3（a）中试取$K_1 = \alpha = 20$，其对应的闭环极点为$-1 \pm \mathrm{j}4.36$。于是参数$\beta = 20K_2$。

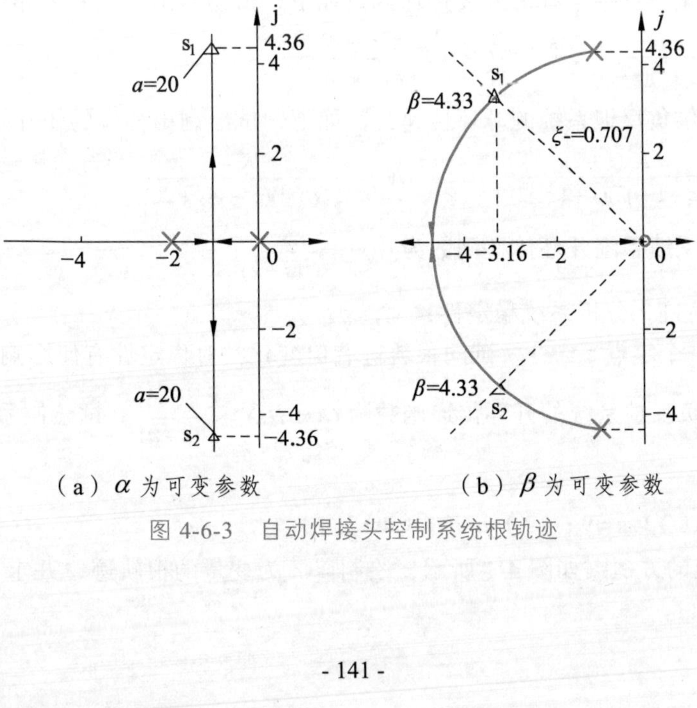


（a）$\alpha$ 为可变参数　　（b）$\beta$ 为可变参数

图 4-6-3　自动焊接头控制系统根轨迹

其次，考虑参数 $\beta$ 的选择。在闭环特征方程 $D(0)=0$，代入 $\alpha=20$，则 $\beta$ 变化时的根轨迹方程为

$$1+\frac{\beta s}{s^2+2s+20}=0$$

即

$$1+\beta\frac{s}{(s+1+\mathrm{j}4.36)(s+1-\mathrm{j}4.36)}=0$$

令 $\beta$ 从 0 变化到∞，其根轨迹图如图 4-6-3（b）所示。分离点坐标 $d=-4.47$。当取模值条件 $\beta=4.33=20K_2$，即 $K$=0.216 5 时，就得到了满足阻尼比 $\xi$=0.707 的闭环主导极点 $s_{1,2}=-3.16\pm \mathrm{j}3.16$，其实部绝对值 $\sigma$=3.16，由其决定的调节时间为

$$t_{\mathrm{s}}=\frac{4.4}{\sigma}=1.39<3\ (\varDelta=2\%)$$

相应的稳态误差值为

$$\frac{e_{\mathrm{ss}}(\infty)}{R}=\frac{2+K_1K_2}{K_1}=\frac{2+\beta}{\alpha}=0.316\ 5<0.35$$

因而 $K_1=20$，$K_2=0.216\ 5$ 的设计值满足全部设计指标要求。

## 习 题

4-1　已知单位负反馈系统的开环传递函数如下，试绘制出相应的闭环根轨迹图。

（1）$G(s)=\dfrac{K^*}{s(s+1)(s+3)}$；（2）$G(s)=\dfrac{K^*(s+5)}{s(s+2)(s+3)}$。

4-2　已知单位负反馈系统的开环传递函数如下，试绘制出相应的闭环根轨迹图。

（1）$G(s)=\dfrac{K^*(s+2)}{(s+1+\mathrm{j}2)(s+1-\mathrm{j}2)}$；（2）$G(s)=\dfrac{K^*}{s(s+4)(s^2+4s+20)}$。

4-3　单位负反馈系统开环传递函数为 $G(s)=\dfrac{K^*}{s^2(s+2)}$。

（1）绘制根轨迹，分析系统稳定性；

（2）若增加一个零点 $z=-1$，试问根轨迹有何变化？对稳定性有何影响？

4-4　设单位负反馈系统的开环传递函数为 $G(s)H(s)=\dfrac{K^*(s+1)}{s^2(s+a)}$，试绘制系统在下列条件下的根轨迹：

（1）$a=10$；（2）$a=9$；（3）$a=8$；（4）$a=3$。

4-5　设系统的方框图如图 4-1 所示，绘制以 $a$ 为变量的根轨迹，并求：

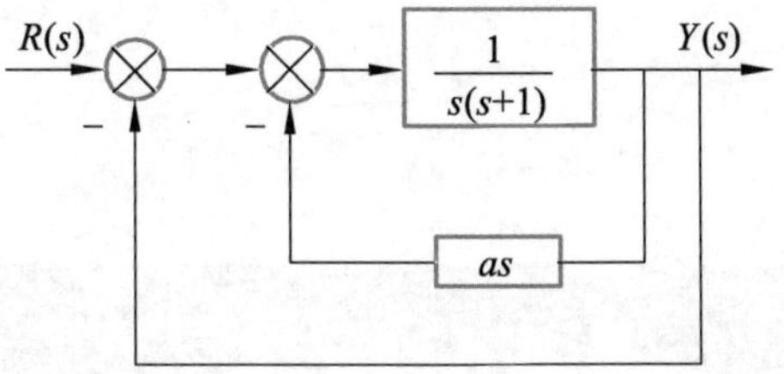


图 4-1　题 4-5 图

（1）求无局部反馈时系统单位斜坡响应的稳态误差、阻尼比及调节时间；

（2）讨论 $a$=2 时局部反馈对系统性能的影响；

（3）求临界阻尼的 $a$ 值。

4-6　根据下列正反馈回路的开环传递函数，绘出其根轨迹的大致形状。

（1）$G(s)H(s)=\dfrac{K^*}{(s+1)(s+2)}$　　（2）$G(s)H(s)=\dfrac{K^*}{s(s+1)(s+2)}$

（3）$G(s)H(s)=\dfrac{K^*(s+2)}{s(s+1)(s+3)(s+4)}$

4-7　设单位负反馈系统的开环传递函数为 $G(s)=\dfrac{K^*(1-s)}{s(s+2)}$，试绘制系统的根轨迹。

# 第 5 章

# 频域分析法

前面，我们学习了时域分析方法。时域法通过求解系统函数的解析解来分析系统性能，这样直观、可靠，但是当方程阶数较高时，对高阶方程求解有一定困难，同时，系统参数变化、系统结构改变对系统性能的影响也不好直接判断。

工程上，我们通常还采用频域法来研究系统，该方法可以在一定程度上弥补时域法的不足。

频域法以奈奎斯特判据为基础，通过分析系统开环传递函数的特性，来确定闭环系统性能。由于不用求解闭环极点，因而总体计算分析较为简便。该方法由奈奎斯特于 1932 年提出，在实际工作中，应用较为广泛。

## 5.1 频域特性基本概念

### 5.1.1 频域特性的基本定义

定义：系统对正弦输入信号的稳态响应称为系统的频域响应。

由前述时域分析可知，对于线性定常系统，当输入为正弦信号时，输入稳态信号也为一同频正弦信号，只是幅度和相位有所改变。当输入信号频率不同时，幅度和相位的改变也不同。

如图 5-1-1 所示系统，若输入信号 $A$=1；当 $\omega$ 取值分别为 $\omega$=0.5，$\omega$=1.0，$\omega$=2.0，$\omega$=2.5，$\omega$=4.0 时，系统输出如图 5-1-2 所示。

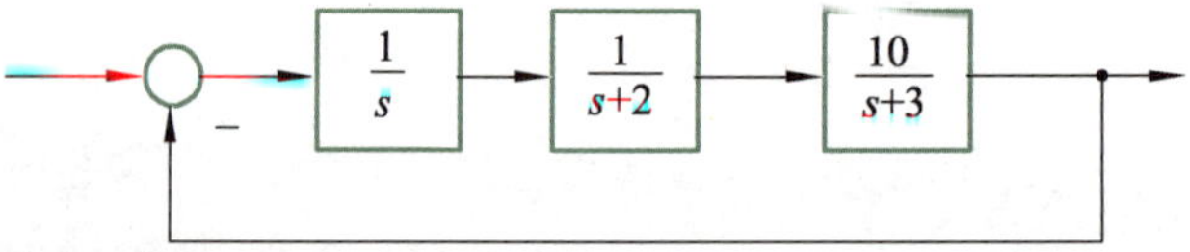


图 5-1-1 系统结构

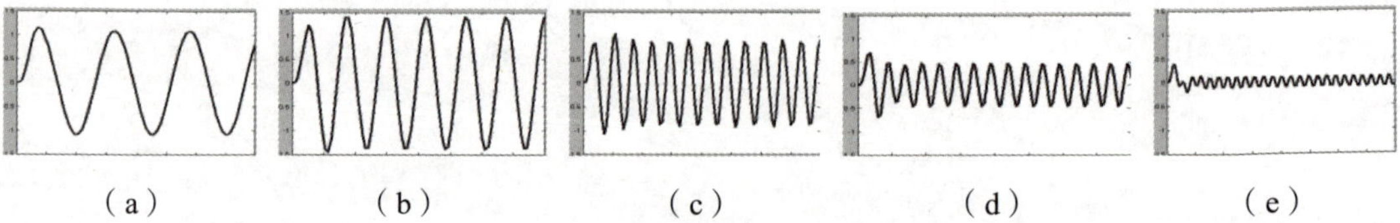


图 5-1-2 系统输出

我们用频率传递函数 $G(\mathrm{j}\omega)$ 来表示这一特性。

$G(\mathrm{j}\omega)$ 为一复变量，表达式为

$$G(\mathrm{j}\omega)=\left|G(\mathrm{j}\omega)\right|\mathrm{e}^{\mathrm{j}\varphi(\omega)}$$

式中，$|G(\mathrm{j}\omega)|$代表了幅度的变化；$\varphi$表示相位的变化。

若 $x(t)=A\sin(\omega t)$，则系统对应的输出为

$$y(t)=A\cdot\left|G(\mathrm{j}\omega)\right|\cdot\sin(\omega t+\varphi)$$

$G(\mathrm{j}\omega)$可以通过实验测量获得，也可以通过系统分析得到。

通过实验法，我们可以改变输入信号的频率，依次测量输出信号的幅度和相位差。这样，逐点建立$G(\mathrm{j}\omega)$函数。

除此之外，根据信号与系统的相关知识，我们可以测量系统的单位脉冲响应 $g(t)$，然后对 $g(t)$进行傅里叶变换，得到$G(\mathrm{j}\omega)$为

$$G(\mathrm{j}\omega)=\int_{-\infty}^{+\infty}g(t)\mathrm{e}^{-\mathrm{j}\omega t}\mathrm{d}t$$

由于 $t<0$ 时，$g(t)=0$，所以公式变为

$$G(\mathrm{j}\omega)=\int_{0}^{+\infty}g(t)\mathrm{e}^{-\mathrm{j}\omega t}\mathrm{d}t \tag{5-1-1}$$

注意：单位脉冲函数 $\delta(t)$作用下，系统输出函数为 $g(t)$。我们对 $g(t)$做拉氏变换，得到

$$G(s)=\int_{0}^{+\infty}g(t)\mathrm{e}^{-st}\mathrm{d}t \tag{5-1-2}$$

由于单位脉冲函数 $\delta(t)$对应的拉氏变换单位脉冲函数 $\delta(s)=1$，所以$G(s)$就是系统的传递函数。

对比式（5-1-1）和（5-1-2）可知，把$G(s)$做一个变量代换$s\rightarrow\mathrm{j}\omega$，即可得到$G(\mathrm{j}\omega)$。这样，我们可以通过系统传递函数$G(s)$得到系统的频率特性函数$G(\mathrm{j}\omega)$。同理，如果测得系统的频率特性函数$G(\mathrm{j}\omega)$，我们也可以得到系统的传递函数 G（s）。

### 5.1.2 频域特性与传递函数的关系

由上可知，系统的微分方程和系统的传递函数以及系统的频率特性函数是一一对应的，是等价的。它们都能够充分反映系统的本身特性，也都由系统本身特性所决定，如图 5-1-3 所示。

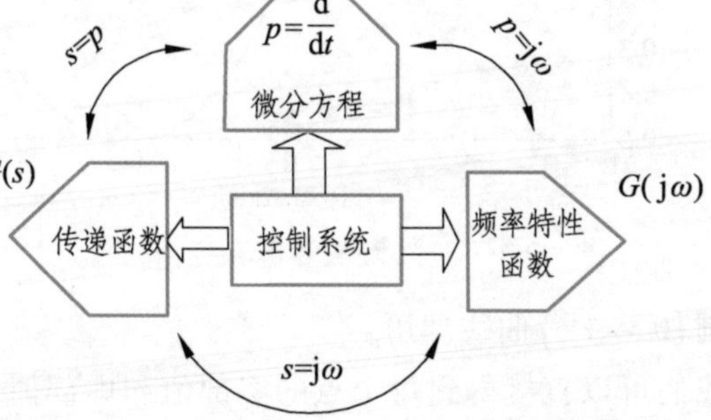


图 5-1-3 传递函数、微分方程、频率特性函数的对应关系

$G(\mathrm{j}\omega)$有两种表达形式：

极坐标表达形式：$G(\mathrm{j}\omega)=|G(\mathrm{j}\omega)|\cdot\mathrm{e}^{\mathrm{j}\varphi(\varpi)}=A(\omega)\cdot\mathrm{e}^{\mathrm{j}\varphi(\varpi)}$ （5-1-3）

式中，$A(\omega)$为系统幅频特性；$\varphi(\omega)$为系统相频特性。

直角坐标表达形式：$G(\mathrm{j}\omega)=\mathrm{Re}(\omega)+\mathrm{jIm}(\omega)$ （5-1-4）

式中，$\mathrm{Re}(\omega)$为实部分量；$\mathrm{Im}(\omega)$为虚部分量。

对于典型环节的频域特性$G(\mathrm{j}\omega)$分析，参照其传递函数特性$G(s)$即可。

## 5.2 奈奎斯特图

### 5.2.1 奈奎斯特图基本定义

系统的奈奎斯特图是指在直角坐标系中，绘制系统频率特性曲线。

如式（5-1-4）所示，奈奎斯特图的横坐标为$G(\mathrm{j}\omega)$的实部$\mathrm{Re}(\omega)$，纵坐标为$G(\mathrm{j}\omega)$的虚部$\mathrm{Im}(\omega)$，以此绘制响应曲线，把 $\omega$ 由$-\infty$变到$+\infty$的所有点都描绘出来。由于$(-\infty\to 0)$和$(0\to+\infty)$的曲线是关于$X$轴对称的，例如：

$$G(\mathrm{j}\omega)=\frac{1}{1+\mathrm{j}\omega}$$

对于

$$\omega=\omega_0:A(\omega_0)=\frac{1}{\sqrt{1+\omega_0^2}};\varphi(\omega_0)=-\arctan(\omega_0)$$

$$\omega=-\omega_0:A(-\omega_0)=\frac{1}{\sqrt{1+\omega_0^2}};\varphi(-\omega_0)=\arctan(\omega_0)$$

系统的奈奎斯特图如图 5-2-1 所示。

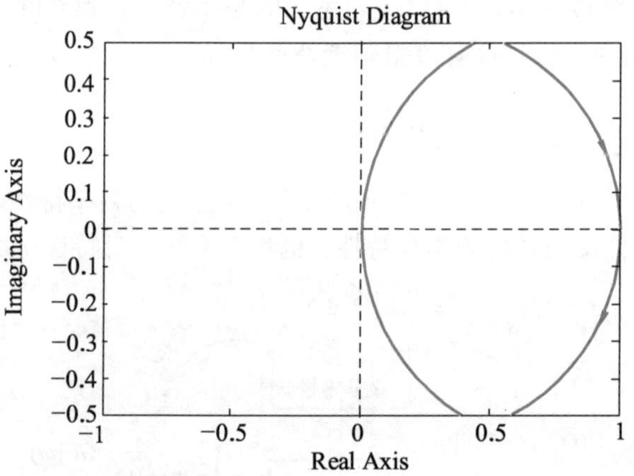


图 5-2-1 一阶惯性环节奈奎斯特图

由图可知，一般绘制$(0\to+\infty)$曲线即可。

从奈奎斯特图中，我们可以直接得到每个点的实部值和虚部值，还能计算得到对应的幅度和相位值为

$$A(\omega)=\sqrt{\mathrm{Re}(\omega)^2+\mathrm{Im}(\omega)^2};\varphi(\omega)=\arctan\left(\mathrm{Im}(\omega)/\mathrm{Re}(\omega)\right)$$

幅度和相位值如图 5-2-2 所示。

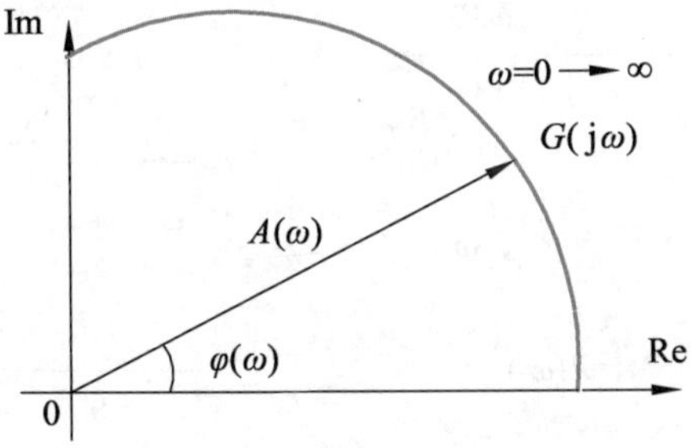


图 5-2-2　幅度和相位值

### 5.2.2　典型环节的奈奎斯特图

（1）放大环节：$G(\mathrm{j}\omega)=K$（见图 5-2-3）；

（2）积分环节：$G(\mathrm{j}\omega)=1/\mathrm{j}\omega$（见图 5-2-4）；

（3）微分环节：$G(\mathrm{j}\omega)=\mathrm{j}\omega$（见图 5-2-5）；

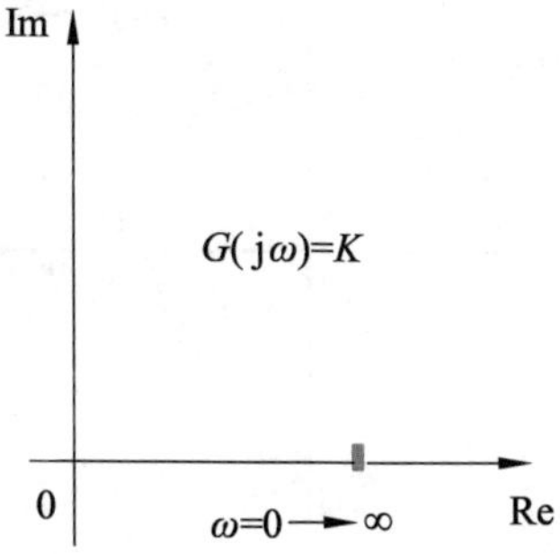


图 5-2-3　放大环节

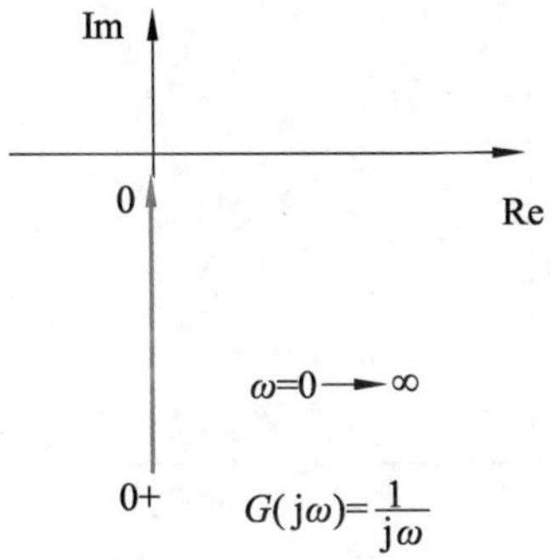


图 5-2-4　积分环节

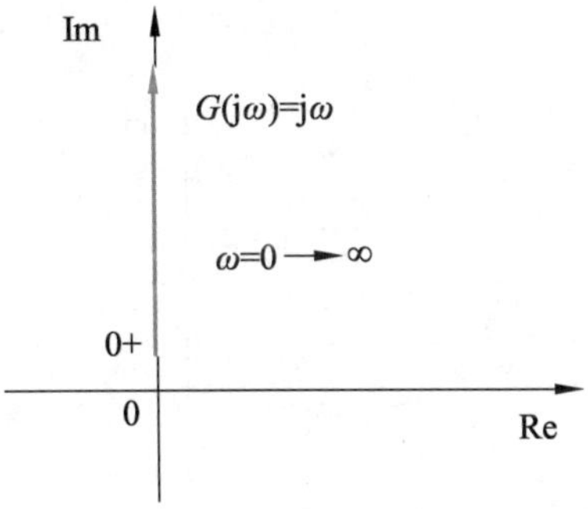


图 5-2-5　微分环节

（4）惯性环节：$G(\mathrm{j}\omega)=1/(T\omega\mathrm{j}+1)$（见图 5-2-6）；

（5）一次微分环节：$G(\mathrm{j}\omega)=T\omega\mathrm{j}+1$（见图 5-2-7）；

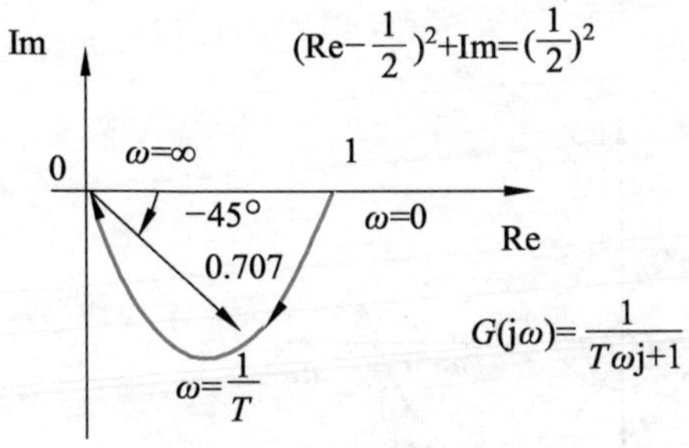


图 5-2-6　惯性环节

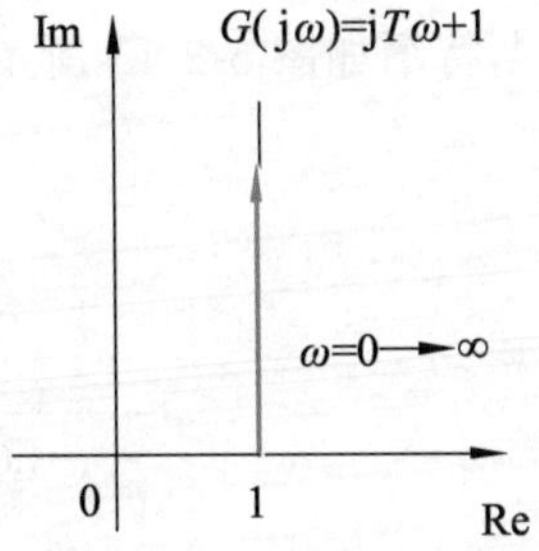


图 5-2-7　一次微分环节

（6）振荡环节：$G(\mathrm{j}\omega)=1/\left(\left(\mathrm{j}\omega/\omega_{\mathrm{n}}\right)^2+2\xi\left(\mathrm{j}\omega/\omega_{\mathrm{n}}\right)+\omega_{\mathrm{n}}^2\right)$（见图 5-2-8）；

（7）二阶微分环节：$G(\mathrm{j}\omega)=(\mathrm{j}\omega/\omega_{\mathrm{n}})^2+2\xi(\mathrm{j}\omega/\omega_{\mathrm{n}})+\omega_{\mathrm{n}}^2$（见图 5-2-9）；

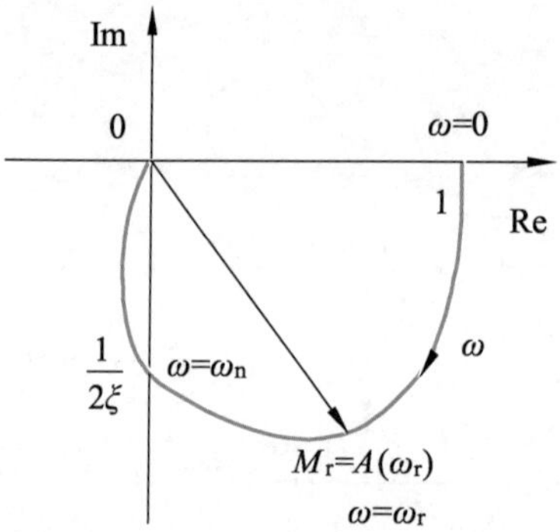


图 5-2-8　振荡环节

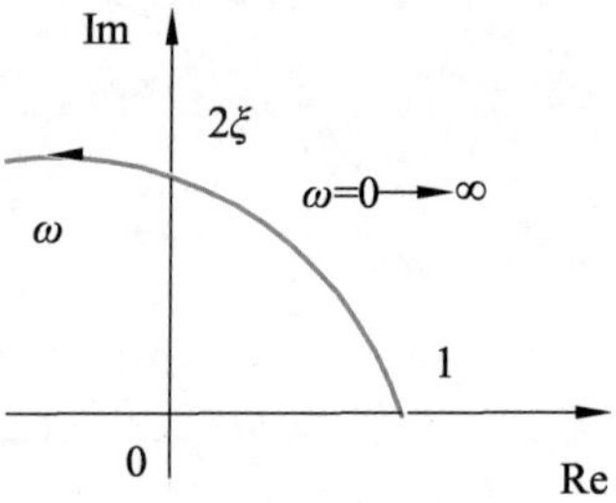


图 5-2-9　二阶微分环节

（8）不稳定惯性环节：$G(\mathrm{j}\omega)=1/(\mathrm{j}\omega T-1)$（见图 5-2-10）；

（9）不稳定振荡环节：$G(\mathrm{j}\omega)=1/\left((\mathrm{j}\omega/\omega_{\mathrm{n}})^2-2\xi(\mathrm{j}\omega/\omega_{\mathrm{n}})+\omega_{\mathrm{n}}^2\right)$（见图 5-2-11）；

（10）延迟环节：$G(\mathrm{j}\omega)=\mathrm{e}^{-\mathrm{j}T\omega}$（见图 5-2-12）；

当 $T\omega$ 较小时 $\mathrm{e}^{-\mathrm{j}\omega T}\approx 1/(\mathrm{j}\omega T+1)$。

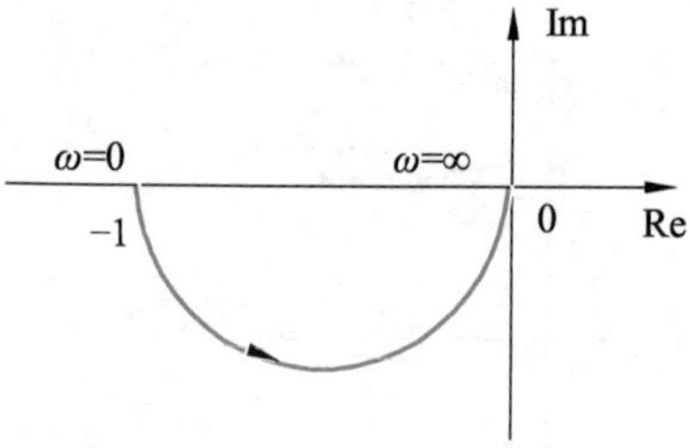


图 5-2-10　不稳定惯性环节

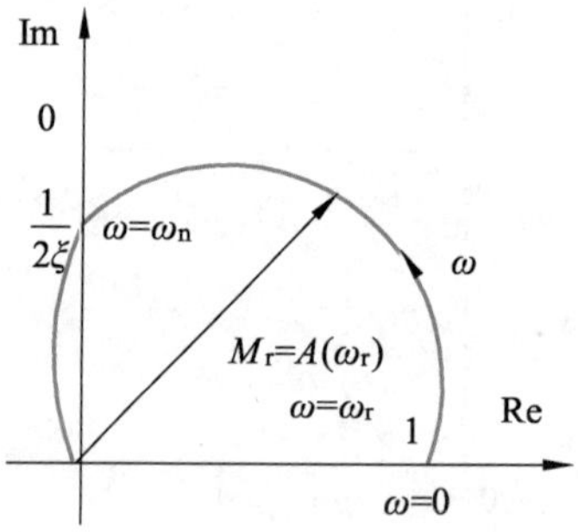


图 5-2-11　不稳定振荡环节

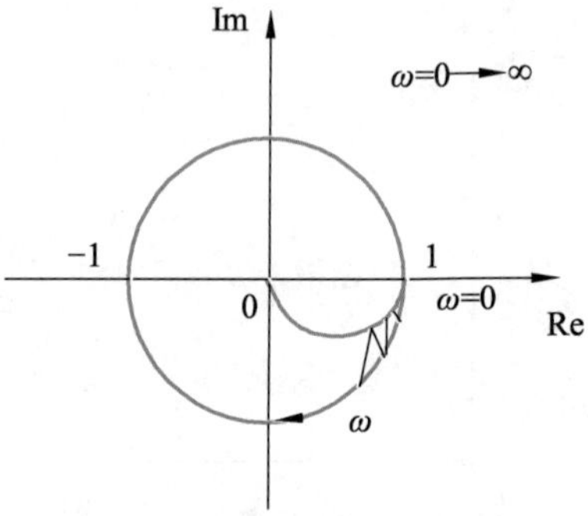


图 5-2-12　延迟环节

实际频率特性函数是这些典型环节的组合，手工绘制极其不便。例如：

$$G(\mathrm{j}\omega)=\frac{K\cdot \mathrm{e}^{-\mathrm{j}\tau\omega}}{\mathrm{j}\omega T+1}$$

其奈奎斯特图如图 5-2-13 所示。

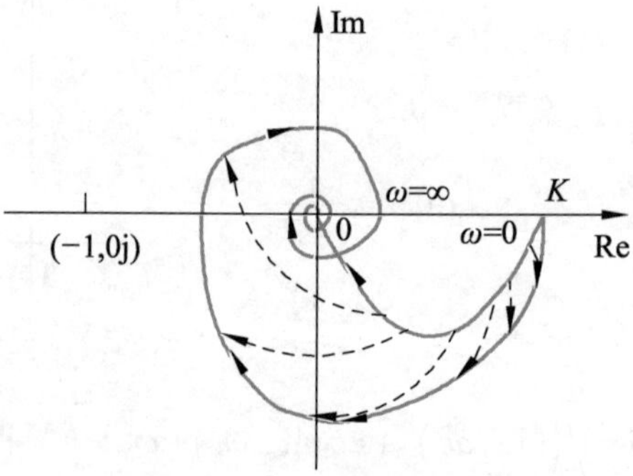


图 5-2-13　奈奎斯特图

### 5.2.3 系统型别对系统奈奎斯特图的影响

系统型别不同时，最小相位系统在奈奎斯特图的起点也不尽相同，如图 5-2-14 所示。

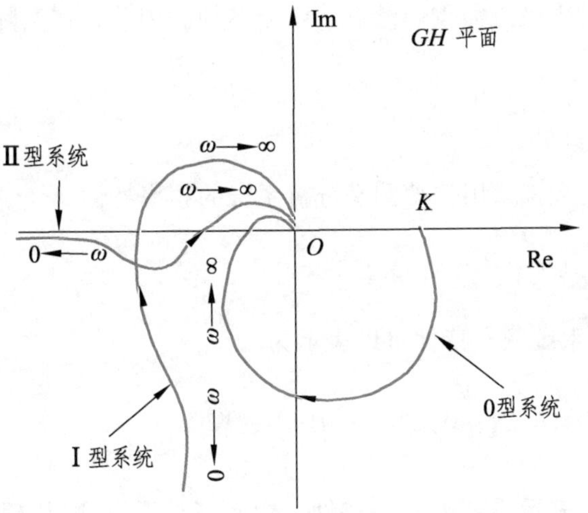


图 5-2-14 不同系统型别的最小相位系统的奈奎斯特图

1. 0 型系统

$$G(\mathrm{j}\omega)=\frac{K\prod_{i=1}^{m}(1+\tau_i\mathrm{j}\omega)}{\prod_{l=1}^{n}(1+T_l\mathrm{j}\omega)},n>m$$

2. Ⅰ型系统

$$G(\mathrm{j}\omega)=\frac{K\prod_{i=1}^{m}(1+\tau_i\mathrm{j}\omega)}{\mathrm{j}\omega\prod_{l=1}^{n-1}(1+T_l\mathrm{j}\omega)},n>m$$

3. Ⅱ型系统

$$G(\mathrm{j}\omega)=\frac{K\prod_{i=1}^{m}(1+\tau_i\mathrm{j}\omega)}{(\mathrm{j}\omega)^2\prod_{l=1}^{n-2}(1+T_l\mathrm{j}\omega)},n>m$$

由图可知，终点一般会汇聚到 0 点（分母阶数比分子阶数高），或某个常数点（分母阶数与分子阶数一样高）。

关于奈奎斯特图的性质，我们在后续章节还会进行详细分析，这里就不过多讲解。

请注意，当系统型别不为 0 时，奈奎斯特曲线从无穷远处开始，至 0 点结束。由于前面讲过，$[0,+\infty)$ 和 $(-\infty,0]$ 是沿 $x$ 轴对称的。请思考在无穷远处，两曲线如何连接？为什么？

奈奎斯特图描述了系统频率特性的情况。但是它的一个比较大的缺点：由于平面图形的限制，图中无法表示 $\omega$。因此，我们无法从图中直观看出 $G(\mathrm{j}\omega)$ 随 $\omega$ 变化的变化快慢情况。同时，奈奎斯特图的手工绘制也比较复杂，十分不方便。而且，系统每个零极点对图形的影响不明确，系统新增的零极点需重新绘制，十分麻烦。因此，在实际中使用不是很多。

## 5.3 伯德图

实际工程实践中，大都采用伯德图来分析系统的频率特性。

### 5.3.1 伯德图的基本定义

根据式（5-1-3），系统频率特性可以表示为

$$G(\mathrm{j}\omega)=\left|G(\mathrm{j}\omega)\right|\cdot \mathrm{e}^{\mathrm{j}\varphi(\omega)}=A(\omega)\cdot \mathrm{e}^{\mathrm{j}\varphi(\omega)}$$

伯德图用两张图来表示系统的频率特性：幅频特性图 $A(\omega)$ 和相频特性图 $\varphi(\omega)$。这样，我们可以较为清楚地看到 $\omega$ 与系统幅频特性和相频特性的关系。

其中，幅频特性图做了对数处理：$L(\omega)=20\lg(A(\omega))$；图的纵坐标为 $L(\omega)$，横坐标对变量 $\omega$ 做对数处理为 $\lg(\omega)$（其原因我们接下来会看到）。

横坐标对 $\omega$ 做了对数处理。坐标按 $\lg(\omega)$做等分刻度，但为使用方便，标度仍然使用原来的频率值 $\omega$。此时，$\omega$ 就变为 10 倍频等分了，其基本形式如图 5-3-1 所示。

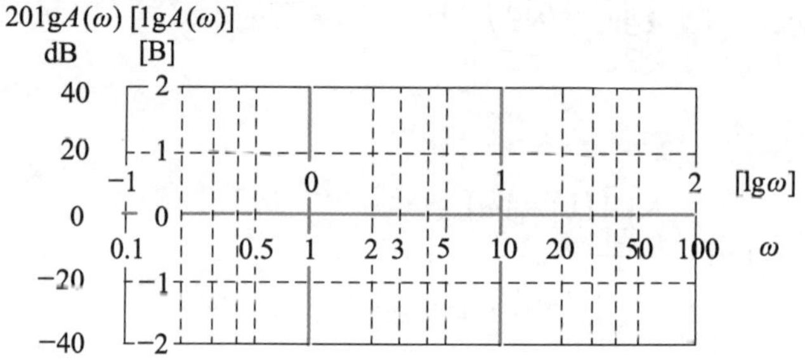


图 5-3-1 幅频特性图对数处理

相频特性图的纵坐标为 $\varphi(\omega)$，横坐标同幅频特性图一样为 $\lg\omega$，这样便于两个图对照使用。

一张完整的伯德图由幅频特性和相频特性图共同构成。

### 5.3.2 典型环节的伯德图

（1）比例环节：$G(\mathrm{j}\omega)=K$；$L(\omega)=20\lg K$；$\varphi(\omega)=0°$（见图 5-3-2）；

（2）积分环节：$G(\mathrm{j}\omega)=1/\omega\cdot \mathrm{e}^{-\mathrm{j}90°}$；$L(\omega)=-20\lg\omega$；$\varphi(\omega)=-90°$（见图 5-3-3）；

（3）微分环节：$G(\mathrm{j}\omega)=\omega\cdot \mathrm{e}^{\mathrm{j}90°}$；$L(\omega)=20\lg\omega$；$\varphi(\omega)=90°$（见图 5-3-3）；

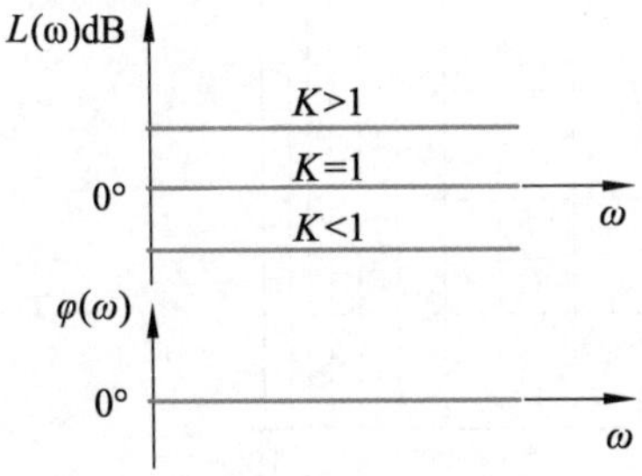


图 5-3-2 比例环节

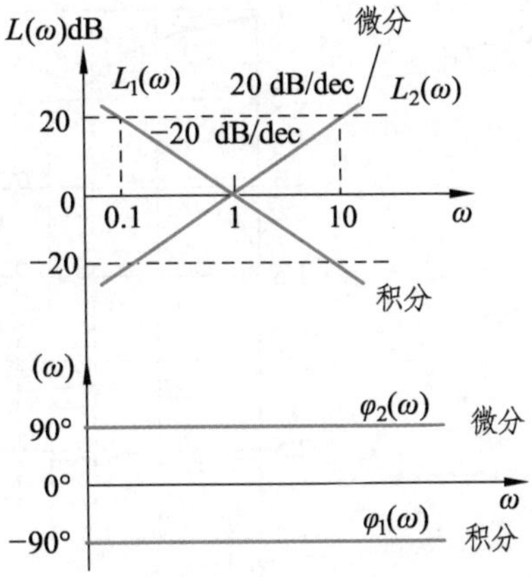


图 5-3-3 积分、微分环节

（4）一阶惯性环节：$G(\mathrm{j}\omega)=1/(\mathrm{j}\omega T+1)$；$L(\omega)=-20\lg\sqrt{1+\omega^2T^2}$；$\varphi(\omega)=-\arctan(\omega T)$。一般对于 $L(\omega)$ 我们绘制其近似折线，当 $T\omega<1$ 时，$G(\mathrm{j}\omega)=1$；$T\omega>1$ 时，$G(\mathrm{j}\omega)=1/\mathrm{j}\omega T$，如图 5-3-4 所示。由图可以看出，精确的伯德图曲线也比较复杂，但是其近似折线，由于横坐标和纵坐标均采用了对数处理，绘制十分方便，其误差也较小，转角处最大误差为 3 dB，如图 5-3-5 所示。

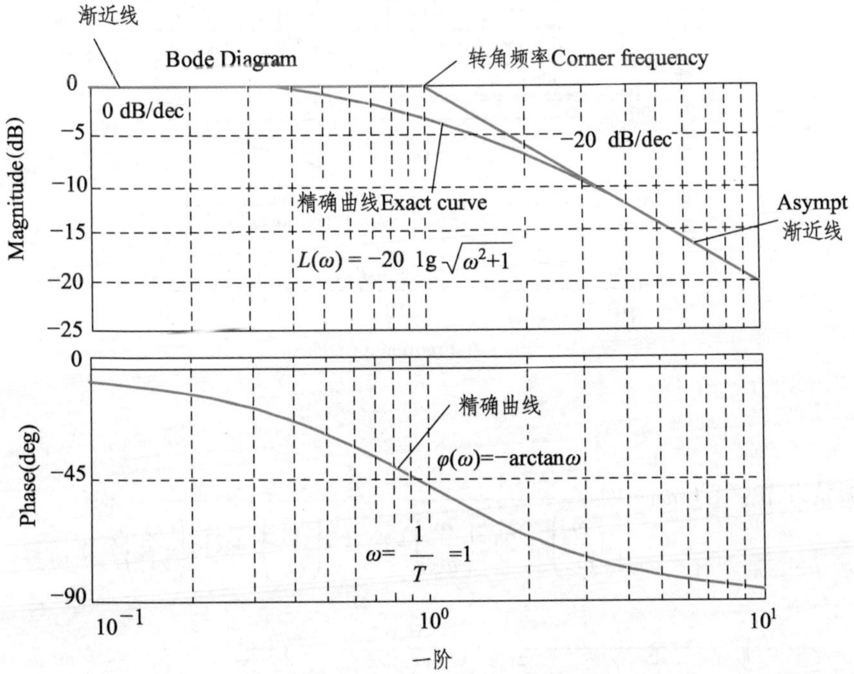


图 5-3-4 一阶惯性环节

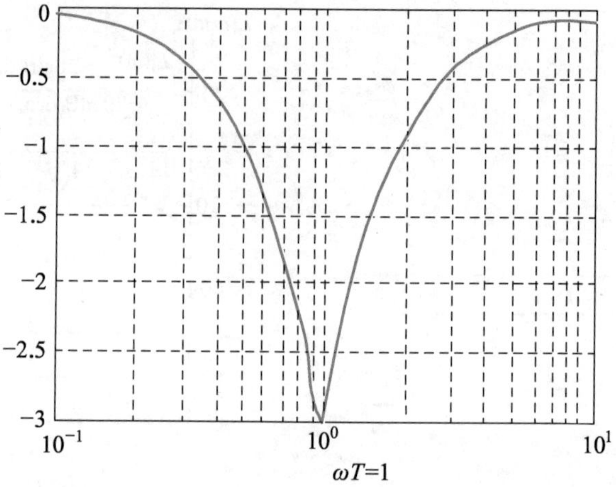


图 5-3-5　一阶惯性环节伯德图近似误差

（5）一次微分环节：$G(\mathrm{j}\omega)=\mathrm{j}\omega T+1$；$L(\omega)=20\lg\sqrt{1+\omega^2T^2}$；$\varphi(\omega)=\arctan(T\omega)$。一般对于$L(\omega)$我们绘制其近似折线，当$\omega T<1$时，$G(\mathrm{j}\omega)=1$；$\omega T>1$时，$G(\mathrm{j}\omega)=\mathrm{j}\omega T$，如图 5-3-6 所示。近似误差与惯性环节类似。

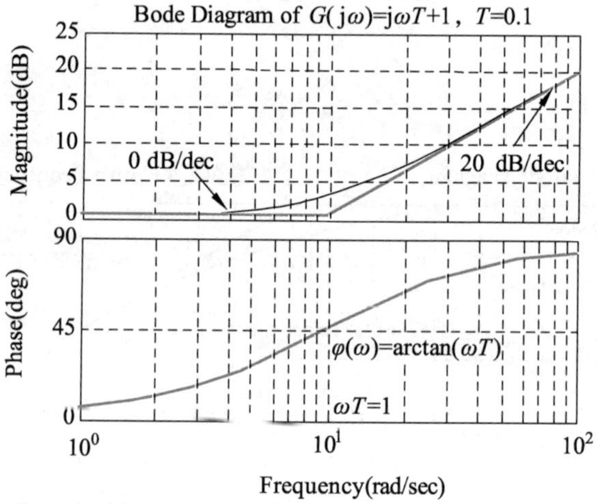


图 5-3-6　一次微分环节

（6）振荡环节：$G(\mathrm{j}\omega)=\dfrac{1}{\left(\mathrm{j}\dfrac{\omega}{\omega_{\mathrm{n}}}\right)^2+2\mathrm{j}\xi\left(\dfrac{\omega}{\omega_{\mathrm{n}}}\right)+1}=\dfrac{1}{1-\left(\dfrac{\omega}{\omega_{\mathrm{n}}}\right)^2+2\mathrm{j}\xi\left(\dfrac{\omega}{\omega_{\mathrm{n}}}\right)}$；

$$L(\omega)=-20\lg\sqrt{\left(1-\frac{\omega^2}{\omega_{\mathrm{n}}^2}\right)^2+\left(2\xi\frac{\omega}{\omega_{\mathrm{n}}}\right)^2}\text{；}\quad \varphi(\omega)=-\arctan\frac{2\xi\dfrac{\omega}{\omega_{\mathrm{n}}}}{1-\dfrac{\omega^2}{\omega_{\mathrm{n}}^2}}\text{；}$$

近似解：$\omega \ll \omega_n$ 时：$L(\omega) = -20\lg 1 = 0$ dB；

$\omega = \omega_n$ 时：$L(\omega) = -20\lg 2\xi$ dB；

$\omega \gg \omega_n$ 时：$L(\omega) = -40\lg \omega/\omega_n$ dB；

幅频特性如图 5-3-7 所示，相频特性如图 5-3-8 所示。

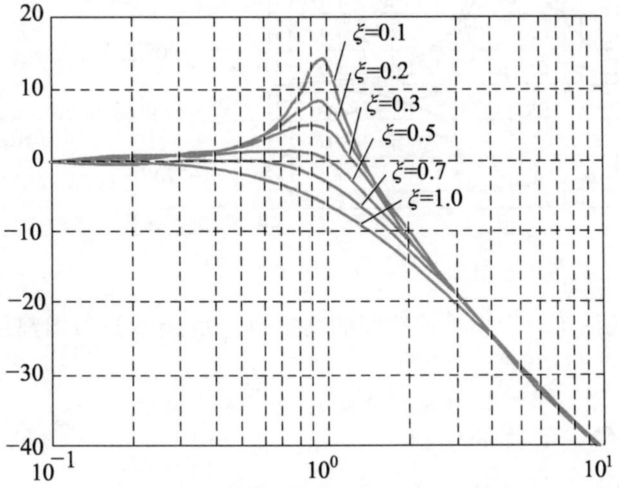


图 5-3-7　幅频特性

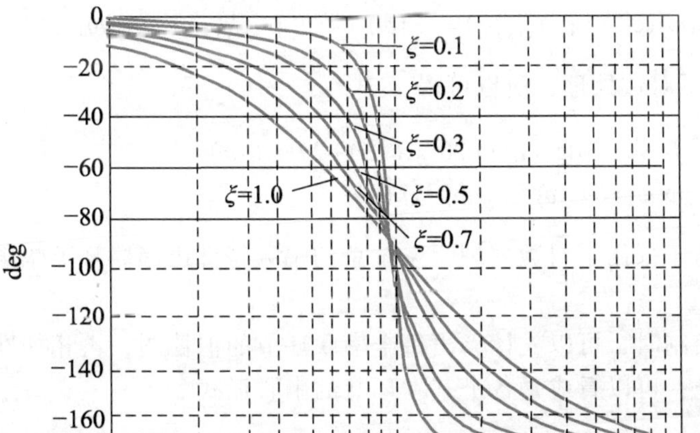


图 5-3-8　相频特性

幅值误差与 $\xi$ 的关系如图 5-3-9 所示。

（7）延迟环节：$G(j\omega) = e^{-j\omega T}$；$L(\omega) = 0$ dB；$\varphi(\omega) = -\omega T$（见图 5-3-10）。

注意：由于横坐标为 $\lg\omega$，所以 $\varphi(\omega) = -\omega T$ 为一曲线。

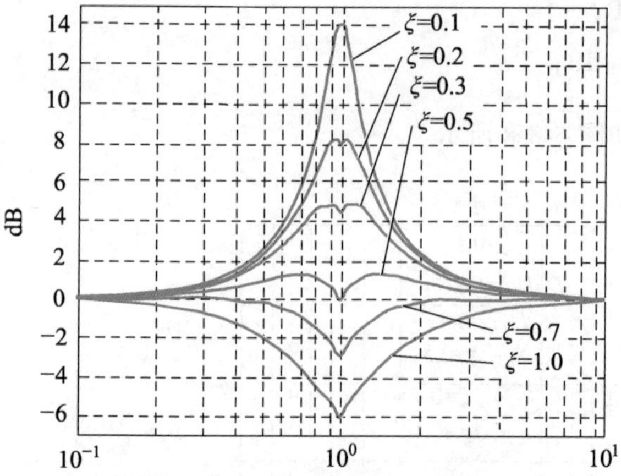


图 5-3-9　幅值误差与 $\xi$ 的关系（二阶）

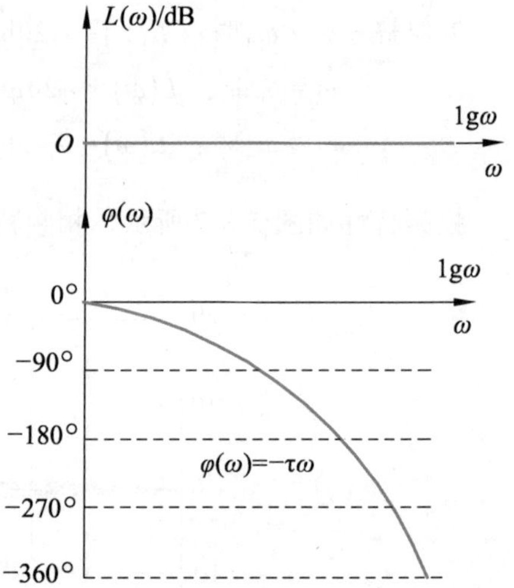


图 5-3-10　惯性环节

由典型环节伯德图可以看出，伯德图的绘制中，$L(\omega)$ 的近似图都是由直线和折线组成，绘制十分方便。

### 5.3.3　实际系统伯德图的绘制

接下来看一看实际系统的伯德图绘制。如下系统：

$$G(\mathrm{j}\omega)=G_1(\mathrm{j}\omega)\cdot G_2(\mathrm{j}\omega)\cdot G_3(\mathrm{j}\omega)=A_1(\omega)\cdot A_2(\omega)\cdot A_3(\omega)\cdot \mathrm{e}^{\mathrm{j}(\varphi_1(\omega)+\varphi_2(\omega)+\varphi_3(\omega))}$$

式中，$G_1(\mathrm{j}\omega)=A_1(\omega)\cdot \mathrm{e}^{\mathrm{j}\varphi_1(\omega)}$；$G_2(\mathrm{j}\omega)=A_2(\omega)\cdot \mathrm{e}^{\mathrm{j}\varphi_2(\omega)}$；$G_3(\mathrm{j}\omega)=A_3(\omega)\cdot \mathrm{e}^{\mathrm{j}\varphi_3(\omega)}$。

由于 $L(\omega)$ 作了对数处理，所以可得

$$L(\omega)=20\lg A_1(\omega)+20\lg A_2(\omega)+20\lg A_3(\omega) \tag{5-3-1}$$

$$\varphi(\omega)=\varphi_1(\omega)+\varphi_2(\omega)+\varphi_3(\omega) \tag{5-3-2}$$

也就是说，由于采用了对数处理，系统总的幅频特性由串联环节幅频特性相加组成，相频特性也是如此。

所以伯德图绘制时，可以先计算出每个串联环节的伯德图，再相加即可。

一个实际系统，可以看成是各个基本环节的串联形式。

实际绘制时，对于幅频特性图，先看一看系统的型别及增益$\left(\dfrac{K}{s^{\upsilon}}\right)$，确定其低频部分，然后每遇到一个一阶极点，系统折线斜率减少 20 dB/dec；每遇到一个一阶零点，系统折线斜率增加 20 dB/dec；每遇到一个二阶极点，系统斜率减少 40 dB/dec（震荡环节按折线近似）；每遇到一个二阶零点，系统折线增加 40 dB/dec；以此类推，很快即可绘制出系统的幅频特性伯德图。

注意：伯德图的幅频特性图中，纵坐标为 $L(\omega)$，横坐标为 $\lg\omega$。斜率 – 20 dB/dec 是指横坐标 $\lg\omega$ 增加 1。例如，$\omega$ 由 1 到 10，纵坐标减少 20 dB。

系统的相频特性伯德图绘制时，须确定初始相位和最终相位，然后计算每个转折点处的

相位值，再用平滑曲线连接各点，即可得到近似的相频特性伯德图。

到这里，就可以看到对数处理的作用了。首先，幅频特性通过对数处理，把各串联环节的乘法运算转换成了加法运算，便于手工计算；其次，横坐标用作对数处理，则各个典型环节的幅频特性近似图为直线或折线，这样也非常便于手工绘制。

因此，伯德图在工程实践中应用十分广泛。

### 5.3.4 伯德图绘制举例

【例 5-3-1】 绘制系统 $G(s)=\dfrac{40(0.5s+1)}{s(2s+1)\left(\dfrac{s}{30}+1\right)}$ 的幅频特性图。

解：这里利用近似法则：

$$\mathrm{j}\omega T+1\approx 1，\ \omega<1/T$$
$$\mathrm{j}\omega T+1\approx \mathrm{j}\omega T，\ \omega>1/T$$

列出不同频率段的近似方程，然后利用该方程计算两个点，即可准确绘制出近似折线图，转折点为 0.5，2，30。

（1）低频段 $\omega<0.5$。

按照近似法则，$\omega<\dfrac{1}{T}$ 时，$\mathrm{j}\omega T+1\approx 1$，系统可以近似为 $\dfrac{40}{s}$，则低频段斜率为 – 20 dB/dec。

可以计算出：

$\omega=0.1$ 时，$L(\omega)=52$ dB；

$\omega=0.5$ 时，$L(\omega)=38$ dB。

（2）$0.5<\omega<2$。

按照近似法则，系统可以近似为 $\dfrac{40}{s\cdot s/0.5}$。

转折频率为 0.5，对应一阶惯性环节 $\dfrac{1}{s/0.5+1}$，有一个一阶极点，则斜率折线斜率减少 20 dB/dec，低频段是 – 20 dB/dec，再减少 20 dB/dec，则本段斜率为 – 40 dB/dec。

可以计算出：

$\omega=0.5$ 时，$L(\omega)=38$ dB；

$\omega=2$ 时，$L(\omega)=14$ dB。

（3）$2<\omega<30$。

按照近似法则，系统可以近似为 $\dfrac{40\cdot s/2}{s\cdot s/0.5}$。

转折频率为 2，对应一阶微分环节 $\left(\dfrac{s}{2}+1\right)$，有一个一阶零点，则斜率折线斜率增加 20 dB/dec，上一段斜率为 – 40 dB/dec，增加 20 dB/dec，则本段斜率为 – 20 dB/dec。

可以计算出：

$\omega=2$ 时，$L(\omega)=14$ dB；

$\omega=30$ 时，$L(\omega)=-9.5$ dB。

（4）$\omega > 30$。

按照近似法则，系统可以近似为 $\dfrac{40 \cdot \dfrac{s}{2}}{s \cdot \dfrac{s}{0.5} \cdot \dfrac{s}{30}}$。

转折频率为 30，对应一阶微分环节 $\dfrac{1}{\dfrac{s}{30}+1}$，有一个一阶极点，则斜率折线斜率减小 20 dB/dec，上一段斜率为 – 20 dB/dec，减小 20 dB/dec，则本段斜率为 – 40 dB/dec。

可以计算出：

$\omega = 30$ 时，$L(\omega) = -9.5$ dB；

$\omega = 100$ 时，$L(\omega) = -30$ dB。

结果如图 5-3-11 所示。

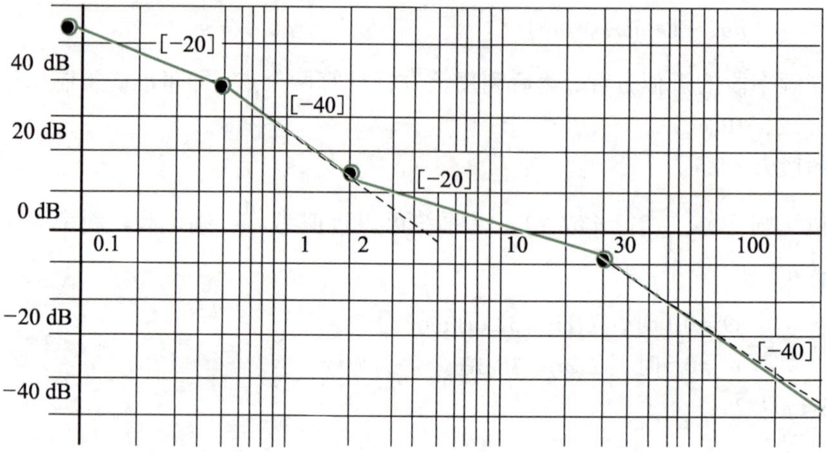


图 5-3-11　伯德图绘制

由此可见，若系统零极点已知，其伯德图的绘制是较为方便的。

【例 5-3-2】 绘制 $G(s) = \dfrac{2\,000\left(\dfrac{s}{5}+1\right)^2}{s(s+1)(s^2+4s+100)}$ 的幅频和相频特性图。

解：先做“尾 1 型”处理，把 $s^2+4s+100$ 转换成 $100\left(\dfrac{s^2}{10^2}+\dfrac{s}{25}+1\right)$，则原传递函数可写为

$$G(s) = \frac{20\left(\dfrac{s}{5}+1\right)^2}{s(s+1)\left(\dfrac{s^2}{10^2}+\dfrac{s}{25}+1\right)}$$

型别为 I 型；确定转折点：1，5，10。

低频段 – 20 dB/dec；$1<\omega<5$ 时，斜率为 – 40 dB/dec；$5<\omega<10$ 时，斜率为 0 dB/dec；$\omega > 10$ 时，斜率为 – 40 dB/dec。

振荡项修正值：$\xi$=0.2；$\omega_n$=10；$\omega_r$=9.59；$L_m$=8.14 dB。

由于控制系统实际关心的频点一般离转折点均较远，我们也可对振荡项做更简化的处理，直接用－40 dB/dec 折线近似即可。幅频特性图的绘制与前一例题相近，我们不重复讲解。

接下来看一看相频特性图的绘制。我们需要计算出各个转折点的准确相位值，再用平滑曲线连接起来。计算方法：计算每个环节在转折点处的相位值（见表 5-3-1），再累加即可。

表 5-3-1 各转折点的准确相位值

| 角度 $\omega$ | 0 | 1 | 5 | 10 | ∞ |
|---|---|---|---|---|---|
| $1/s$ | －90° | －90° | －90° | －90° | －90° |
| $-\arctan\omega$ | 0° | －45° | －78.7° | －84.3° | －90° |
| $2\arctan0.2\omega$ | 0° | 22.6° | 90° | 126.8° | 180° |
| $-\arctan(4\omega/(100-\omega^2))$ | 0° | －2.3° | －15° | －90° | －180° |
| 总和 | －90° | －114.7° | －93.7° | －137.5° | －180° |

绘图结果如图 5-3-12 所示。

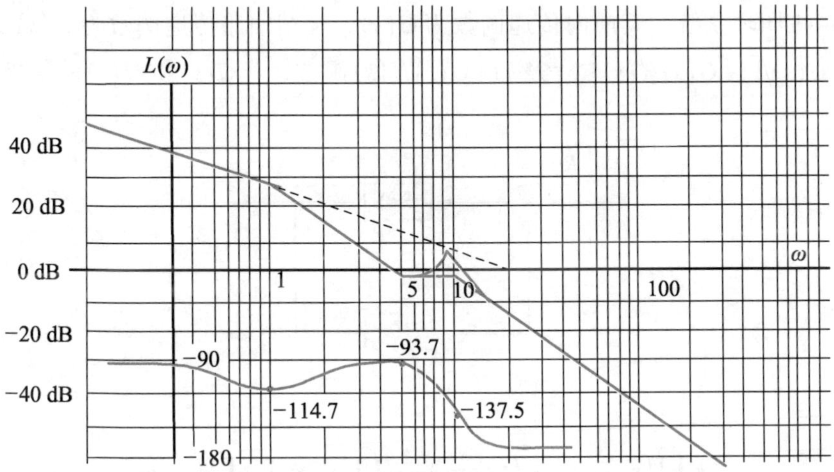


图 5-3-12 伯德图

从这两个例子可以看出，伯德图的绘制还是比较方便的，准确度性也比较高。

但是，在控制系统中，绘制频率特性图有什么作用呢？我们来看一看奈奎斯特的相关工作就了解了。

## 5.4 奈奎斯特判据

奈奎斯特稳定性判据是利用系统的开环频率特性来判断系统的闭环稳定性。

### 5.4.1 奈奎斯特判据基本内容

我们在前面时序分析里边已经对线性系统的稳定性有了结论：若系统传递函数的极点均在 $s$ 域左半平面，则系统是稳定的，否则是不稳定的。为了利用这一判据，我们需要得到系统闭环传递函数的极点分布情况。通常，这需要求解高阶代数方程的根。为了避免求根的困难，我们还学习了劳斯稳定判据。

奈奎斯特通过研究系统闭环传递函数和开环传递函数之间的关系，得出了利用开环传递函数特性判断系统闭环稳定性的方法，或者说当闭环传递函数具备某些特性时，对应的开环传递函数所应满足的条件，这样就避免了高阶方程的计算求根（系统的开环传递函数通常是已知的），这就是奈奎斯特判据。

**奈奎斯特判据**：$Z=N+P$

式中 $Z$——系统闭环传递函数在右半平面的极点个数（若为 0，则系统稳定）；

$N$——系统开环传递函数的奈奎斯特曲线顺时针包围 $-1+\mathrm{j}0$ 点的次数；

$P$——系统开环传递函数在右半平面的极点个数。

一般系统开环传递函数零极点已知，就是说 $P$ 已知（一般为 0），若能通过其奈奎斯特图求出绕$(-1,0)$的次数 $N$，则能判断系统闭环稳定性。

### 5.4.2 奈奎斯特判据的推导

1. 系统简要分析

如图 5-4-1 闭环系统，其前向传递函数为 $G(s)$，反馈回路传递函数为 $H(s)$，则其闭环传递函数为 $G(s)/[1+G(s)H(s)]$。考察 $1+G(s)H(s)$ 函数，若 $G(s)$ 和 $H(s)$ 的零极点均已知，则有

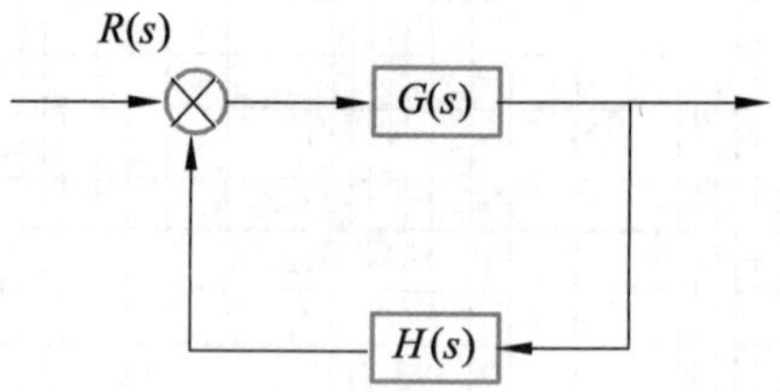


图 5-4-1 闭环系统

$$1+G(s)H(s)=1+\frac{K\prod_{j=1}^{m}(s-q_j)}{\prod_{i=1}^{n}(s-p_i)}=\frac{\prod_{i=1}^{n}(s-p_i)+K\prod_{j=1}^{m}(s-q_j)}{\prod_{i=1}^{n}(s-p_i)}=\frac{\prod_{j=1}^{n}(s-z_j)}{\prod_{i=1}^{n}(s-p_i)} \tag{5-4-1}$$

由于一般实际系统传递函数分子阶次均不高于分母阶次，所以 $1+G(s)H(s)$ 的分母，分子阶次一样高。

函数极点已知，零点需计算。注意，该函数零点即为系统闭环传递函数极点。

我们希望通过已知的 $p_i$ 和 $q_j$ 推导出公式（5-4-1）的零点 $z_j$ 分布情况。

2. 相关数学基础——辐角原理

复变量 $s=a+b\mathrm{j}$，$F(s)$ 为一复变函数，把 $s$ 由复数域中一点映射到复数域中另一点，如图 5-4-2 所示。

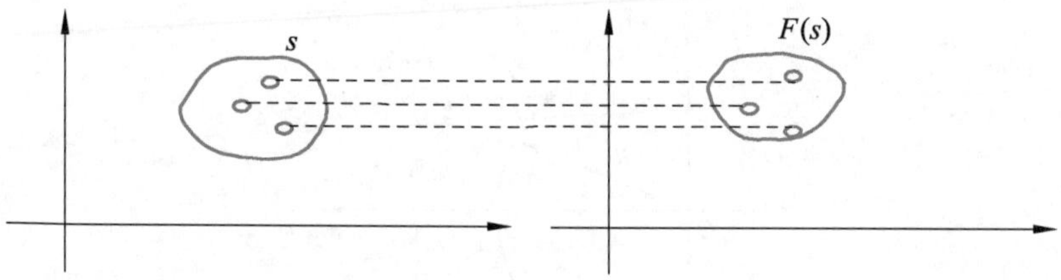


图 5-4-2 复数域映射

在 $s$ 平面选择一条闭合曲线，顺时针绕 $F(s)$ 某一零点 $z_i$ 转一圈，如图 5-4-3 所示（不包含 $F(s)$ 其他零点和极点），则该曲线对应的 $F(s)$ 在 $s$ 平面也会绘制出一条闭合曲线 $C_F$，$C_F$ 相角变化为 $\delta\angle F(s)$。

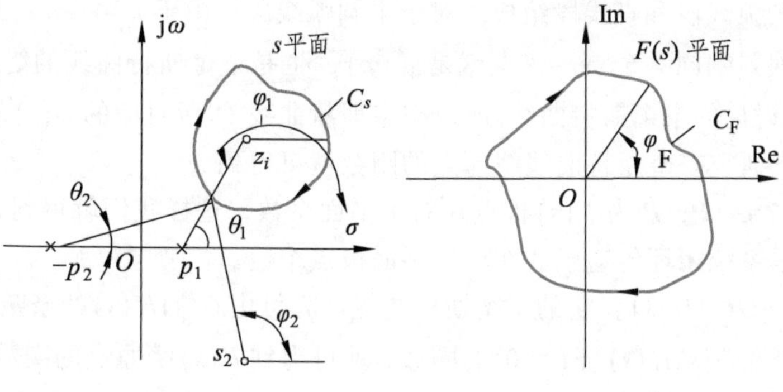


图 5-4-3 $s$ 平面与 $F$ 平面闭合曲线映射

由图 5-4-3 可知，$\delta\angle F(s)$ 为 $-2\pi$。

由式（5-4-1）

$$F(s)=\frac{\prod_{j=1}^{n}(s-z_j)}{\prod_{i=1}^{n}(s-p_i)}$$

可得

$\delta\angle F(s)=\delta\angle(s-z_1)+\delta\angle(s-z_2)+\cdots+\delta\angle(s-z_i)+\cdots+\delta\angle(s-z_n)-\delta\angle(s-p_1)-\delta\angle(s-p_2)-\cdots-\delta\angle(s-p_n)=-2\pi$ 其余辐角变化项，由于未环绕，均为 0。

由此可知，绕一曲线 $C_k$ 顺时针绕 $F(s)$ 某一零点转一圈，则对应的 $F(s)$ 曲线绕坐标原点顺时针转一圈；同理，绕一曲线 $C_k$ 顺时针绕 $F(s)$ 某一极点转一圈，则对应的 $F(s)$ 曲线绕坐标原点逆时针转一圈。

这样，我们任意选择一条闭合曲线 $C_s$，考察其对应的 $F(s)$ 曲线顺时针绕原点的圈数 $N$，就可知道该闭合曲线内包含的 $F(s)$ 的零点和极点个数差，$N=Z-P$（$Z$ 为零点个数，$P$ 为极点个数）。

如果我们想了解 $F(s)$ 在右边平面零点极点个数之差，只需让闭合曲线 $C_s$ 包围整个右半平面即可，该闭合曲线称为奈奎斯特轨线，如图 5-4-4 所示（图中 $R\to+\infty$）。

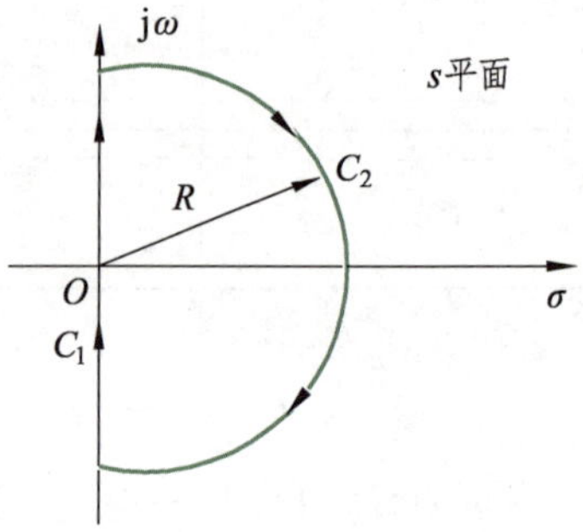


图 5-4-4　奈奎斯特轨线

现在，我们研究该 $C_s$ 曲线对应的 $F(s)$ 曲线。

$C_s$ 曲线由半圆弧线段和直线段组成。对于半圆弧线段，由于 $R\to+\infty$，其对应的 $F(s)$ 为一常量，也就是映射到同一个点。该点就是 $\mathrm{j}(+\infty)$，也是奈奎斯特曲线的终点。而直线段部分，就是我们前面讨论的奈奎斯特曲线。所以奈奎斯特曲线 $C_s$ 所对应的 $F(s)$ 的曲线就是 $F(s)$ 的奈奎斯特曲线。研究奈奎斯特曲线绕原点的圈数就可得到 $N$。

而 $N=Z-P$，$Z=N+P$；$P$ 为 $F(s)$ 极点在右半平面个数，这样我们就得到 $F(s)$ 在右半平面零点个数，也就是系统闭环传递函数在右半平面极点个数。

对于 $F(s)=1+G(s)H(s)$，它的奈奎斯特曲线计算可由 $G(s)H(s)$ 的奈奎斯特曲线右移 1 得到。我们只需研究 $G(s)H(s)$ 绕 $(-1,0)$ 的圈数，就可得到 $F(s)$ 绕原点的圈数 $N$。这样就得到了本节最开始列出的奈奎斯特判据。

### 5.4.3　奈奎斯特判据实际使用方法

使用奈奎斯特判据时，我们一般只计算 $\omega(0\sim+\infty)$ 的曲线绕 $(-1,0)$ 的圈数 $N$，由于 $\omega(-\infty\sim0)$ 曲线与此对称，所以 $\omega(-\infty\sim+\infty)$ 曲线绕 $(-1,0)$ 的圈数为 $2N$。

因此，$Z=P-2N$。

这里 $N$ 是按逆时针方向计算圈数。

如何通过奈奎斯特曲线计算 $N$（逆时针方向圈数）：可由奈奎斯特曲线在 $(-\infty,-1)$ 区间的穿越次数决定。

正穿越：随 $\omega$ 增加，曲线在 $(-\infty,-1)$ 区间自上而下穿越，记为 $N_+$，如图 5-4-5 所示。

半次正穿越：随 $\omega$ 增加，曲线从 $(-\infty,-1)$ 区间自上而下穿越，记为 $N_+=1/2$，如图 5-4-6 所示。

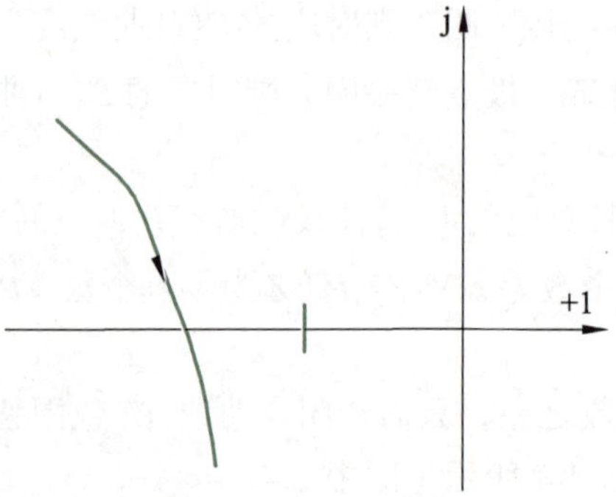


图 5-4-5　正穿越

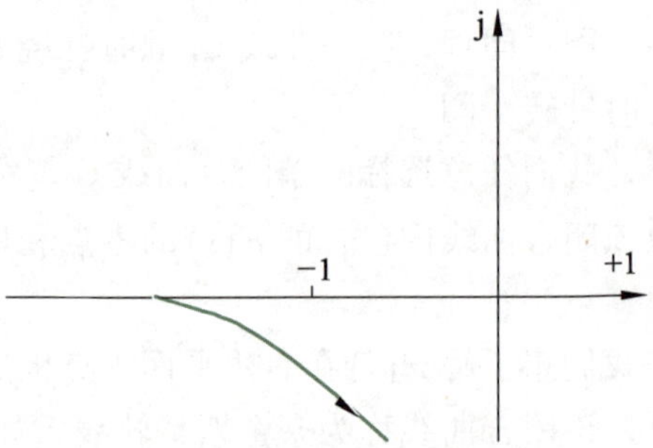


图 5-4-6　半次正穿越

类似还有负穿越 $N_-$和半次负穿越 $N_-=1/2$。

总的 $N=N_+-N_-$，再由 $Z=P-2N$，判断系统稳定性。

我们一般并不绘制奈奎斯特图，而是绘制与之对应的伯德图。

那么在伯德图中，我们如何计算 $N$ 呢？

伯德图中 $(-\infty,-1)$ 区间，等效域 $L(\omega)>0$ dB，且 $\varphi(\omega)=-180^\circ+N\cdot 360^\circ$ 的点，如图 5-4-7 计算 $N$ 即可。

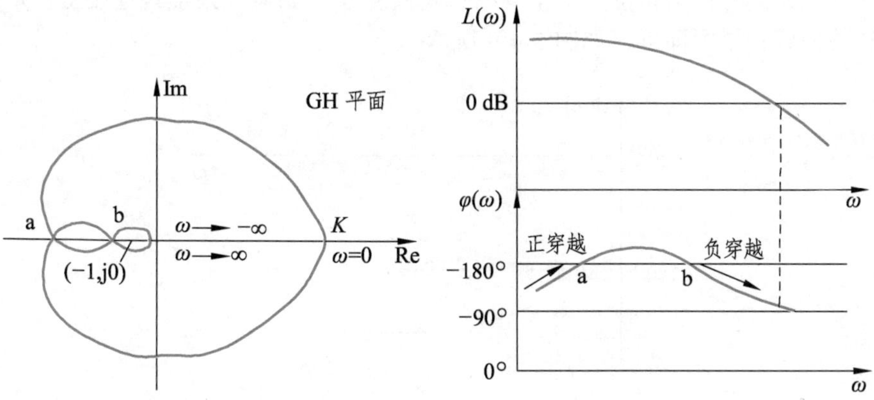


图 5-4-7 伯德图计算 $N$

这样，我们就可以根据开环传递函数的伯德图计算 $N$，再利用公式 $Z=P-2N$，判断系统稳定性了。

如果系统开环传递函数有位于原点的极点，在传递函数中的数学表达形式为 $1/s^\nu$，$\nu$ 为积分项的个数。奈奎斯特轨线将在原点附近以半径 $r$ 绕开原点，$r\to 0$。对应的复变函数 $F(s)$ 会以幅值 $\infty$ 绕 $s$ 平面 $N\cdot 180^\circ$。当 $N=1$ 时，如图 5-4-8 所示。

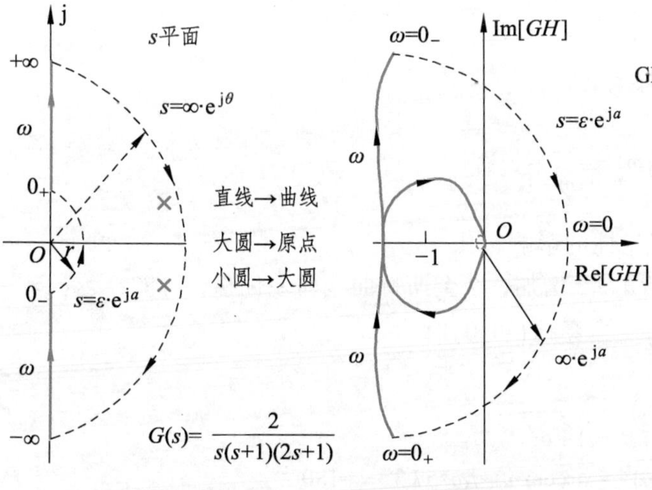


图 5-4-8 传递函数包含原点的奈奎斯特轨线处理方法及其对应的奈奎斯特图

图中“直线→曲线”即为我们前边讲的奈奎斯特曲线，包含了$(-\infty,0_-]$和$[0_+,+\infty)$；“大圆→原点”为$(-\infty,+\infty)$，由于分母阶数高于分子，所以$A(\omega)=0$，整个曲线映射到原点；“左侧小圆→右侧大圆”为$[0_-,0_+]$，此时$r\to 0$，$G(\mathrm{j}\omega)=2/\mathrm{j}\omega$，$A(\omega)=\infty$，而$\varphi(\omega)$为$+90°\to-90°$；若系统型别为 $N$，则$\varphi(\omega)$为$+N\cdot 90°\to -N\cdot 90°$；曲线将在无穷远处顺时针转圈，再连接在一起。

当$N>1$时，该线段可能穿越$(-\infty,-1)$区域，构成有效穿越。

在伯德图上，此时初始相位为$N\cdot(-90°)$；我们从 0°开始做一条虚线连接至初始相位，这样构成完整的相频特性图即可，如图 5-4-9 所示。

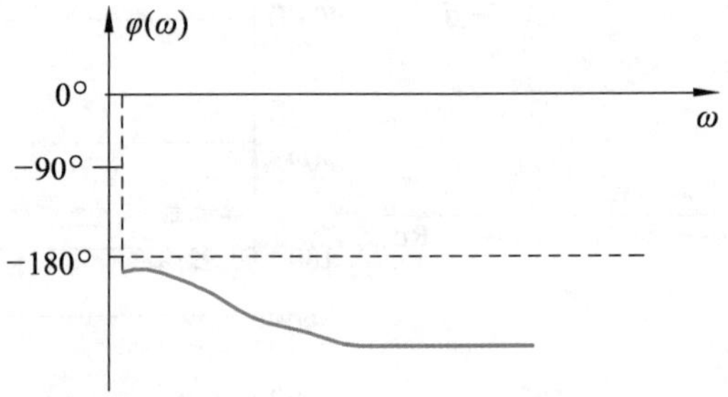


图 5-4-9　传递函数包含原点的奈奎斯特轨线对应的伯德图

### 5.4.4　奈奎斯特判据的特点

（1）与时域判据相比，避免了高阶微分方程的求解，方便、快捷。

（2）与劳斯-霍尔维茨判据相比，无须获得精确的系统传递函数，利用实测响应特性图就能判断。

（3）便于研究系统参数及结构变化对稳定性的影响。

因而，该方法在工程上应用十分广泛。

### 5.4.5　相关案例分析

【例 5-4-1】 已知函数：

$$G(\mathrm{j}\omega)=\frac{2}{\mathrm{j}\omega+1}\mathrm{e}^{-\mathrm{j}\tau\omega}$$

讨论延迟项$\tau$对系统稳定性的影响。

解：如图 5-4-10 所示，$\tau$增加，奈奎斯特曲线向左偏移，可能穿越$(-\infty,-1)$区域，系统不稳定，临界点为$(-1,0)$。当穿越$(-1,0)$时，

$$A(\omega)=\frac{2}{\sqrt{1+\omega^2}}=1$$

$$\varphi(\omega)=-\arctan\omega-\tau\omega\cdot 57.3°=-180°$$

求解得到$\tau$=1.21，所以$\tau$<1.21 时系统稳定。

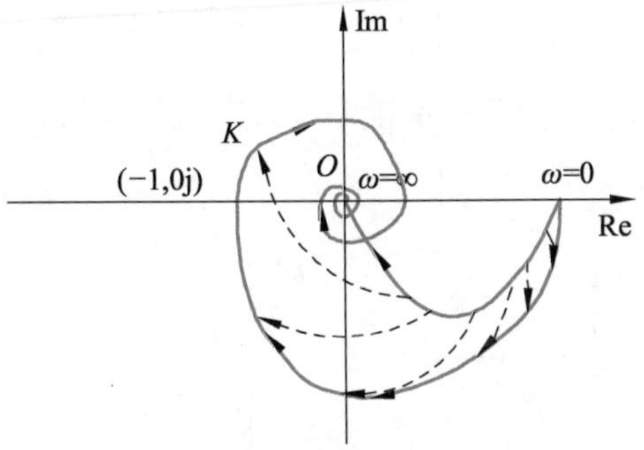


图 5-4-10　奈奎斯特曲线

【例 5-4-2】 判断如图 5-4-11 所示的系统稳定性（系统右半平面无极点 $P=0$）。

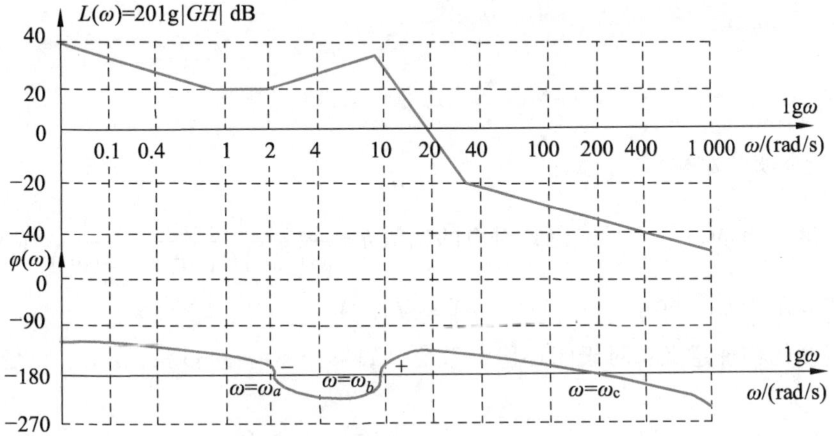


图 5-4-11　例 5-4-2 系统伯德图

解：$P=0$，$N_+=N_-=1$，$N=0$，系统稳定。

## 5.5　频域稳定裕度

控制系统除了稳定的要求之外，还需具备一定的相对稳定性。奈奎斯特图不但可以给出稳定性判决，还能给出相对稳定性指标，以供设计参考。

时域分析中，我们用超调量来描述相对稳定性，在频域，我们用奈奎斯特曲线靠近临界点 $(-1,0)$ 的程度来描述相对稳定性。通常用相位裕度 $\gamma$ 和幅度裕度 $h$ 来表示。

一般而言，相位裕度和幅度裕度指标只适用于最小相位系统（可含滞后环节）。

### 5.5.1　最小相位系统

最小相位系统：系统的零点极点均在 $s$ 平面左半平面。

这样，我们仅从幅频特性图或相频特性图就能确定系统特性。最小相位系统在具有相同幅频特性的情况下，其相角范围最小。

对于系统 $G(\mathrm{j}\omega)=\dfrac{K}{\mathrm{j}\omega(\mathrm{j}T_1\omega+1)(\mathrm{j}T_2\omega+1)}$，改变 $K$ 值，如图 5-5-1 所示。由图可知，奈奎斯特曲线离临界点越远，系统相对稳定性越好。

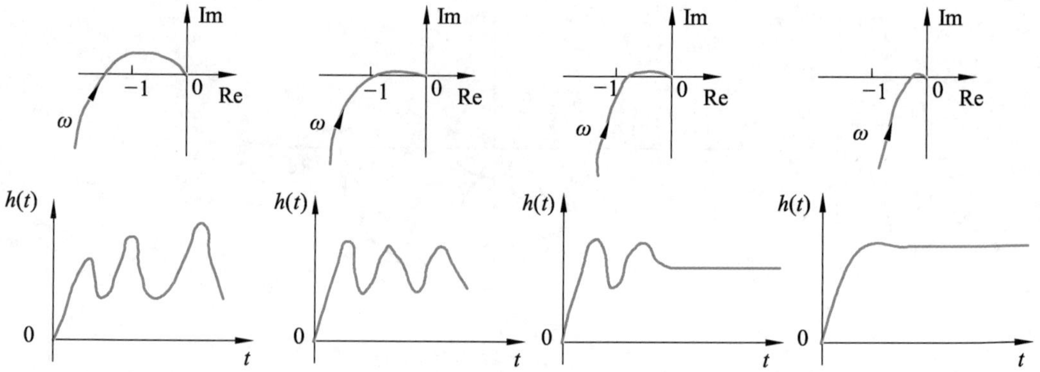


（a）系统不稳定

（b）系统临界稳定，$(-1,\mathrm{j}0)$为临界点

（c）系统稳定

（d）系统稳定，幅相曲线越远离临界点，系统的稳定程度越好

图 5-5-1　改变 $K$ 值的奈奎斯特曲线

### 5.5.2　频域稳定裕度指标

**幅度裕度**：当 $\varphi(\omega_x)=-180°$ 时，对应的幅值 $h=\dfrac{1}{\left|G(\mathrm{j}\omega_x)H(\mathrm{j}\omega_x)\right|}=\dfrac{1}{A(\omega_x)}$ 称为幅度裕度，以分贝形式表示为 $h=-20\lg\left|G(\mathrm{j}\omega_x)H(\mathrm{j}\omega_x)\right|=-L(\omega_x)$。

幅度裕度的物理意义：对于闭环稳定系统，如果开环增益再增大 $h$ 倍，系统将变为临界稳定状态。

**相位裕度**：系统截止频率为 $\omega_\mathrm{c}$，$A(\omega_\mathrm{c})=1$，$L(\omega_\mathrm{c})$=0 dB 时，$\gamma=180°+\varphi(\omega_\mathrm{c})$。

相位裕度的物理意义：若稳定系统开环相位再延迟 $\gamma$，系统将进入临界稳定状态。

如图 5-5-2 描述：

幅度裕度：$h=1/\left|G(\mathrm{j}\omega_x)\right|$；

对数形式：$h=-20\lg\left|G(\mathrm{j}\omega_x)\right|$ dB；

相位裕度：$\gamma=180°+\angle G(\mathrm{j}\omega_\mathrm{c})$；

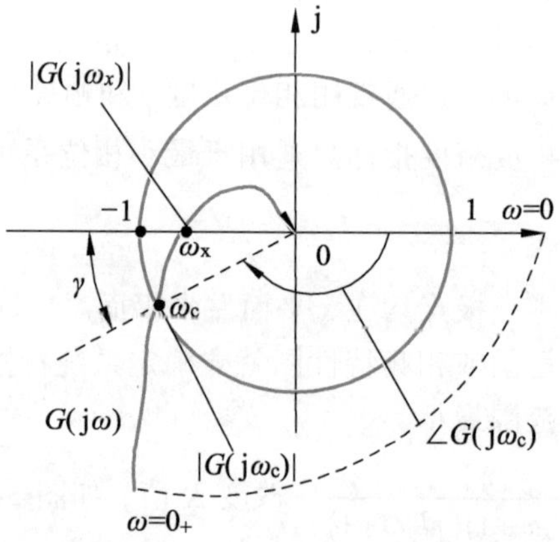


图 5-5-2　奈奎斯特图中的相位裕度

伯德图中，幅度裕度和相位裕度的表示如图 5-5-3 所示。

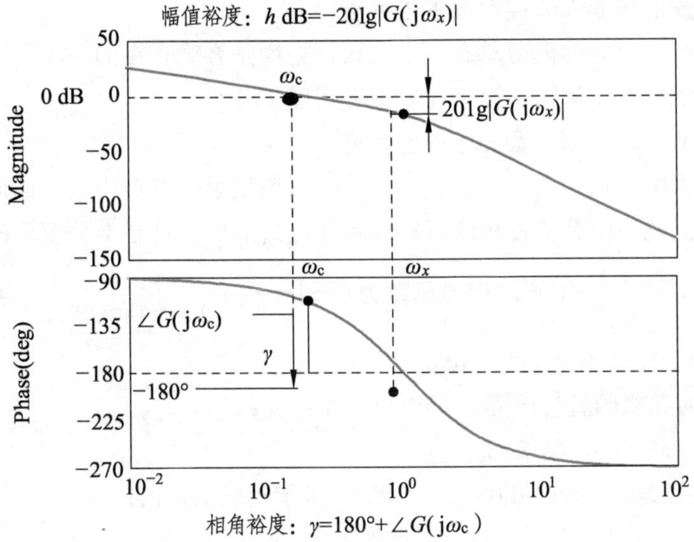


图 5-5-3 伯德图中的幅度裕度和相位裕度

由定义可知，稳定系统 $h>1$ 或者当 $h>0$ dB 时，同时满足条件 $\gamma>0$；而不稳定系统 $h<1$ 或者当 $h<0$ dB 时，同时满足条件 $\gamma<0$。

相对应的伯德图如图 5-5-4 所示。

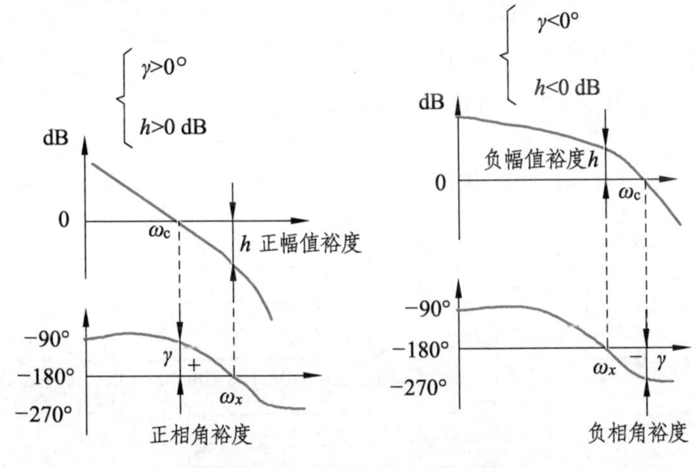


（a）稳定系统　　（b）不稳定系统

图 5-5-4 伯德图

这样，通过相位裕度和幅度裕度的分析，我们就能够确定系统的稳定性。

相位裕度和幅度裕度的大小还能反映系统的相对稳定性。同时，适当的裕度还能防止系统参数变化造成的不利影响，保证系统的稳定性。

如果系统传递函数已知，频域裕度的计算可以通过相应公式获得，也可以通过作图法近似获得；如果系统传递函数未知，我们也可以通过测量得到的幅频特性图和相频特性图，获得近似值，从而确定系统稳定性指标。

工程上，我们一般要求系统的相位裕度 $\gamma$=30°~60°，幅度裕度 $h$>6~10 dB。

**频域指标裕度的重要性体现在以下三方面：**

（1）实际系统与建立的模型总有一定出入，裕度是客观存在的。.

（2）实际系统能可靠运行，设计时总留有裕度。

（3）有一定的设计裕度，系统运行更平稳。

由于上述因素的影响，实际系统和我们分析的模型多少有点出入。因此，保持足够的设计裕度可以使我们的系统具备较高的可靠性和环境适应性，这是十分重要的。

【例 5-5-1】 一反馈系统开环传递函数为 $G(s)=\dfrac{K}{s(1+0.2s)(1+0.05s)}$，求 $K$ 的值使得系统幅值裕度为 $h$=20 dB，相位裕度 $\gamma$ >40°。

解：$K$ 改变时，幅频特性改变，但相频特性不变；

先计算相位穿越 –180°频率 $\omega_g$：

$-90°-\arctan 0.2\omega_g-\arctan 0.05\omega_g=-180°$，求解得到 $\omega_g=10$；

计算 $L(\omega_g)=-20$ dB，$A(\omega_g)=0.1$，得到 $K$=2.5；

计算 $K$=2.5 时截止频率 $\omega_c$：$A(\omega_c)=1$，求得 $\omega_c=2.3$；

此时相位裕度 $\gamma=180°-90°-\arctan 0.46-\arctan 0.115=90°-24°-6°=60°$；

所以 $K$=2.5，满足设计要求。

【例 5-5-2】 求系统 $G(s)=\dfrac{10(s+1)}{s^2(0.01s+1)}$ 的相位裕度和幅度裕度。

解：画出伯德图，如图 5-5-5 所示。

从图中可看出 $\omega_c$=10，$\gamma$ 约为 80°，计算得到 $\gamma$=78.57°。

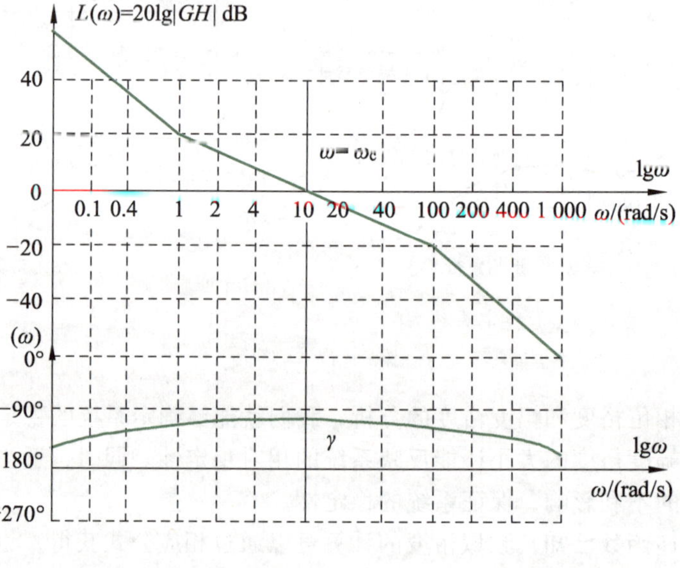


图 5-5-5 伯德图

### 5.5.3 频域指标和时域指标的关系

相位裕度 $\gamma$，幅度裕度 $h$，截止频率 $\omega_c$ 是频域特性主要指标，它们和时域特性指标有什么关系呢？

时域特性我们主要看稳态误差 $E_{ss}$、最大超调量 $M_p$ 和调整时间 $T_s$。

稳态误差 $E_{ss}$ 由开环传递函数增益及型别决定，这个在伯德图低频段已经明确给出了。

我们来看一看最大超调量 $M_p$ 和相位裕度 $\gamma$ 的关系：

**对于二阶系统：**

$$\gamma = \arctan\left[2\xi\left(\frac{1}{\sqrt{4\xi^4+1}-2\xi^2}\right)^{1/2}\right] \tag{5-5-1}$$

式中，$\gamma$ 为相位裕度；$\xi$ 为阻尼系数。

大约对应关系为 $30° < \gamma < 70° \Leftrightarrow 0.27 < \xi < 0.8$；

对于调整时间 $t_s=7/(\tan\gamma\cdot\omega_c)$ 即可。

**对于高阶系统：**

闭环谐振峰值 $M_r \approx \dfrac{1}{\sin\gamma}, 35°\leqslant\gamma\leqslant 90°$；

一般 $M_r=1.1\sim1.4$ 对应 $\xi=0.4\sim0.7$；

超调量 $\sigma=0.16+0.4（M_r+1）$；$1<M_r<1.8$；

调节时间 $t_s=K\pi/\omega_c$；$K=2+1.5（M_r-1）+2.5（M_r-1）^2$；$1<M_r<1.8$。

我们只需在频域设计时获得足够的相位裕度，则超调量即可保证，结合截止频率 $\omega_c$，调整时间也能确定。

这样，主要时域指标均可由频域指标推导出来。因此，我们设计时保证频域指标即可。

### 5.5.4 系统开环频率特性特点

低频段：由系统型别和开环增益决定，决定了系统稳态误差。

中频段：指系统截止频率 $\omega_c$ 附近的频段，决定了系统的稳定性及动态响应特性。由 $h$、$\gamma$ 和 $\omega_c$ 可以决定系统是否稳定，以及超调量及调节时间等参数。

一般系统在 $\omega_c$ 处以 $-20$ dB 斜率穿越横坐标，稳定且动态特性较好。

高频段：$\omega>10\omega_c$ 部分，一般高频段增益远小于 1，反映了系统抑制高频噪声及抗干扰的能力。

系统开环传递函数各频段都有重要作用，设计时要充分考虑各种要求，调整各频段参数，使得系统满足高精度、平稳、快速以及高可靠性的要求。

各频段分布如图 5-5-6 所示。

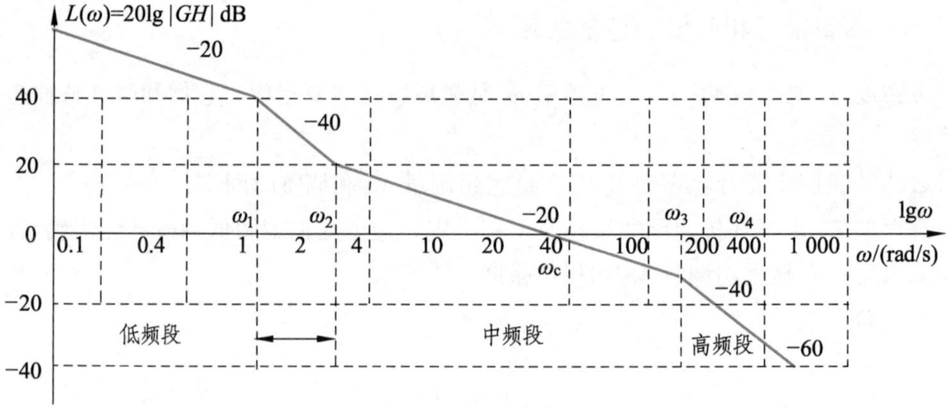


图 5-5-6　各频段分布

其中，$\omega_2=(0.1\sim0.5)\omega_c$；$\omega_3=(5\sim10)\omega_c$。

## 5.6　闭环频率特性

闭环频率特性指标主要是指系统闭环传递函数对应的相关特性。

如图 5-6-1 所示系统，其闭环传递函数为

$$\varphi(j\omega)=G(j\omega)/(1+G(j\omega))=M(\omega)\cdot e^{j\varphi(\omega)}$$

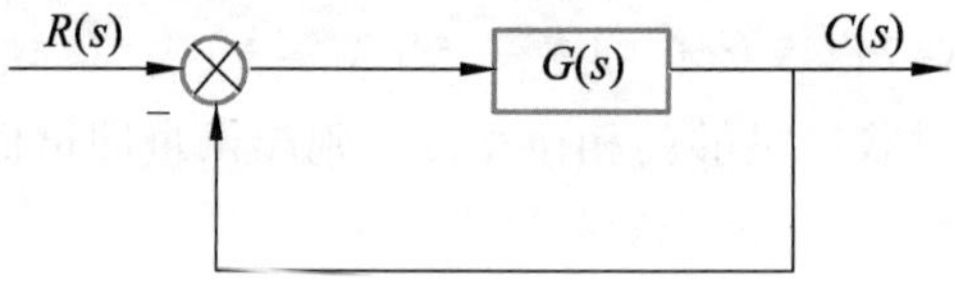


图 5-6-1　系统示意图

主要指标有：

**零频值** $M(0)$：若 $M(0)=1$，则为无静差系统；若 $M(0)=K/(1+K)<1$，则为有静差系统。

**带宽频率** $\omega_b$：$M(\omega_b)=0.707M(0)$，$0\leqslant\omega\leqslant\omega_b$，$\omega$ 为系统频宽。

$\omega_b$ 大，表示系统带宽大，反应速度快；

$\omega_b$ 小，系统带宽小，反应速度慢，但是抑制高频噪声能力强；

$\omega_b$ 要考虑系统响应速度和噪声抑制能力，综合决定。

**谐振峰值** $M_r$ **和峰值频率** $\omega_r$：$M_r$ 表征系统的相对稳定性，$M$ 越大，相对稳定性越差；$1.0\leqslant M_r\leqslant1.4$（0～3 dB）对应阻尼系数 $\xi$（0.4～0.7），系统可获得较好的瞬态响应；$M_r>1.5$ 时，系统超调较大。

主要参数如图 5-6-2 所示。

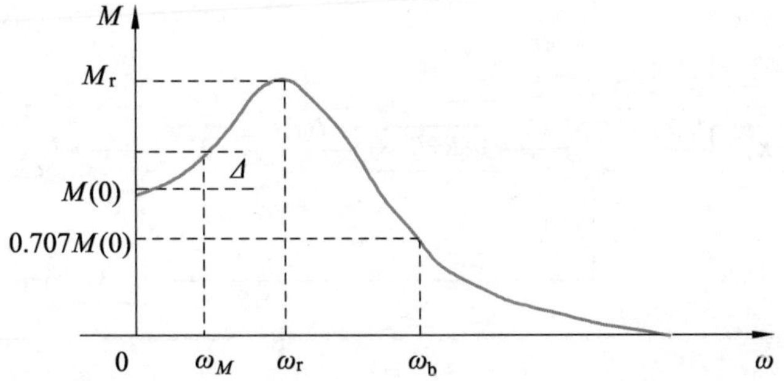


图 5-6-2　主要参数

## 5.7　案例分析

直流电机调压调速在我们的生产生活中应用十分广泛，其基本模型如下：

电机模型：

$$U = R \cdot I + L\frac{\mathrm{d}I}{\mathrm{d}t} + K_e \cdot \omega$$

式中，$R$ 为电机线圈电阻；$L$ 为电机线圈电感；$K_e$ 为感应电压系数；$\omega$ 为电机转速。

运动公式：

$$T_e - T_L = J_L\frac{\mathrm{d}\omega}{\mathrm{d}t}$$

式中，$T_e$ 为电机转矩，$T_e=K_T \cdot I$；$T_L$ 为系统阻力转矩；$J_L$ 为系统负载总的等效惯量。

上式进行拉氏变换得到

$$U(s) = R \cdot I(s) + L \cdot s \cdot I(s) + K_e \cdot \omega(s)$$
$$K_T \cdot I(s) - T_L(s) = J_L \cdot s \cdot \omega(s)$$

整理得到：

$$\omega(s) = U(s)\frac{K_T}{L \cdot J_L \cdot s^2 + R \cdot J_L \cdot s + K_e \cdot K_T} + T_L(s)\frac{L \cdot s + R}{L \cdot J_L \cdot s^2 + R \cdot J_L \cdot s + K_e \cdot K_T}$$

系统有两个输入：驱动电机的输入电压 $U$ 和总的阻力力矩 $T_L$。

一个输出：系统转速 $\omega$。

系统开环框图如图 5-7-1 所示。

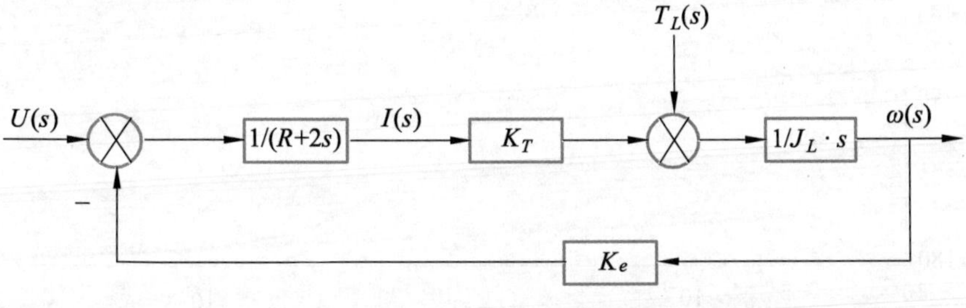


图 5-7-1　系统开环框图

考虑闭环控制系统，采用 $K_p$ 增益调整，则系统框图如图 5-7-2 所示。

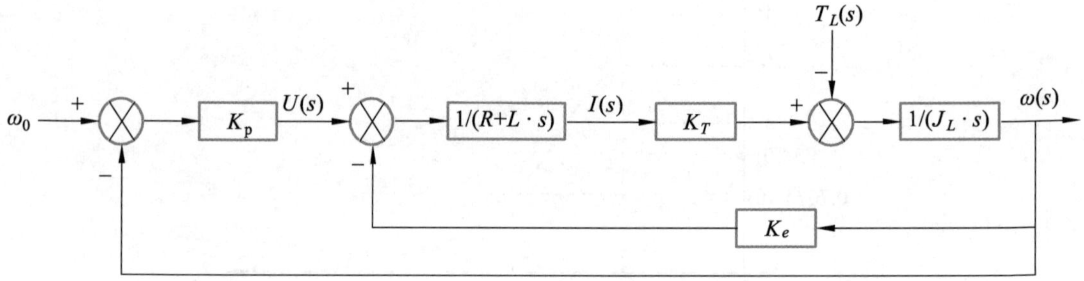


图 5-7-2　系统闭环框图

现在，仅考虑控制电压 $U(s)$的影响：

系统开环传递函数

$$G_1(s)=\frac{K_T}{L\cdot J_L\cdot s^2+R\cdot J_L\cdot s+K_e\cdot K_T}$$

为二阶系统，假设其传递函数为

$$G_1(s)=\frac{5}{s^2+s+0.5}$$

我们绘制其伯德图，分析 $K_p$=1 情况下的相位裕度 $\gamma$。

解：$K_p$=1 时，幅值穿越频率 $\omega_c$=2.23，对应的 $\varphi(\omega_c)=-155.8°$，相位裕度 $\gamma$=24.2°；画出伯德图，如图 5-7-3 所示。

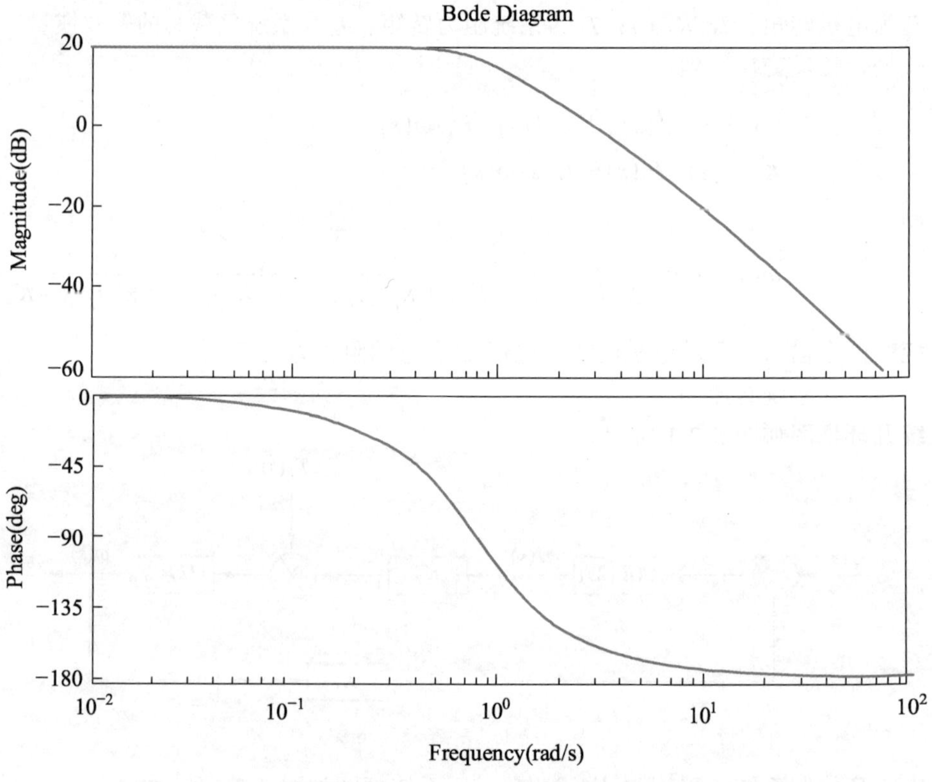


图 5-7-3　伯德图

计算若相位裕度 $\gamma\geqslant40°$时，$K_p$的取值范围，以及对应的单位阶跃稳态误差。

$\gamma=40°$时，其 $\varphi(\omega_{c1})=-140°$，对应的 $\omega_{c1}=1.5$，其中 $A(\omega_{c1})=2.17$，此时 $K_p=1/2.17=0.46$，所以 $K_p\leqslant0.46$。

对应的系统开环增益 $K=4.6$，系统单位阶跃稳态误差为 $1/(1+K)=1/5.6=0.18$。

调整后系统开环传递函数为

$$G(s)=\frac{2.3}{s^2+s+0.5}$$

画出伯德图，如图 5-7-4 所示。

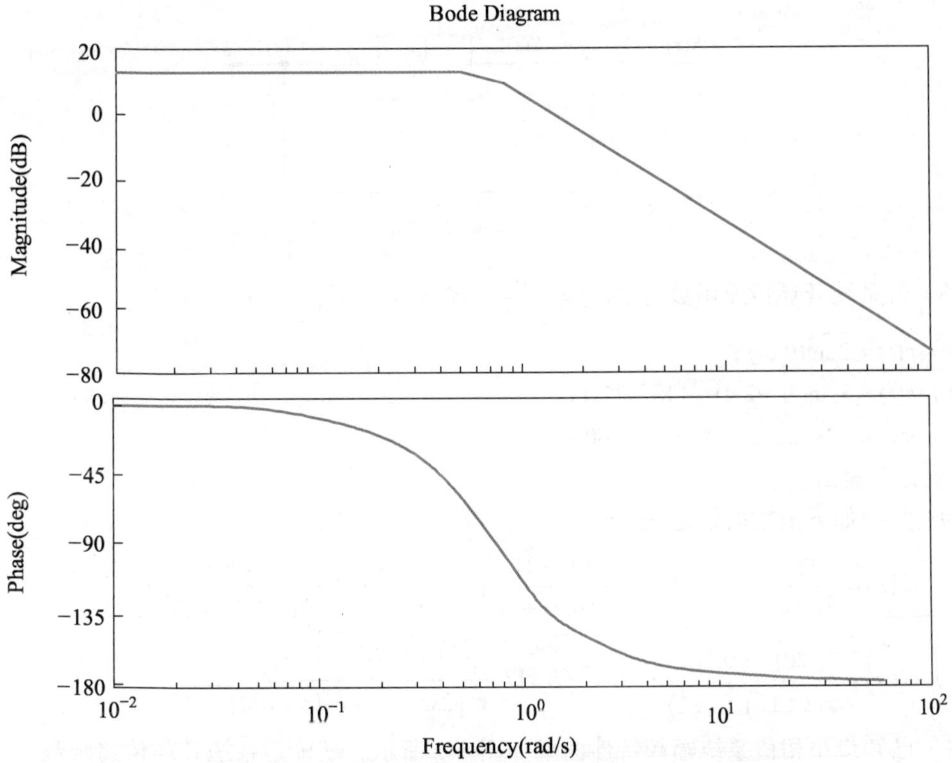


图 5-7-4　伯德图

本章小结：

这一章我们首次介绍了频域特性的基本概念及其与系统传递函数的关系；讲解了系统奈奎斯特图和伯德图；讲解了奈奎斯特判据及其证明；讲解了频域指标；讲解了闭环频率特性。

频域分析法避免了时域法中烦琐的数学计算，无须系统精确建模，对有些环节，例如延迟环节，时域代数法分析有一定困难，但是，利用频域分析法却十分简洁、清晰。

频域分析法在工程中应用十分广泛，其具体使用方法，我们会在下一章详细讲解。

## 习 题

5-1 系统频域特性的定义是什么？它与系统传递函数有什么联系？

5-2 闭环系统频域稳定性的奈奎斯特判据是什么？

5-3 什么是最小相位系统？它有什么特点？

5-4 与奈奎斯特图相比，伯德图有什么优点？伯德图采用对数处理有什么好处？

5-5 若系统单位脉冲响应为 $h(t)=3e^{-2t}+0.7e^{-t}\cdot\sin(0.5t)$，求系统的频率特性。

5-6 若系统的单位阶跃响应为 $h(t)=2-3e^{-7t}+5.6e^{-6t}\cdot\cos(8t)$，求系统的频率特性。

5-7 一系统如图 5-1 所示，若输入信号为 $r(t)=3\sin(2t+0.3)-2\cos(20t)$，求输出信号 $c(t)$ 和误差信号 $e(t)$。

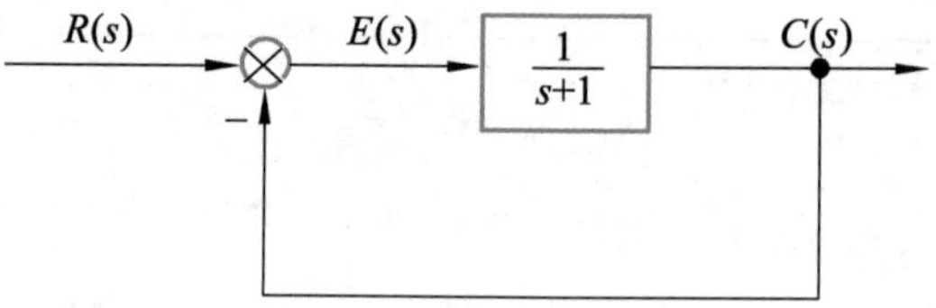


图 5-1 题 5-7 图

5-8 若系统开环传递函数为 $G(s)=\dfrac{10}{s+2}$，输入为：

（1）$r(t)=2\sin(0.6t)$；

（2）$r(t)=3\sin(3t+2.4)-4.8\cos(2t)$；

（3）$r(t)=-2\sin(2t)-4.8\cos(2t-60^\circ)$；

试求系统稳态输出。

5-9 绘制如下函数的伯德图：

（1）$G(s)=\dfrac{20}{3s+1}$；（2）$G(s)=\dfrac{(4s+1)}{s(0.5s+1)}$；（3）$G(s)=\dfrac{4(s+6)}{s(s^2+4s+25)}$；

（4）$G(s)=\dfrac{20(s+0.1)}{s(s+10)^2(s+1)}$；（5）$G(s)=\dfrac{10(s+1)(s+10)}{s^2(2s^2+3s+6)(s+100)}$。

5-10 已知最小相位系统幅频特性曲线如图 5-2 所示，试确定系统开环传递函数。

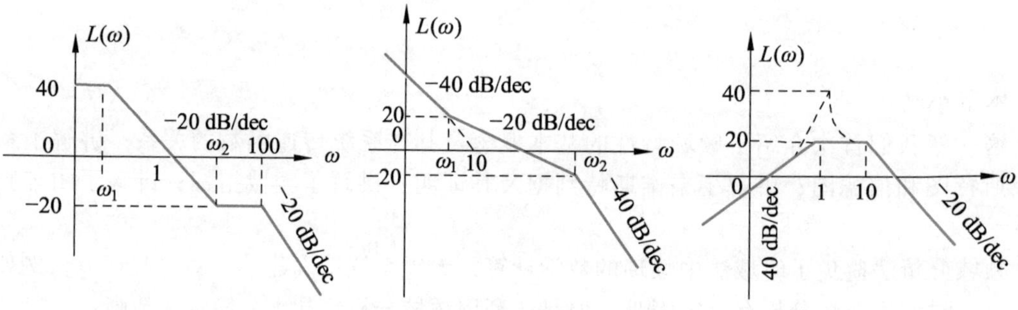


（a）　　（b）　　（c）

图 5-2 题 5-10 图

5-11 已知系统开环传递函数为：

（1）$G(s)=\dfrac{10(Ks+1)}{s(s+1)}$；（2）$G(s)=\dfrac{K(2s+1)}{s(s-1)}$；

（3）$G(s)=\dfrac{10(2s+1)}{s^2(s+K)}$；（4）$G(s)=\dfrac{(s+1)(3s+1)}{s(Ks+1)(s^2+s+1)}$；

（5）$G(s)=\dfrac{Ke^{-t}}{s+1}$；（6）$G(s)=\dfrac{4s(s+30)e^{-Ks}}{(s+1)^2(s+10)(s+0.1)}$；

试求系统稳定时 $K$ 的取值范围？

5-12 相位稳定裕度和幅度稳定裕度的定义是什么？

5-13 一典型二阶系统，已知其 $\omega_n$=5，$\xi$=0.7，计算其截止频率 $\omega_c$ 及相位裕度 $\gamma$ 的值。

5-14 系统开环传递函数如题 5-9，求其系统的截止频率及相位裕度，并判断稳定性。

5-15 系统开环传递函数为 $G(s)=\dfrac{(s+1)}{s(s+2)(s+10)}$，求系统的截止频率 $\omega_c$ 及相位裕度 $\gamma$，相位 $-180°$频率 $\omega_x$ 以及对应的幅值裕度 $h$。

5-16 系统开环传递函数为 $G(s)=\dfrac{K(s+1)}{s(8s+1)(0.1s+1)}$，若要求系统相位裕度>45°，则 $K$ 的取值范围是多少？

# 第 6 章

# 线性系统频域校正

前一章，我们介绍了频域分析的基本方法。利用该方法，我们可以确定一个系统是否稳定以及相关性能指标。但是当原系统不稳定或指标不理想怎么办呢？这一章，我们将讲解线性控制系统的频域校正及相关设计方法。

当系统分析表明性能不达标时，我们就必须在系统中增加一些控制环节，从而改善系统性能使其达标，这个过程称为控制系统的校正。

校正的方法有很多：时域校正法，它以时域方程的求解为基础，进行控制系统参数求解，如最优化控制，自适应系统控制等；根轨迹校正法，它以根轨迹分析为基础，增加相关零极点的设计方法；频域校正法，以频域分析方法为基础，以频域裕度为目标量来设计相关控制环节。本章主要讲解频域校正设计方法。

## 6.1　校正概述

频域校正主要以 $\gamma$，$-h$，$\omega_c$，$\omega_g$ 为目标，进行系统设计。校正的结构形式有很多，如串联校正、前置校正、反馈校正、前馈校正、补偿校正、复合校正等，如图 6-1-1 所示。

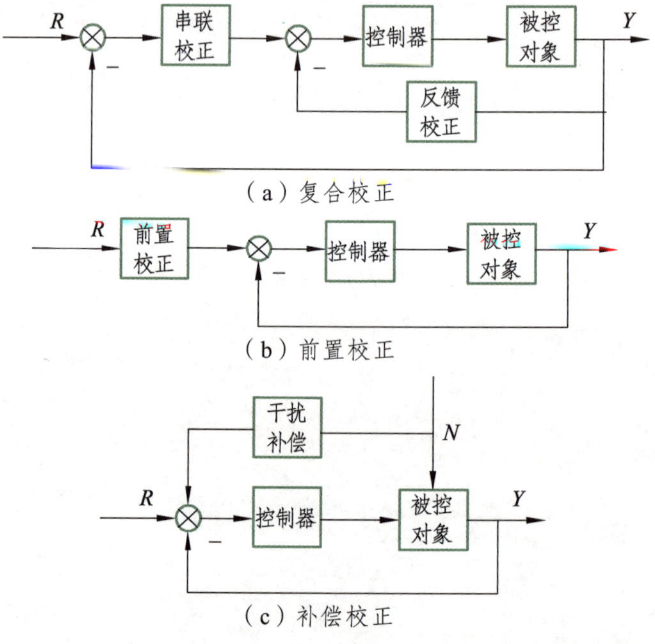


图 6-1-1　系统校正方框

本章以串联校正为主进行讲解，其他方法也会有简单介绍。

## 6.2 串联校正

串联校正是在系统前向通道上串联添加一个调整环节，以改变系统频率特性指标。

频域分析法中，添加串联环节只需在系统原有伯德图上加上调整环节的伯德图即可，计算十分方便。因此，在频域校正设计中，串联校正使用较多。

串联校正主要有三种形式：超前校正、滞后校正和滞后-超前校正。

### 6.2.1 串联超前校正

基本原理是利用校正网络的相位正增益，来提高系统的相位裕度 $\gamma$，从而达到改善系统性能的目标。

超前调整环节传递函数一般形式为

$$G(s)=\frac{1+\alpha Ts}{1+Ts},\alpha>1 \tag{6-2-1}$$

系统零点在前，极点在后，其伯德图如图 6-2-1 所示。

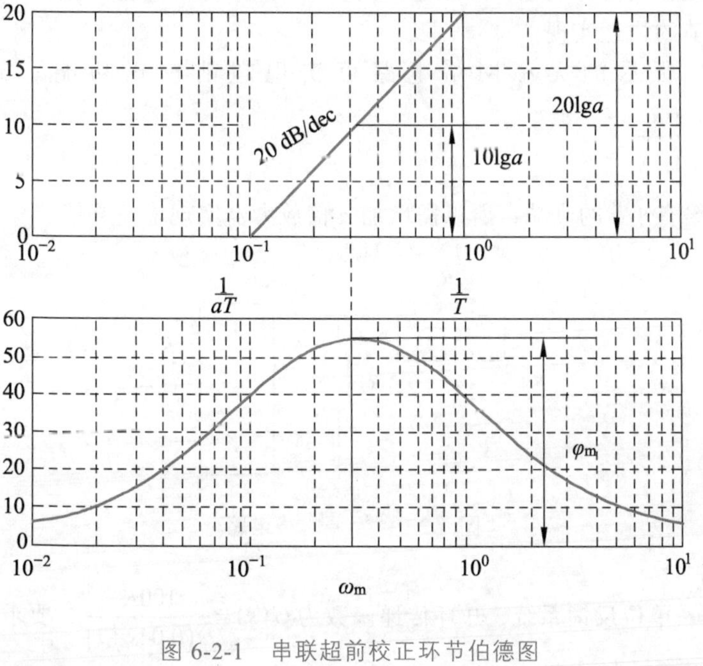


图 6-2-1 串联超前校正环节伯德图

由图可知，调整环节的相频特性为正增益，和原系统相加，可以增加相位裕度，改善性能。设计时，只需确定参数 $\alpha$ 和 $T$ 即可。

如图 6-2-1 可知，调整环节在频点 $\omega_m$ 处获得最大的相位增益 $\varphi_m$，调整 $\alpha$ 的值，可以调整 $\varphi_m$，由 $T$ 和 $\alpha$ 可计算出 $\omega_m$。它们的具体关系如下：

$$\alpha=\frac{1+\sin\varphi_m}{1-\sin\varphi_m},\omega_m=\frac{1}{T\cdot\sqrt{\alpha}}\text{；} \tag{6-2-2}$$

在 $\omega_{\mathrm{m}}$ 处，调整环节幅度值为 $10\lg\alpha$ dB。

我们希望调整环节最大相位增益出现在系统截止频率 $\omega_{\mathrm{c}}$ 处，以充分利用其相位增益。

具体设计步骤：

（1）根据系统稳态误差要求，确定系统开环增益 $K$。

（2）由给定 $K$，计算为补偿系统的当前相位裕度 $\gamma'$。

（3）根据系统要求的目标相位裕度 $\gamma$，计算所需的相位增益 $\varphi_{\mathrm{m}}$：$\varphi_{\mathrm{m}}=\gamma-\gamma'+\varepsilon$；$\varepsilon$ 用于补偿系统截止频率 $\omega_{\mathrm{c}}$ 增加后，系统相位的下降，一般 $\varepsilon=5°\sim10°$。

（4）根据 $\varphi_{\mathrm{m}}$ 由式（6-2-2）计算 $\alpha$。注意：$\alpha$ 不可取值过大，过大时，系统参数动态范围过大，实际实现时会有困难；一般单级串联超前校正装置，其 $\varphi_{\mathrm{m}}$ 不大于 60°，如果需要更高的相位增益，可考虑多级级联，或者别的结构。

（5）根据 $10\lg\alpha$，计算新的截止频率 $\omega_{\mathrm{c}}$：$L(\omega_{\mathrm{c}})=-10\lg\alpha$，式中，$L(\omega)$为未补偿系统的幅频特性函数；$\omega_{\mathrm{c}}=\omega_{\mathrm{m}}$。

（6）由 $\alpha$ 和 $\omega_{\mathrm{m}}$，利用式（6-2-2）计算出 $T$。

（7）把求得的校正函数加入系统函数中，计算新的系统相位裕度和幅值裕度是否满足设计要求。如果满足，则设计完成，反之返回到步骤（3），增加 $\varepsilon$ 值，重新计算。

超前校正环节的物理实现：

如图 6-2-2 所示的无源网络电路可实现超前校正功能；式（6-2-1）中 $T=\dfrac{R_1R_2C}{R_1+R_2},\alpha=\dfrac{R_1+R_2}{R_2}$。

由于无源网络有 $1/\alpha$ 的衰减，所以需增加 $\alpha$ 倍放大器实现增益补偿。

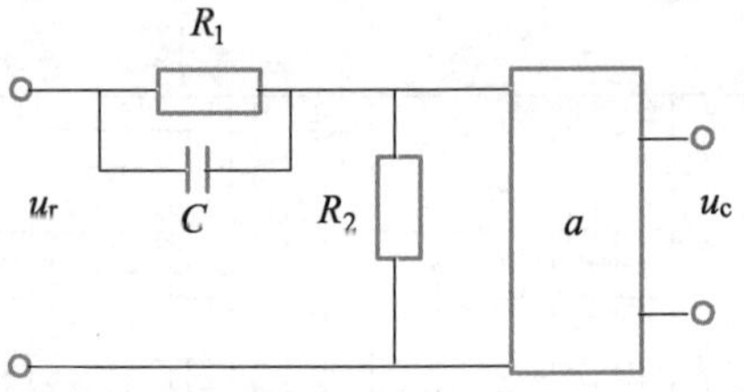


图 6-2-2　无源网络电路

【例 6-2-1】一单位反馈系统，开环传递函数为 $G(s)=\dfrac{100K}{s(0.04s+1)}$，要求校正后系统静态速度误差 $K_v<100$，相位裕度 $\gamma>45°$，幅值裕度 $K_{\mathrm{g}}>10$ dB。

解：（1）由稳态误差要求，解得 $K=1$。

（2）计算得到：未补偿系统截止频率 $\omega_{\mathrm{c}}'=50$，相位裕度 $\gamma'=25°$。

（3）取 $\varepsilon=5°$，由 $\Phi_{\mathrm{m}}=\gamma-\gamma'+\varepsilon=45°-25°+5°=30°$。

（4）计算 $\alpha=(1+\sin\Phi_{\mathrm{m}})/(1-\sin\Phi_{\mathrm{m}})=2.46$。

（5）校正系统幅度增益 $L(\Phi_m)=10\lg\alpha=3.9$ dB。

（6）未补偿系统 $L'(\omega_c)=-3.9$ dB，可求出新的截止频率：$\omega_c=\omega_m=60$。

（7）计算补偿环节参数：

$$\omega_1=\frac{\omega_m}{\sqrt{\alpha}}=38.25$$

$$\omega_2=\omega_m\cdot\sqrt{\alpha}=94.1$$

由此得到其传递函数：

$$G_c(s)=\frac{1+0.026\,2s}{1+0.010\,6s}$$

校正后，系统总的传递函数为

$$G_c(s)\cdot G(s)=\frac{100(0.026\,2s+1)}{s(0.04s+1)(0.010\,6s+1)}$$

计算其相位裕度 $\gamma=48°>45°$，满足设计要求，实际完成。

系统调整过程伯德图如图 6-2-3 所示，图中标注了未补偿系统伯德图 $L(\omega)$、校正后系统伯德图 $LL_c(\omega)$、校正环节伯德图为 $L_c(\omega)$。

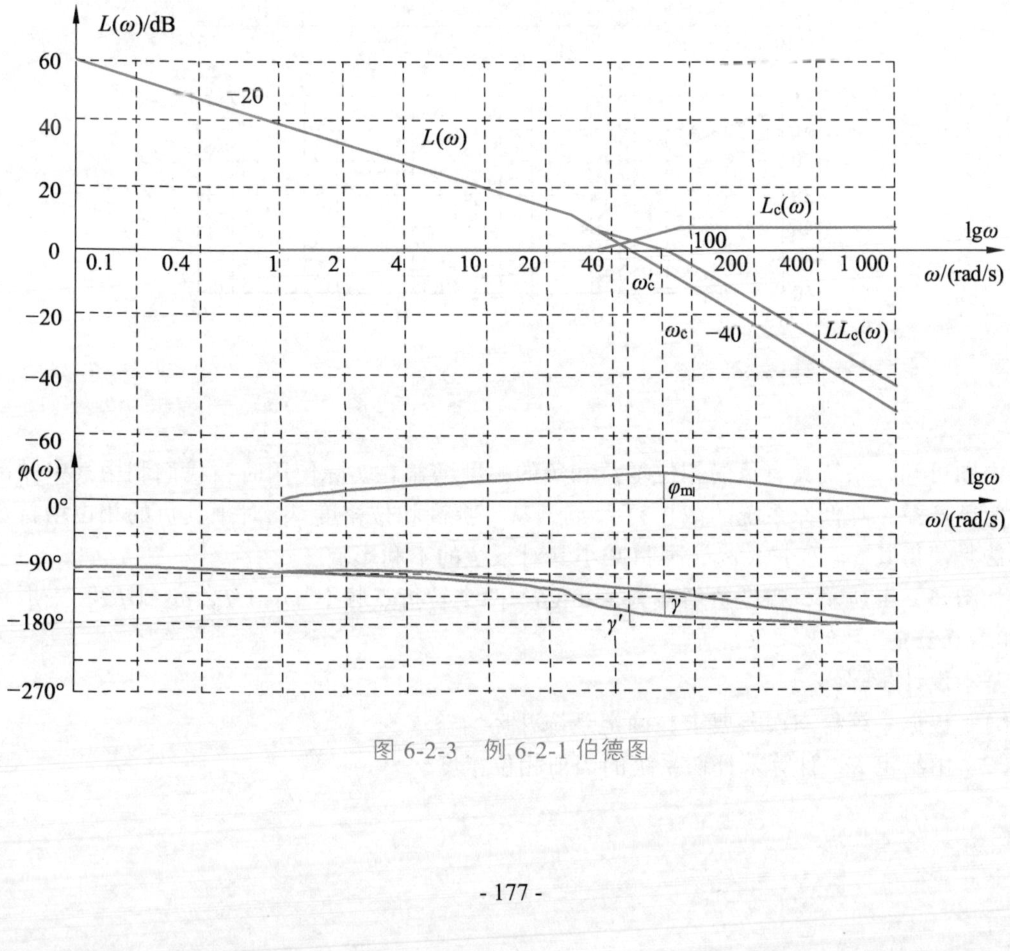


图 6-2-3　例 6-2-1 伯德图

串联超前校正的特点：

（1）补偿装置在中频段有+20 dB 斜率，可使得补偿后的系统中频具备－20 dB 斜率，并有较高的相位裕度。

（2）补偿后的系统截止频率 $\omega_c$ 增加，因而调整时间减少，系统响应速度提高。

（3）调整环节为高通特性，系统带宽增加，高频噪声抑制能力下降。

### 6.2.2　串联滞后校正

其基本原理是利用校正环节具有负的幅频特性，能降低系统的截止频率 $\omega_c$，从而提高系统的相位裕度（一般的系统，其幅频特性和相频特性均有单调下降趋势）。

滞后调整环节传递函数基本形式为

$$G(s)=\frac{1+\beta Ts}{1+Ts},\beta<1 \tag{6-2-3}$$

其极点在前，零点在后，伯德图如图 6-2-4 所示。

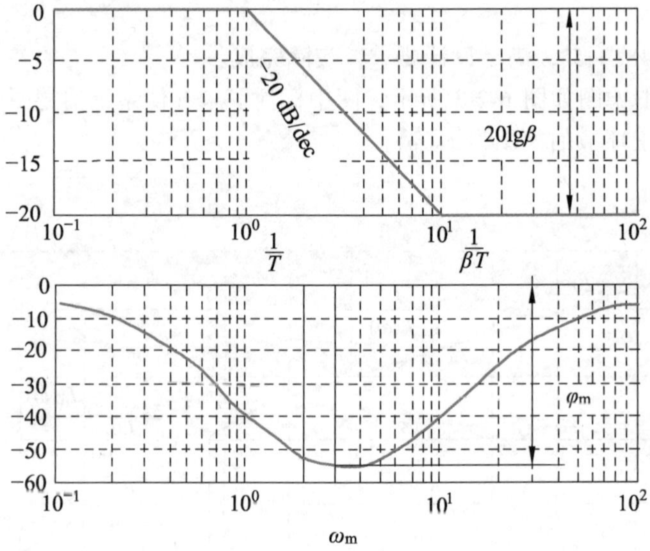


图 6-2-4　串联滞后环节伯德图

由图可知，系统具有负的相位增益和负的幅度增益。实际使用时，我们利用其中频部分负的幅度增益，降低原系统的截止频率 $\omega_c$，从而提高相位裕度 $\gamma$；对于其负的相位增益，处理办法是使得其 $\omega_m$ 远小于 $\omega_c$，尽量减小其对系统的不利影响。

如图 6-2-4 所示，幅度负增益为－20lg$\beta$，两个转折点频率 $\omega_1=1/T$，$\omega_2=1/\beta T$，一般选择 $\omega_2=(0.1\sim0.25)\omega_c$。

基本设计步骤：

（1）根据系统稳态误差要求，确定系统开环增益 $K$。

（2）由给定 $K$，计算未补偿系统的当前相位裕度 $\gamma'$。

（3）根据系统设计要求的相位裕度 $\gamma$，求解新的截止频率 $\omega_c$：

$$\Phi(\omega_c)=-180°+\gamma+\varepsilon$$

$\varepsilon(5°\sim10°)$用于补偿滞后调节系统带来的相位下降；$\Phi(\omega)$为未补偿系统的相频特性函数。

（4）由 $L(\omega_c)=20\lg\beta$ 计算出 $\beta$ 值：

$$T=1/(\omega_2\beta);\ \omega_1=\omega_2\beta$$

注意：如果 $\omega_1$ 过小，导致 $T$ 过大，可能实际物理实现十分困难。

（5）计算含校正环节的新系统的相位裕度和幅值裕度是否满足系统设计要求：若满足，设计完成；若不满足，返回步骤（3），增加 $\varepsilon$ 值，重新计算。

滞后校正环节的物理实现：

如图 6-2-5 所示无源电路实现滞后校正功能，式（6-2-3）中

$$T=\left(R_1+R_2\right)\cdot C,\beta=\frac{R_2}{R_1+R_2}<1$$

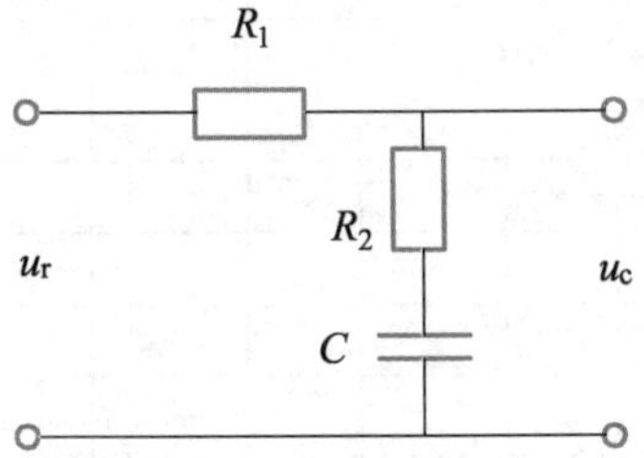


图 6-2-5 无源滞后环节电路

【例 6-2-2】 如例 6-1-1 系统 $G(s)=\dfrac{100K}{s(0.04s+1)}$，求校正后系统静态速度误差 $K_v<100$；相位裕度 $\gamma>45°$，幅值裕度 $K_g>10$ dB，采用滞后校正环节实现。

解：（1）通过稳态误差要求，计算得到 $K$=1。

（2）计算未补偿系统截止频率 $\omega_c'=50$，相位裕度 $\gamma'=25°$。

（3）根据相位裕度要求确定新的截止频率 $\omega_c$：

$$\angle G(j\omega_c)=-180°+\gamma+\varepsilon=-180°+45°+5°=-130°\ （\varepsilon\ 取\ 5°）$$

再由未补偿伯德图，求出 $\omega_c=20$。

（4）由未补偿伯德图可得 $20\lg(|G(j\omega_c)|)=14\text{ dB}=-20\lg\beta$，得到 $\beta=0.2$。

（5）计算滞后环节参数：$1/\beta T=1/0.1\omega_c=2$；$1/T=0.4$。

滞后环节传递函数：$G_c(s)=\dfrac{1+0.5s}{1+2.5s}$

校正后系统传递函数：$G_c(s)\cdot G(s)=\dfrac{100(0.5s+1)}{s(0.04s+1)(2.5s+1)}$

验算：补偿后系统相位裕度 $\gamma=48°>45°$，满足设计要求，设计完成。

图 6-2-6 所示为系统调整伯德图，图中标注了补偿系统伯德图 $L(\omega)$、校正后系统伯德图 $LL_c(\omega)$、校正系统伯德图为 $L_c(\omega)$。

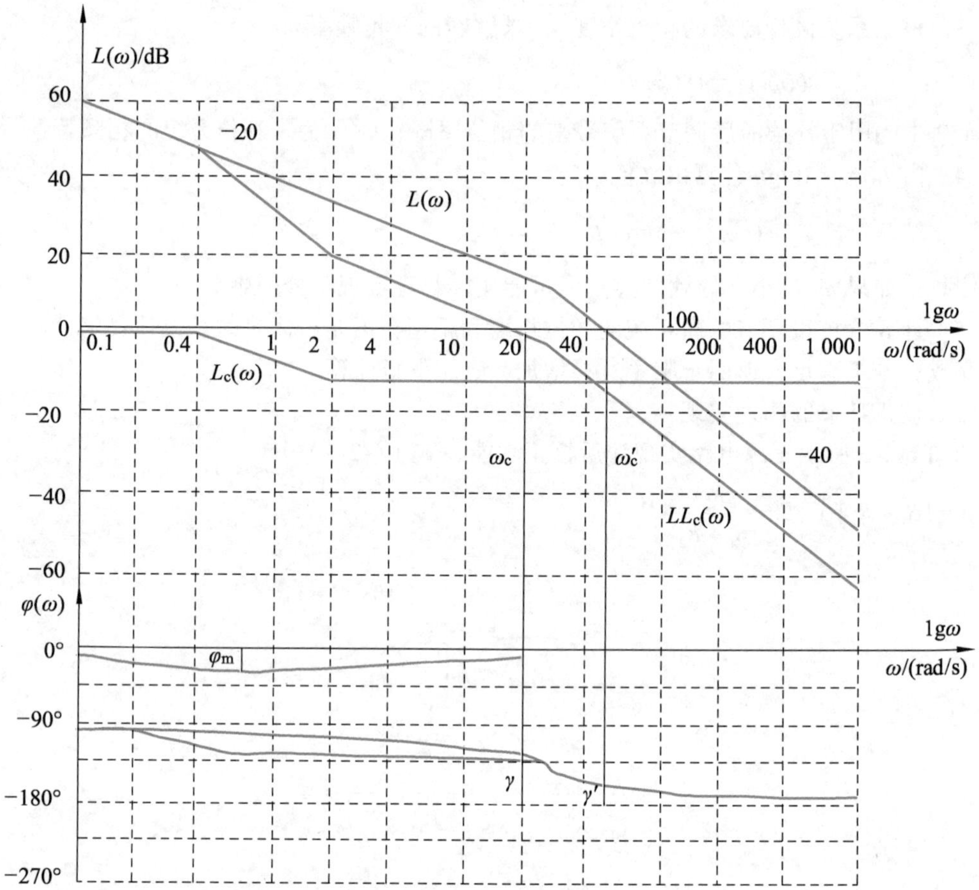


图 6-2-6　例 6-2-2 伯德图

串联滞后校正的特点：

（1）系统截止频率 $\omega_c$ 有所降低，系统调节时间 $t_s$ 增加，响应变慢；一般用于对动态响应速度要求不高的场所。

（2）与直接降低系统开环增益相比，低频特性为 0 dB，不改变原系统的稳态误差。

（3）调整环节为低通特性，对高频噪声抑制较好，可用于工作环境比较恶劣或被控系统非线性较强的场合。

## 6.2.3　串联滞后-超前校正

校正系统为一滞后校正系统和一超前校正系统串联组成，设计时一般取 $\alpha=\dfrac{1}{\beta}$，其传递函数形式为

$$G(s)=\frac{(T_1 s+1)(T_2 s+1)}{\left(\dfrac{T_1}{\alpha}s+1\right)(\alpha T_2 s+1)},\ \alpha>1 \tag{6-2-4}$$

其对应的伯德图如图 6-2-7 所示。

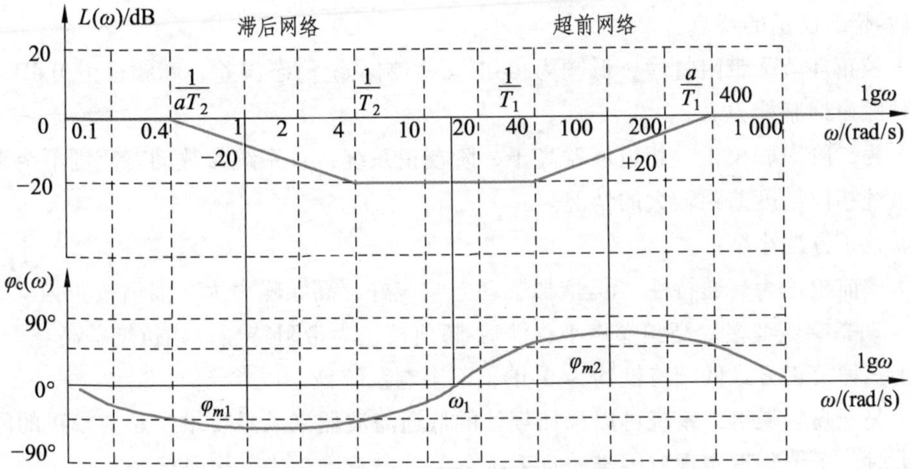


图 6-2-7　滞后-超前环节伯德图

式中，$\omega_1 = \dfrac{1}{\sqrt{T_1 T_2}};\varphi_{m1} = \sin^{-1}\dfrac{1-\beta}{1+\beta},\beta = \dfrac{1}{\alpha};\varphi_{m2} = \sin^{-1}\dfrac{\alpha-1}{\alpha+1},\alpha > 1$。

设计时，仍然利用超前部分的相位增益 $\varphi_{m2}$，由于滞后环节的加入，此时调整环节幅频特性为 $-10\lg\alpha$。这样，系统截止频率 $\omega_c$ 下降，会带来滞后部分的相位增益，同时又有超前部分的相位正增益，因此系统相位裕度增加较多。

设计时，合理选择 $\alpha$ 以及 $T_1$，使得系统具有足够的相位裕度，$T_2$ 的选择使其大于 $T_1$ 即可。

滞后-超前环节的物理实现：

如图 6-2-8 所示无源网络电路，式（6-2-4）相应参数对应关系为：$T_1=R_1C_1$，$T_2=R_2C_2$，$\alpha>1$，图中：

$$R_1C_1 + R_2C_2 + R_1C_2 = \frac{T_1}{\alpha} + \alpha T_2$$

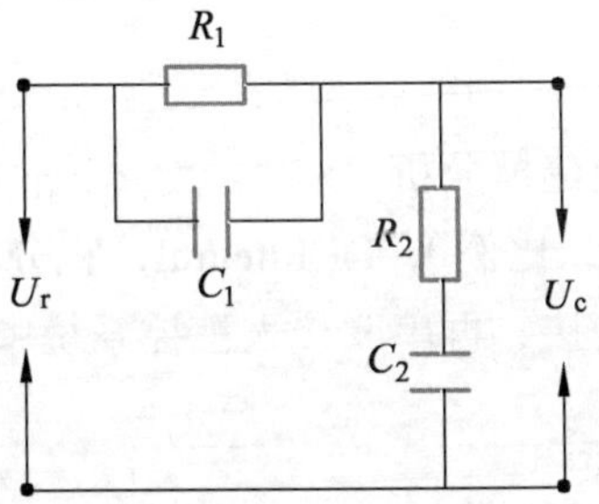


图 6-2-8　无源滞后-超前环节电路

由于采用了滞后校正和超前校正的串联，相位调整能力增强，比较适用于相位裕度差距较大的系统。

设计时，也可考虑 $\alpha \neq \dfrac{1}{\beta}$，这样调整环节将具备一定的高通或低通特性。其目的是较好地控制截止频率 $\omega_c$，以满足系统调整时间的要求。

滞后-超前校正的特点：

（1）校正环节为带阻特性，低频为 0 dB 不影响系统稳态误差，高频也为 0 dB，不影响系统高频噪声抑制能力。

（2）为二阶串联校正，相位增益高于一阶校正系统，且系统参数动态范围不至于过大，适用于系统相位裕度差距较大的情况。

串联校正方法小结：

（1）超前校正为高通特性，$\omega_c$ 增加，动态响应好，高频噪声大；滞后校正为低通特性，$\omega_c$ 减小，动态响应变慢，高频噪声小；滞后-超前校正为带阻特性，相位增益高。

（2）三种校正方式低频特性均为 0 dB，不影响系统稳态误差。

（3）关于高频噪声，系统可以添加额外的低通滤波器来满足要求，超前校正的问题主要是 $\alpha$ 过大时，系统物理实现有困难，且系统参数动态范围过大，也是问题。

（4）关于截止频率 $\omega_c$，与调整时间 $t_s$ 相关，是一个十分重要的物理量，但是我们设计时似乎关注不多。提高 $\omega_c$ 可以提高系统响应速度，当然很好，我们可以利用多级超前校正实现。但是，过高的系统增益，可能实际物理实现有困难（增益过高导致饱和），同时系统中间参数动态范围过大也会有一些不利影响。因此，合理选择 $\omega_c$ 然后利用超前、滞后环节的串联组合达到设计目标较为可行。

## 6.3　PID 校正

PID 控制器历史悠久，自 20 世纪 60 年代以来，广泛应用于工业生产各个领域，适应性强。现在，在工业过程控制领域仍然占有 80%以上份额。

它的主要特点：

（1）结构简单，使用方便。

（2）适应性强。

（3）鲁棒性强、可靠性高。

（4）模型依赖少，通常无须建模分析。

PID 控制是 P（Proportional，比例），I（Integral，积分），D（Differential，微分）；三种控制的总称。三种控制按并联连接，再串联接入被控系统中，如图 6-3-1 所示。

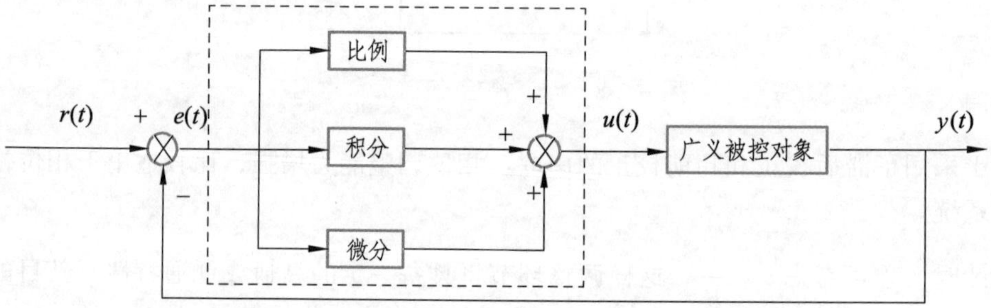


图 6-3-1　PID 校正系统方块图

比例环节 P：$u(t)=K_P e(t)$；$G(s)=K_P$；

积分环节 I：$u(t)=K_I\cdot\int_0^t e(t)\mathrm{d}t, G(s)=\frac{K_I}{s}$；

微分环节 D：$u(t)=K_D \mathrm{d}e(t)/\mathrm{d}t$，$G(s)=K_D s$。

总的调整环节传递函数为

$$G_c(s)=K_P+\frac{K_I}{s}+K_D\cdot s \tag{6-3-1}$$

各调整环节的特点：

P：通过改变系统开环增益，可以调整系统相位裕度，从而使系统稳定工作。

I：增加系统型别，可以减少系统稳态误差，但相位裕度减少。

D：增加微分环节，可以提供正的相位增益，提高截止频率，使得系统响应更迅速。

实际使用时，三个环节按需要组合使用，有 P，PI，PD，PID 4 种控制方式。

P 方式：单纯的增益控制，一般可使得系统稳定运行。但是稳态精度和响应速度可能不太理想。

PI 方式：增加了积分项，增加了系统型别，稳态精度大大提高。在控制精度要求较高的场合使用。

PD 方式：增加了微分项，系统响应速度提高，适用要求快速响应的场合。

PID 方式：综合了 3 个环节的特点，在系统控制精度、调整速度方面都有较好表现，但参数设置与调整较为复杂。

下面进行各种模式分析。

### 6.3.1 P 调节器

其传递函数为

$$G(s)=K_P$$

从所学知识可知，改变系统开环增益时，系统 $\Phi(\omega)$保持不变，系统 $L(\omega)$上下移动，其截止频率 $\omega_c$左右移动。一般而言，如果系统 $L(\omega)$、$\Phi(\omega)$基本都是单调下降时，减小 $K_P\rightarrow$较小 $\omega_c\rightarrow$增大 $\gamma$，从而使得系统稳定，并具备足够的相位裕度，以满足系统平稳性的要求。但是 $K_P$和 $\omega_c$过低，会导致稳态误差过大，调整时间过长，系统综合性能不理想。

### 6.3.2 PI 调节器

其传递函数为

$$G_c(s)=K_P+\frac{K_I}{s}=\frac{K_I\left(1+\frac{K_P}{K_I}s\right)}{s} \tag{6-3-2}$$

式中，$K_P=R_2/R_1$；$K_I=R_2/(R_1C_2)$。

系统型别为 I 型，有一个零点的极点及一个零点：$-K_I/K_P$，其物理实现电路如图 6-3-2 所示，其伯德图如图 6-3-3 所示。

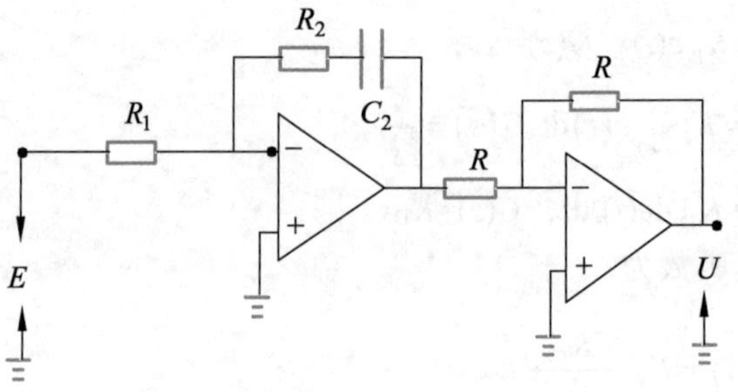


图 6-3-2　PI 调节器电路

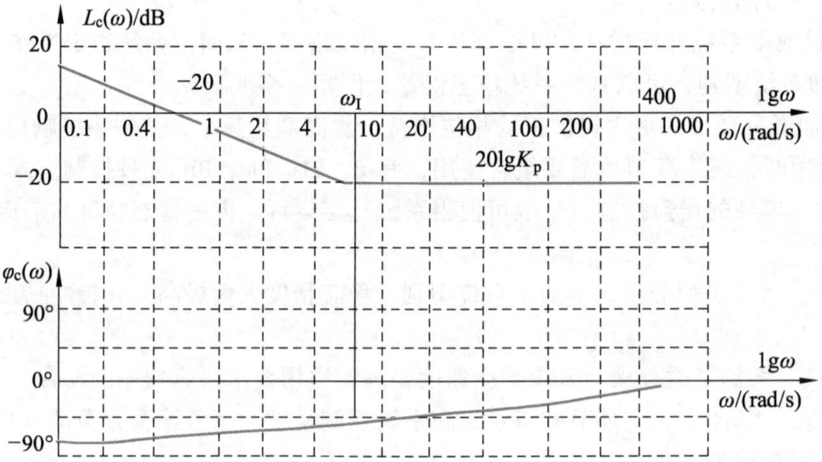


图 6-3-3　PI 调节器伯德图

如图 6-12 所示，其伯德图特性与之前讲解的串联滞后调整相似，只是低频部分不为 0 dB，为 −20 dB 斜线。所以其特性与滞后调整类似，为低通特性，响应速度较慢，但稳态精度更高。

### 6.3.3　PD 调节器

其传递函数为

$$G_c(s)=K_P+K_Ds=K_P(1+T_Ds),\quad T_D=\frac{K_D}{K_P} \tag{6-3-3}$$

式中，$K_P=\dfrac{R_2}{R_1};K_D=R_2\cdot C_1$。

系统有一个零点：$-1/T_D$，系统物理实现电路如图 6-3-4 所示，系统对应伯德图如图 6-3-5 所示。

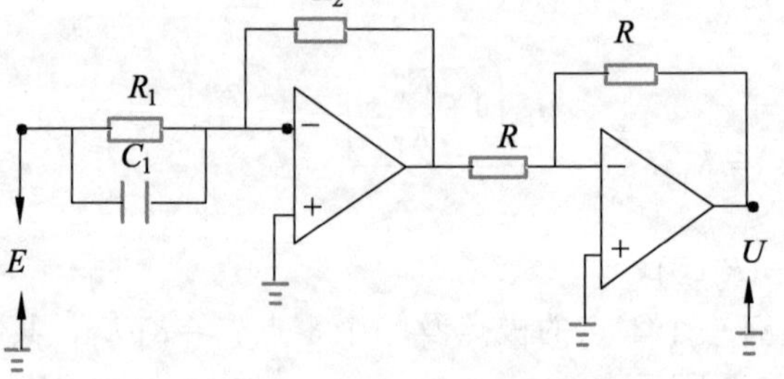


图 6-3-4　PD 调节器电路

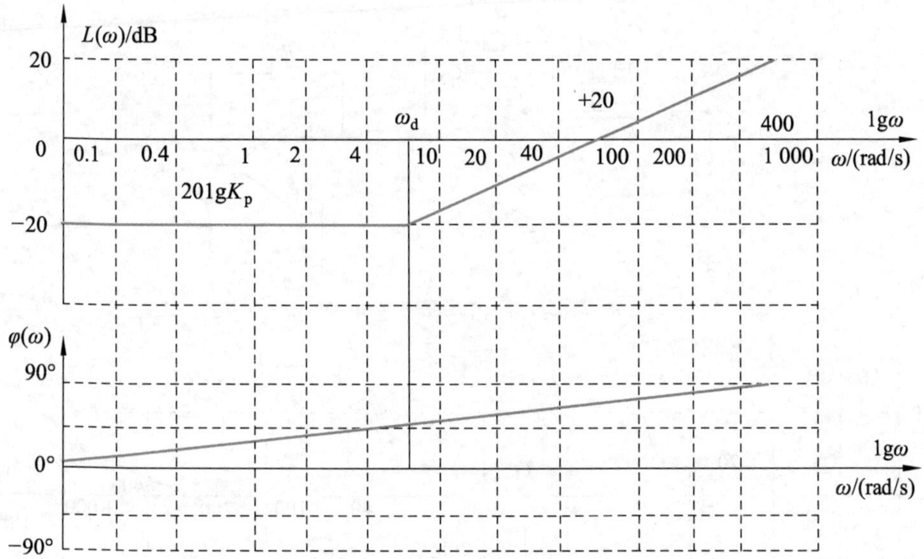


图 6-3-5　PD 调节器伯德图

由图 6-3-5 可知，系统特性与超前校正环节是分享时，为高通特性，只是高频段为+20 dB，可提供最高 90°相位增益。正的相位增益可以在提高系统相位裕度的同时提高截止频率，进而减少调节时间，提高响应速度。但高频噪声抑制能力变差，较容易受到干扰影响，最好结合一定的低通滤波器使用，以改善其综合性能。

## 6.3.4　PID 调节器

其系统传递函数为

$$G_c(s)=K_P+\frac{K_I}{s}+K_D s=K_P\left(1+\frac{K_I}{K_P s}+\frac{K_D}{K_P}s\right)=\left(1+K_{D1}s\right)\left(K_{P2}+\frac{K_{I2}}{s}\right)$$
$$K_P=K_{P2}+K_{D1}K_{I2},K_D=K_{D1}K_{P2},K_I=K_{I2} \tag{6-3-4}$$

$K_P=\dfrac{R_2}{R_1}+\dfrac{C_1}{C_2};K_I=\dfrac{1}{R_1C_2};K_D=R_2C_1$。

或者

$$G_c(s)=\frac{K\left(T_1s+1\right)\left(T_2s+1\right)}{T_1s}$$

式中，$T_1=R_2C_2;T_2=R_1C_1;K=\dfrac{R_2}{R_1}$。

系统有一个在零点的极点，两个零点分别为 $-1/K_{D1}$ 和 $-K_{I2}/K_{P2}$，系统物理实现电路如图 6-3-6 所示，系统对应的伯德图如图 6-3-7 所示。

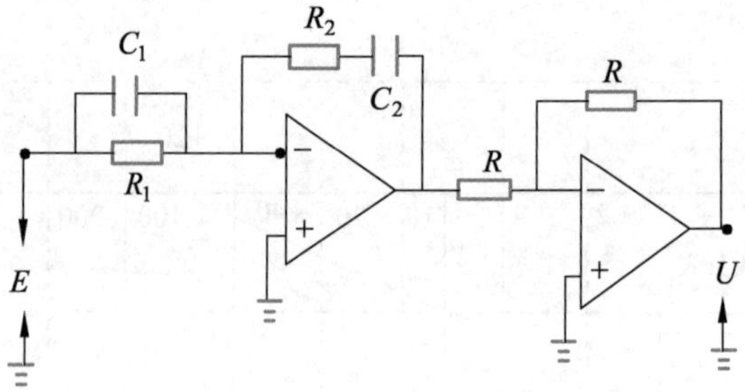


图 6-3-6　PID 调节器电路

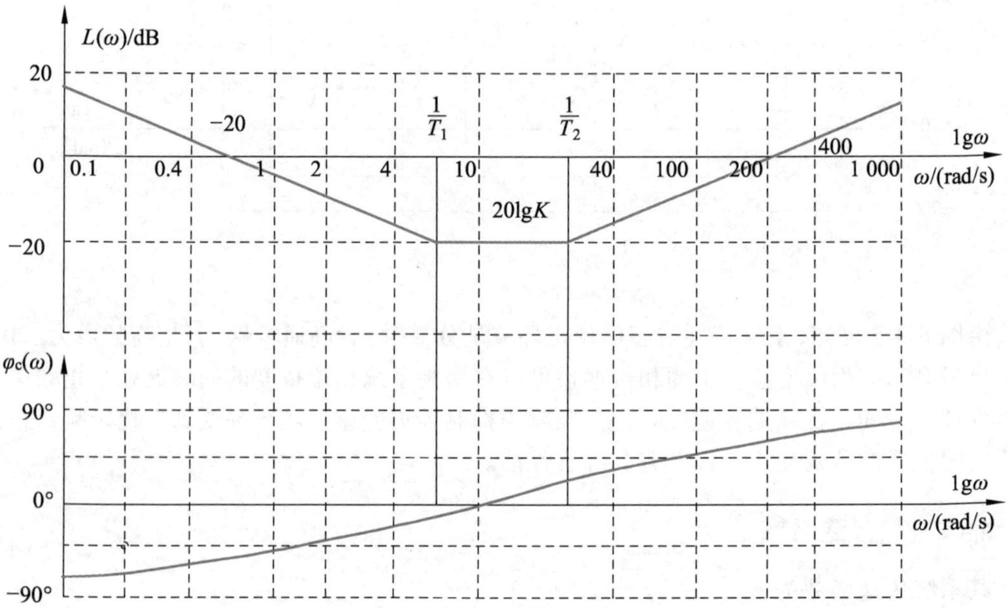


图 6-3-7　PID 调节器伯德图

如图 6-3-7 所示，系统伯德图与滞后-超前调整环节类似，只是低频段为 – 20 dB 斜线，高频段为+20 dB 斜线取代了 0 dB 直线。系统能提供最高 90°相位增益，可提高截止频率 $\omega_c$，提高系统响应速度，同时稳态误差减小。

PID 控制可以在减小稳态误差的同时，提高系统响应速度，综合性能好。但是参数调整复杂，抗干扰能力较差，最好结合一定的低通滤波器使用，以完善其综合性能。

PID 控制器参数的计算，可以通过系统分析，再通过频域校正法来实现。但是，更通常的做法为现场参数整定。这时无须对被控系统传递函数有精确建模，通过现场试验，即可得到所需的控制参数。

## 6.3.5　PID 参数的现场整定

### 1. 响应曲线法

假定被控对象传递函数为

$$G_P(s)=\frac{K}{Ts+1}e^{-\tau s}$$

被控系统开环状态下，对系统施加一阶跃响应，测量系统输出曲线，如图 6-3-8 所示。

图中，$L$ 为等效系统延时参数：$\tau = L$；$T$ 为上升曲线的切线与 0 横坐标及稳态值相交点之差。其数值代表了等效一阶系统的时间常数 $T$，开环增益由输出稳态值比上输入值得到。

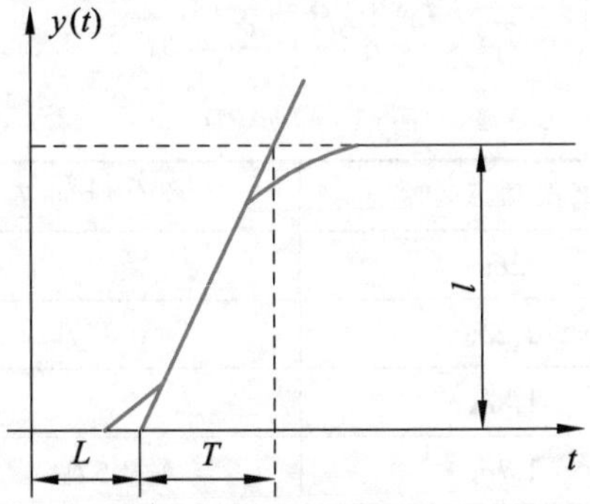


图 6-3-8 系统输出曲线

有了这几个参数，根据表 6-3-1，即可确定 PID 参数。

PID 系统传递函数为

$$G_C(s) = K_P\left(1 + \frac{1}{T_i s} + T_d s\right),\quad \delta = \frac{1}{K_P}$$

表 6-3-1 响应曲线法 PID 参数对应表

| 被控对象 | $\frac{\tau}{T} < 0.2$ | | | $0.2 < \frac{\tau}{T} < 1.5$ | | |
|---|---|---|---|---|---|---|
| 控制参数 | $\delta$/% | $T_i$ | $T_d$ | $\delta$/% | $T_i$ | $T_d$ |
| P | $K\frac{\tau}{T}$ | | | $2.6\frac{\frac{\tau}{T} - 0.08}{\frac{\tau}{T} + 0.7}$ | | |
| PI | $1.1K\frac{\tau}{T}$ | $3.3\tau$ | | $2.6\frac{\frac{\tau}{T} - 0.08}{\frac{\tau}{T} + 0.6}$ | $0.8T$ | |
| PID | $0.85K\frac{\tau}{T}$ | $2\tau$ | $0.5\tau$ | $2.6\frac{\frac{\tau}{T} - 0.08}{\frac{\tau}{T} + 0.88}$ | $0.81T + 0.19\tau$ | $0.25T_i$ |

当系统延迟较小时，$\frac{\tau}{T} < 0.2$，可选用 P 或者 PI 调节；

当系统 $0.2 < \frac{\tau}{T} < 1.0$ 时，可选用 PD 或 PID 调节；

当系统 $\frac{\tau}{T} > 1.0$ 时，建议采用 PID 调节。

2. 临界比例法

系统闭环连接，在纯比例调节作用下，按由小到大调整 $K_P$ 值（由大到小调整 $\delta$），当系统响应达到临界等幅振荡时，记录此时的 P 值 $\delta_k$ 及振荡周期 $T_k$。

按表 6-3-2 经验公式确定控制参数为

$$G_C(s)=K_P\left(1+\frac{1}{T_i s}+T_d s\right),\ \ \delta=\frac{1}{K_P}$$

表 6-3-2　临界比例法 PID 参数整定表

| 调节作用 | 比例项 $\delta$/% | 积分时间 $T_i$ | 微分时间 $T_d$ |
|---|---|---|---|
| P | $2\delta_k$ | | |
| PI | $2.2\delta_k$ | $0.85T_k$ | |
| PD | $1.8\delta_k$ | | $0.1T_k$ |
| PID | $1.7\delta_k$ | $0.5T_k$ | $0.125T_k$ |

3. 衰减曲线法

4∶1 曲线法：系统闭环连接，纯比例控制，按由小到大调整 $K_P$ 值（由大到小调整 $\delta$），当系统响应曲线出现 4∶1 衰减（第一峰值与第二峰值之比为 4∶1），记录此时 $P$ 值 $\delta_k$ 及振荡周期 $T_k$。

按经验公式并结合表 6-3-3 确定控制参数：

$$G_C(s)=K_P\left(1+\frac{1}{T_i s}+T_d s\right),\ \ \delta=\frac{1}{K_P}$$

表 6-3-3　衰减曲线法（4∶1）PID 参数整定表

| 调节作用 | 比例项 $\delta$/% | 积分时间 $T_i$ | 微分时间 $T_d$ |
|---|---|---|---|
| P | $\delta_k$ | | |
| PI | $1.2\delta_k$ | $0.5T_k$ | |
| PID | $0.8\delta_k$ | $0.3\mathrm{T}_k$ | $0.1T_k$ |

10∶1 曲线法：基本同 4∶1 曲线法，只是响应曲线出现 10∶1 衰减时记录此时 P 值 $\delta_k$，以及上升时间 $T_s$。

按上述经验公式并结合表 6-3-4 确定控制参数。

表 6-3-4　衰减曲线法（10∶1）PID 参数整定表

| 调节作用 | 比例项 $\delta$/% | 积分时间 $T_i$ | 微分时间 $T_d$ |
|---|---|---|---|
| P | $\delta_k$ | | |
| PI | $1.2\delta_k$ | $2T\mathrm{s}$ | |
| PID | $0.8\delta_k$ | $1.2T_s$ | $0.4T_s$ |

衰减曲线法注意事项：

（1）给定干扰不宜过大，一般为 5%左右。

（2）必须在系统工艺参数稳定后再测试。

（3）对于反应较快的系统，一般两次振荡即稳定，近似按照 4 : 1 衰减曲线法处理。

实际系统千差万别，这些参数设定只是经验公式，很多时候还需在此基础之上进一步细致调整，以获得更好的控制效果。

小结：PID 参数整定方法，由于无须对复杂系统进行精确建模，即可获得较好的控制效果，因此，其在实际工业控制过程中应用十分广泛。

## 6.4 其他校正方法简介

实际系统中，还有一些控制结构也经常使用，在这里，我们对其做一些简单介绍。

### 6.4.1 反馈控制

反馈校正比较常用，其特点也十分突出，如图 6-4-1 所示。

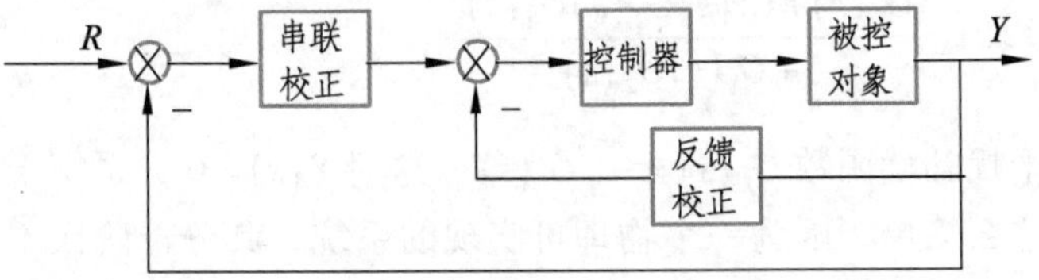


图 6-4-1 反馈控制结构

图 6-4-1 中对被控对象增加了一级反馈校正环节。对于标准的反馈环节（见图 6-4-2），系统闭环传递函数为

$$G_{\mathrm{A}}(s)=\frac{G(s)}{1+G(s)H(s)}$$

当 $G(s)H(s)>>1$ 时，我们有

$$G_{\mathrm{A}}(s)\approx\frac{G(s)}{G(s)H(s)}=\frac{1}{H(s)}$$

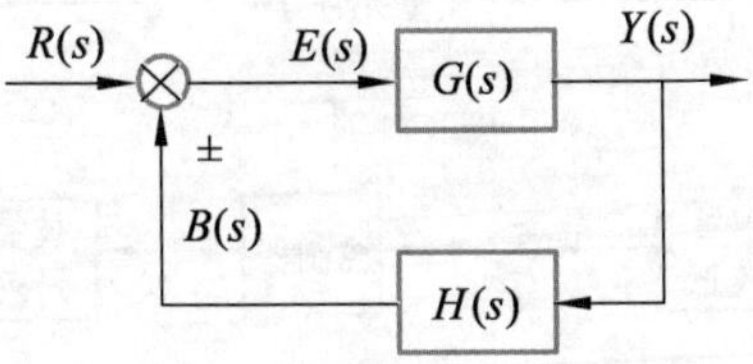


图 6-4-2 标准反馈环节

我们发现，系统的传递函数与被控制对象的特性无关，只与反馈环节参数有关。由此，我们可以屏蔽被控环节对系统性能的影响。有的时候，被控环节有时变的特性，或者非线性因素较强，这时，反馈控制可以非常有效地抑制这些变化对系统性能的影响，保证系统顺利工作。

### 6.4.2 干扰补偿

系统除了控制量，通常还有干扰或噪声输入，增加干扰补偿，可以更好地提高系统控制性能，其结构如图 6-4-3 所示。

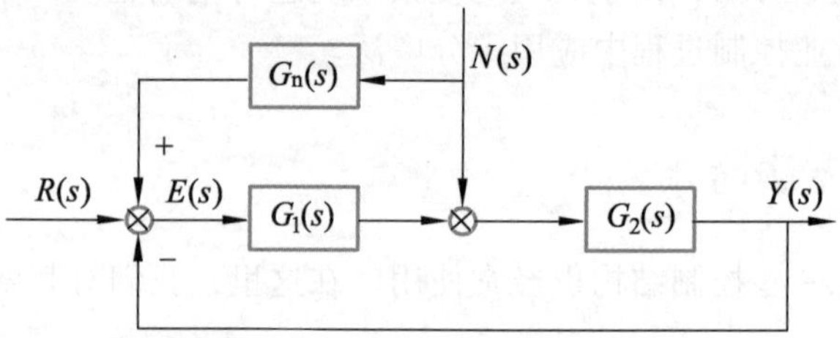


图 6-4-3　干扰补偿结构

可得干扰对系统影响传递函数为

$$Y(s)=\frac{G_2(s)+G_1(s)G_2(s)G_n(s)}{1+G_1(s)G_2(s)}$$

如果我们选择干扰补偿函数 $G_n(s)=-1/G_1(s)$，这时 $Y(s)=0$，系统干扰被完全消除。但是，实际情况没有这么简单，因为一个物理可实现的系统，其分母阶次不低于分子阶次。这样 $G_1(s)$ 和 $G_n(s)$ 总有一个是物理不可实现的，或者一个相位滞后很多，一个相位超前很多，增益很大，物理实现也有困难（容易过饱和）。

其他的控制结构还有前馈补偿（见图 6-4-4），前置校正（见图 6-4-5）等，以及综合使用多种方法的复合校正。综合使用多种方法可得到较为理想的控制效果。

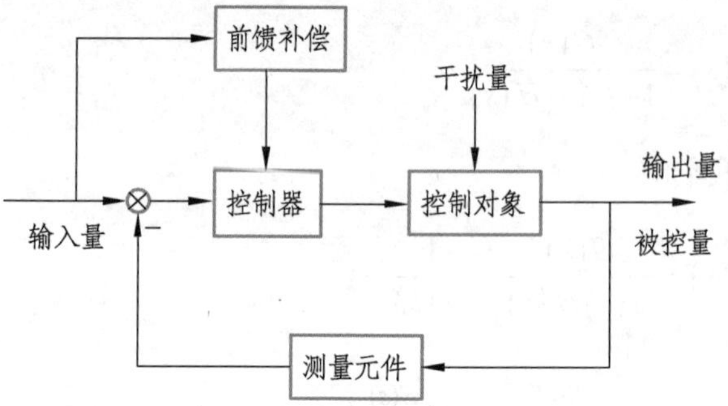


图 6-4-4　前馈补偿结构

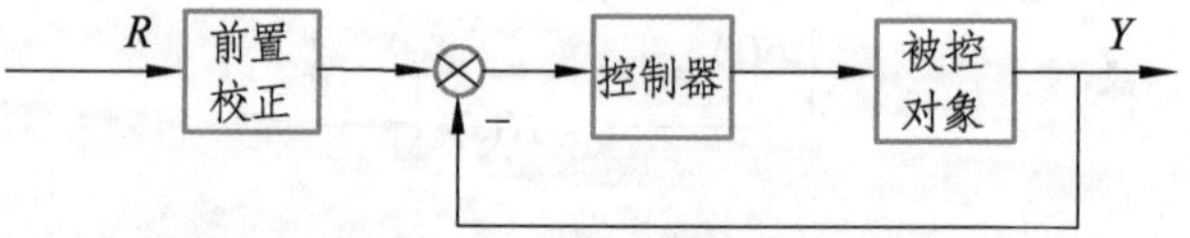


图 6-4-5　前置校正结构

## 6.5 案例分析

下面对直流伺服电机驱动进给系统进行分析。

直流伺服电机驱动的机械进给系统如图 6-5-1 所示。

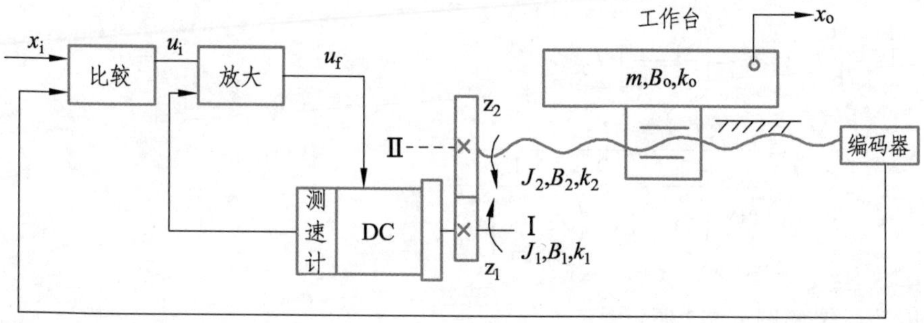


图 6-5-1　直流伺服电机驱动进给系统

系统各部分建模如下：

### 6.5.1 电机系统

$$U = R \cdot I + L\frac{\mathrm{d}I}{\mathrm{d}t} + K_{\mathrm{e}} \cdot \omega$$

式中，$R$ 为电机线圈电阻；$L$ 为电机线圈电感；$K_e$ 为感应电压系数；$\omega$ 为电机转速。

运动方程为

$$T_{\mathrm{e}} - T_{\mathrm{L}} = J_{\mathrm{L}}\frac{\mathrm{d}\omega}{\mathrm{d}t}$$

式中，$T_e$ 为电机转矩，$T_e=K_T \cdot I$；$T_L$ 为阻力转矩，在这里 $T_L=B \cdot \omega$，$B$ 为进给系统等效阻尼系数；$J_L$ 为系统负载总的等效惯量。

整理得到电机系统传递函数为

$$G_1(s) = \frac{K_{\mathrm{T}}}{(R + L \cdot s)(B + J_{\mathrm{L}} \cdot s) + K_{\mathrm{T}} \cdot K_{\mathrm{e}}} \tag{6-5-1}$$

### 6.5.2 机械进给系统

系统等效惯量为

$$J_{\mathrm{L}} = J_1 + J_2\left(\frac{z_1}{z_2}\right)^2 + \frac{mL^2}{4\pi}\left(\frac{z_1}{z_2}\right)^2$$

系统等效阻尼系数为（根据阻尼损耗能量相等计算，仅考虑工作台阻尼损耗）

$$B = B_0\left(\frac{\dot{x}_0}{\theta_1}\right)^2 = B_1\left(\frac{z_1}{z_2}\frac{2L}{\pi}\right)^2$$

系统等效刚性为

$$k = \frac{1}{\dfrac{1}{k_1} + \dfrac{1}{k_2'} + \dfrac{1}{k_0'}}$$

式中，$k_2' = \left(\dfrac{z_1}{z_2}\right)^2 k_2$；$k_0' = \left(\dfrac{z_1}{z_2}\dfrac{L}{2\pi}\right)^2 k_0$。

得到
$$k = \frac{1}{\dfrac{1}{k_1} + \dfrac{1}{\left(\dfrac{z_1}{z_2}\right)^2 k_2} + \dfrac{1}{\left(\dfrac{z_1}{z_2}\dfrac{L}{2\pi}\right)^2 k_0}}$$

等效传动系统如图 6-5-2 所示。

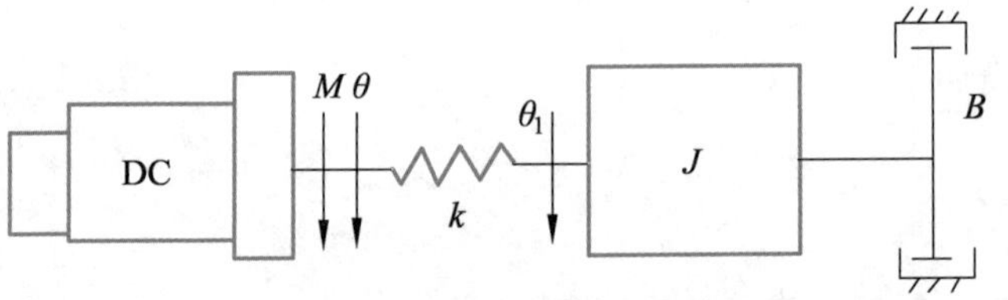


图 6-5-2：机械传动系统等效图

列写运动方程：

$$M = k\left(\theta - \theta_1\right);\ M = J\ddot{\theta}_1 + B\dot{\theta}_1$$

式中，$\theta_1 = \dfrac{z_2}{z_1}\dfrac{2\pi}{L}x$，$x$ 为工作台直线位移。

整理得到其传递函数为

$$G_2(s) = \frac{X_0(s)}{\theta(s)} = \frac{z_2}{z_1}\frac{L}{2\pi}\frac{\omega_n^2}{s^2 + 2\xi\omega_n s + \omega_n^2} \tag{6-5-2}$$

式中，$\omega_n = \sqrt{\dfrac{k}{J}}$ 为机械系统无阻尼自然频率；$\xi = \dfrac{B}{2\sqrt{J\cdot k}}$ 为机械系统阻尼比。

由此得到系统总的框图，如图 6-5-3 所示。

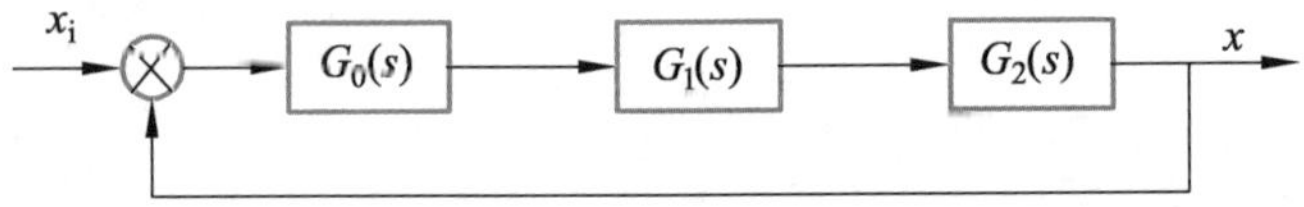


图 6-5-3　系统总框图

$G_0(s)$：为控制函数。

$G_1(s)$：为电机等效传递函数，见式（6-5-1）。

$G_2(s)$：为机械进给系统等效传递函数，见式（6-5-2）。

显然，系统开环传递函数为一四阶系统，设其值为

$$G(s) = G_1(s)\cdot G_2(s) = \frac{10}{(2s+1)(s+1)}\cdot\frac{0.2}{(0.001s+1)(0.002s+1)}$$

要求系统单位阶跃稳态误差小于 0.01；系统原开环增益为 2，要求单位阶跃稳态误差小于 0.01，则增加 $K_P$=50；得到系统传递函数为

$$G'(s)=K_PG_1(s)\cdot G_2(s)=\frac{10}{(2s+1)(s+1)}\cdot\frac{1}{(0.001s+1)(0.002s+1)}$$

伯德图如图 6-5-4 所示。

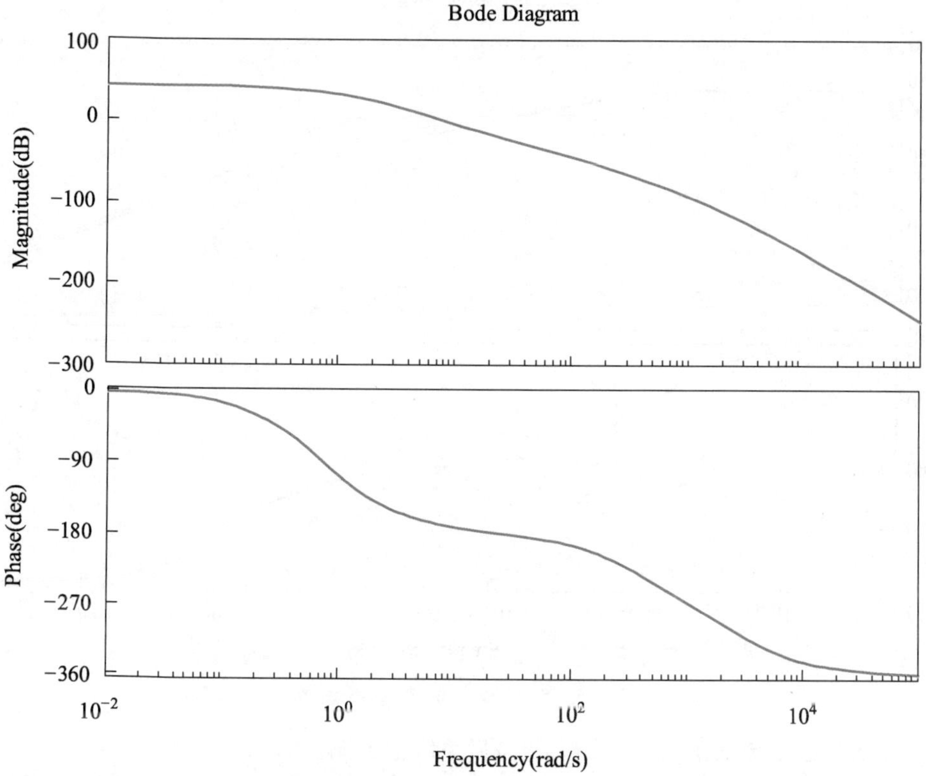


图 6-5-4　校正前系统伯德图

这里，原幅值穿越频率 $\omega_c'=7.07$，相位裕度 $\gamma'=12°$。

（1）$G_0(s)$为一超前校正装置，使得系统相位裕度 $\gamma\geqslant 45°$，并计算此时系统的超调及调整时间。

解：① 相位增益：$\varphi=45°-12°+10°=43°$。

② 求对应的 $\alpha$：$\alpha=(1+\sin43°)/(1-\sin43°)=5.3$。

③ 计算校正后的开环剪切频率：$L(\omega_n)=10\lg(1/\alpha)=-7.2$ dB；$\omega_n=16.3$。

④ 由 $\alpha$、$\omega_n$ 计算出 $T=0.026\,6$；得到校正函数为

$$G_0(s)=\frac{1+\alpha\cdot T\cdot s}{1+T\cdot s}=\frac{1+0.141s}{1+0.026\,6s}$$

⑤ 验算：校正后系统相位裕度 $\gamma=48°$，符合要求。

校正后系统总的开环传递函数为

$$G(s)=\frac{100(0.141s+1)}{(0.026\,6s+1)(2s+1)(s+1)(0.001s+1)(0.002s+1)}$$

由 $\gamma$=48°和 $\omega_n$=16.3 及前一章近似公式可得：

$M_r$=1.34，超调量 $\sigma$ 约 10%，调整时间 $t_s$ 约为 0.54 s。

对应的伯德图如图 6-5-5 所示。

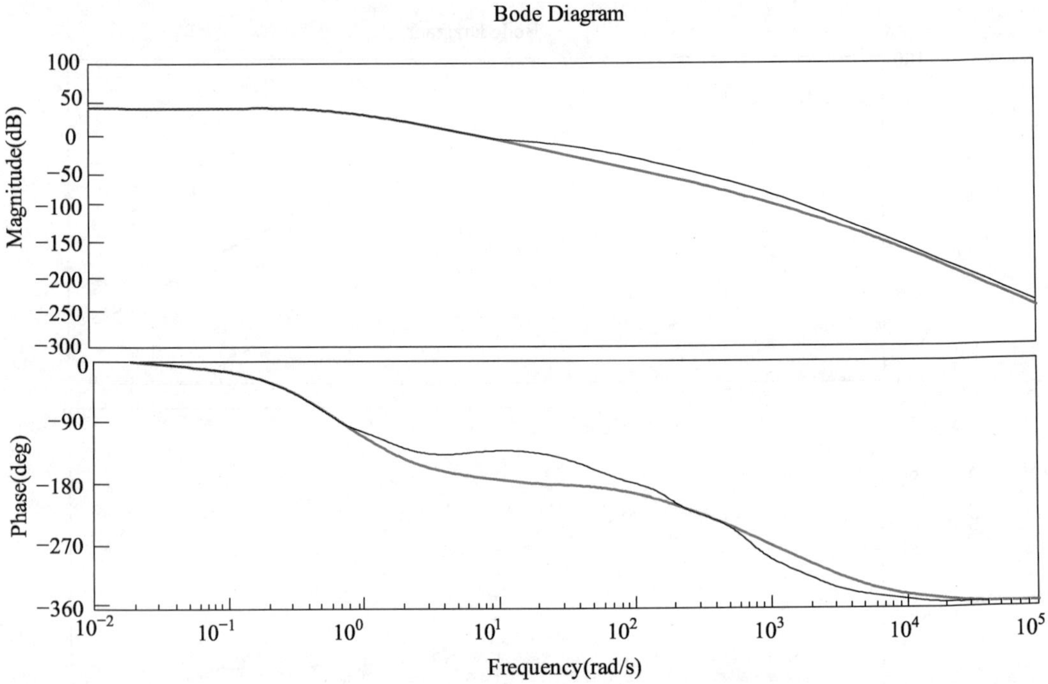


图 6-5-5 超前校正前-后系统伯德图

图中蓝线为原系统伯德图，黑线为调整后系统伯德图。

（2）$G_0(s)$为一滞后校正装置，使得系统相位裕度 $\gamma \geqslant 45°$，并计算此时系统的超调及调整时间。

解：① 相位裕度 $\gamma_0$=45°+10°=55°。

② 计算新的穿越频率 $\omega_c'$：$\varphi(\omega_c')=55°-180°$，$\omega_c'=1.4$。

③ 计算 $\beta$：$L(\omega_c')=20\lg\beta=25.84$ dB，$\beta$=19.6。

④ $\omega_2=1/T=1/5*\omega_c'=0.28$；$T$=3.58；$\omega_1=1/\beta T=0.014\ 3$。

得到校正函数为

$$G_0(s)=\frac{1+3.58s}{1+70s}$$

⑤ 验算校正后系统相位裕度 $\gamma$=44°，基本符合设计要求。

调整后的系统开环传递函数为

$$G(s)=\frac{100(3.58s+1)}{(70s+1)(2s+1)(s+1)(0.001s+1)(0.002s+1)}$$

由 $\gamma$=44°和 $\omega_n$=1.4 及前一章近似公式可得：

$M_r$=1.44，超调量 $\sigma$ 约 14%，调整时间 $t_s$ 约为 7 s。

对应的伯德图如图 6-5-6 所示。

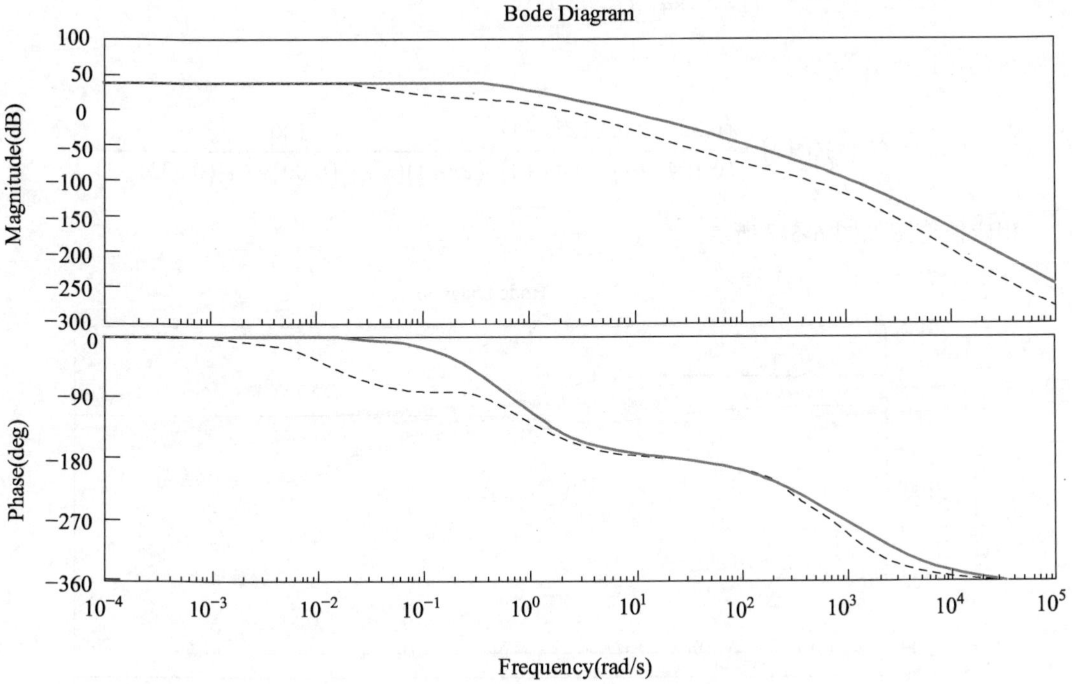


图 6-5-6　滞后校正前-后系统伯德图

图中蓝线为原系统伯德图，黑虚线为调整后系统伯德图。

（3）$G_0(s)$为一滞后超前校正装置，使得系统相位裕度 $\gamma \geqslant 45°$；调整时间（5%）不大于 3 s。

解：$\gamma=45°$时，$M_r$ 约为 1.4，要求 $t_s$ 小于 3 s，则穿越频率 $\omega_c'$ 约为 3.2。

① 计算 $\varphi(\omega_c')=\varphi(3.2)=26°-180°$；$L(\omega_c')=L(3.2)=13.2$ dB。

② 计算超前部分：$\varphi=45°-26°+10°=29°$。

$\alpha=(1+\sin 29°)/(1-\sin 29°)=2.88$；$10\lg\alpha=4.6$ dB；

$\omega_m=\omega_c'=3.2$，则 $T=0.184$。

超前部分传递函数为

$$G_{01}(s)=\frac{1+0.53s}{1+0.184s}$$

③ 计算滞后部分：$20\lg\beta=13.2+4.6=17.8$ dB，$\beta=7.76$；

$$\omega_2=1/T=1/10\cdot\omega_c'=0.32\text{，}T=3.125\text{；}\omega_1=1/\beta T=0.041\text{；}$$

得到校正函数为

$$G_{02}(s)=\frac{1+3.125s}{1+24.4s}$$

总的调整函数为

$$G_0(s)=\frac{(1+0.53s)(1+3.125s)}{(1+0.184s)(1+24.4s)}$$

系统总的传递函数为

$$G(s)=G_0(s)G_1(s)=\frac{(0.53s+1)(3.125s+1)}{(0.184s+1)(24.4s+1)}\cdot\frac{100}{(2s+1)(s+1)(0.001s+1)(0.002s+1)}$$

相应伯德图如图 6-5-7 所示。

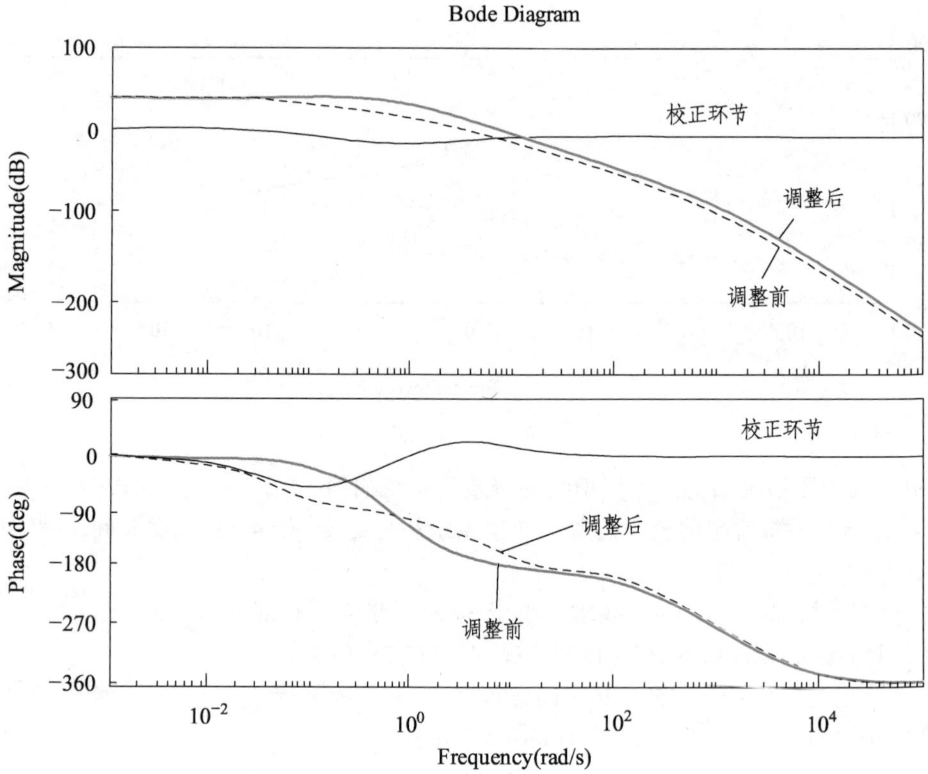


图 6-5-7　滞后-超前校正系统伯德图（校正前，校正后及校正环节）

本章小结：

这一章主要讲解了串联校正的几种方法，有超前校正、滞后校正和滞后–超前校正，以频域伯德图分析为基础，讲解了其基本原理及基本设计流程；讲解了经典的 PID 控制方法（也是串联校正形式），及其现场参数整定方法；介绍了反馈校正、干扰补偿等其他方法。

## 习　题

6-1　系统校正有哪几种形式？

6-2　串联校正有哪几种形式？各有什么特点？

6-3　已知一最小相位系统其开环传递函数 $G_0(s)$及校正函数 $G_c(s)$如图 6-1 所示。

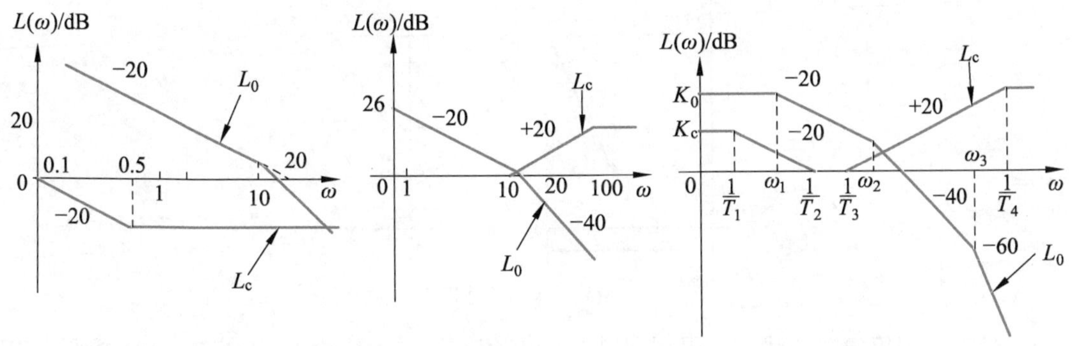


（a）　　　　（b）　　　　（c）

图 6-1　题 6-3 图

（1）请写出校正后系统的传递函数；

（2）分析各个 $G_c(s)$对系统的作用及其优缺点。

6-4　系统开环传递函数为 $G(s)=\dfrac{K}{s(0.2s+1)(0.062\,5s+1)}$，要求：静态速度误差 $K_v>40$，相位裕度 $\gamma>30°$，幅度裕度 $h>10$ dB。请设计一超前校正系统满足此要求，并计算调整前后系统的穿越频率 $\omega_c$ 的值。

6-5　系统开环传递函数为 $G(s)=\dfrac{K}{s\left(\dfrac{s}{2}+1\right)\left(\dfrac{s}{6}+1\right)}$，要求：系统静态速度误差 $K_v>7$，相位裕度 $\gamma>30°$，幅度裕度 $h>10$ dB。请设计一串联滞后校正系统满足此要求，并计算调整前后系统的穿越频率 $\omega_c$ 的值，并估算调整后系统的调整时间 $t_s$ 及超调量 $\sigma\%$。

6-6　系统开环传递函数为 $G(s)=\dfrac{K}{s\left(\dfrac{s}{10}+1\right)\left(\dfrac{s}{60}+1\right)}$，要求：静态速度误差 $K_v>126$，系统相位裕度 $\gamma>30°$，调整后系统截止频率 $\omega_c=20$。请设计串联滞后-超前校正系统满足此要求，并估算调整后系统的调整时间 $t_s$ 及超调量 $\sigma\%$。

6-7　系统开环传递函数为 $G(s)=\dfrac{K}{s(0.1s+1)(0.01s+1)}$，要求：系统静态速度误差 $K_v>250$，系统截止频率 $\omega_c>30$，系统相位裕度 $\gamma>45°$。请设计一串联校正系统满足此要求。

6-8　PID 校正三个环节是什么？各有什么特点？

6-9　PI，PD，PID 校正各有什么特点？与前述串联校正方法有什么联系？

6-10　PID 参数的现场整定方法有哪几种？

6-11　试着描述一下 PID 参数整定中，等幅振荡法的基本步骤。

6-12　系统开环情况下，单位阶跃激励作用输出如图 6-2 所示。其中，$L=3$，$T=4.2$，请给出 PI 控制、PD 控制及 PID 控制的相关参数。

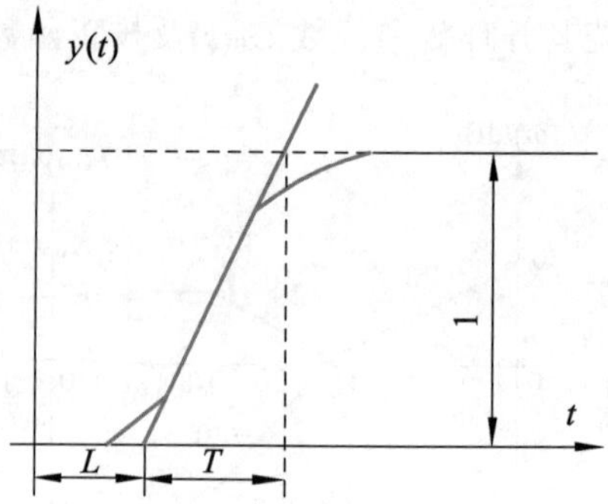


图 6-2　题 6-12 图

6-13　采用等幅振荡法，测得周期 $T_k$=3，$P$ 值 $\delta_k$=3.2，请给出 PI 控制、PD 控制、PID 控制的相关参数。

6-14　反馈校正有什么特点？有什么注意事项？

6-15　干扰补偿校正有什么特点？有何注意事项？

# 第 7 章

# 线性离散系统分析

现代化控制系统中，计算机的使用已经越来越普遍，与之相对应的离散控制原理及设计也越来越重要。本章我们先介绍离散控制相关数学理论及分析方法，然后介绍基本设计方法。

## 7.1　采样控制系统及采样定律

### 7.1.1　采样过程的数学模型

运用计算机进行控制，必须把被控的模拟量通过 A/D 变换器转换成对应的数字量，再进行处理；处理完之还需经由 D/A 变换器转换成相应的模拟量，用于实际系统的控制驱动。因此研究 A/D 和 D/A 变换过程的特性就十分重要，相应结构如图 7-1-1 所示。

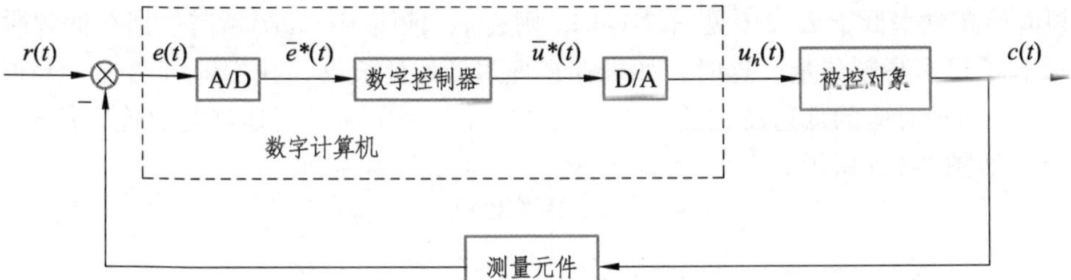


图 7-1-1　A/D 和 D/A 变换过程

理想的 A/D 变换是把连续输入的模拟量 $c(t)$，按照一定的时间间隔（采样周期 $T$），获取其模量数值，输入计算机形成输入信号序列 $c(k)$的过程。如图 7-1-2 所示，左半部为实际采样过程，右半部为理想化的采样过程（采样转换时间为 0）。

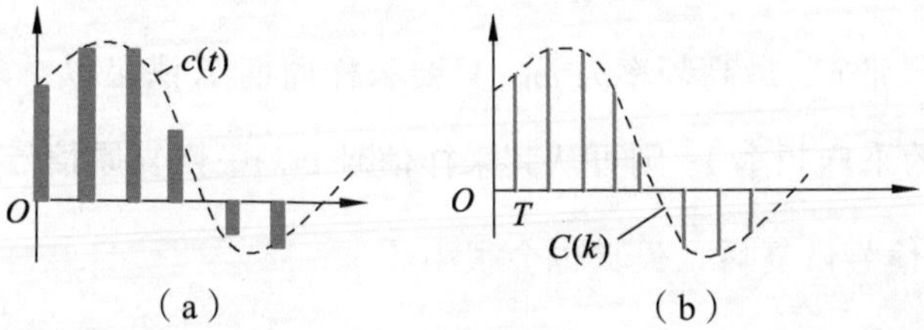


图 7-1-2　采样过程

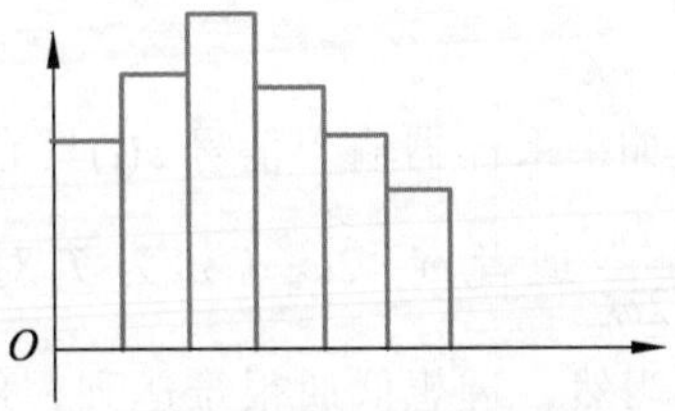


图 7-1-3　阶梯状信号

当计算机经计算生成了输出数据序列，由 D/A 变换器输出为对应的模拟量。输出时，D/A 变换器按周期 $T$ 改变输出模拟量，实际输出特性为阶梯状信号，如图 7-1-3 所示。

采样过程,其数学模型可以用一系列的间隔周期为 $T$ 的单位脉冲函数与输入连续信号 $c(t)$ 相乘得到。所以采样后的序列为

$$c(k)=\sum_{k=0}^{\infty}\delta(t-kT)\cdot c(t)=\sum_{k=0}^{\infty}c(kT)\delta(t-kT) \quad (7\text{-}1\text{-}1)$$

式中，$c(k)$为 $c(t)$的采样点序列的集合。

接下来我们来看一看 $c(k)$信号的频谱特性，看一看其与 $c(t)$的频谱有什么关系。

由信号与系统相关知识可知，信号时域相乘，等效于频域卷积，由此可得 $c(k)$序列频谱特性如图 7-1-4 所示，左边为 $c(t)$频谱，右边为 $c(k)$序列的频谱。

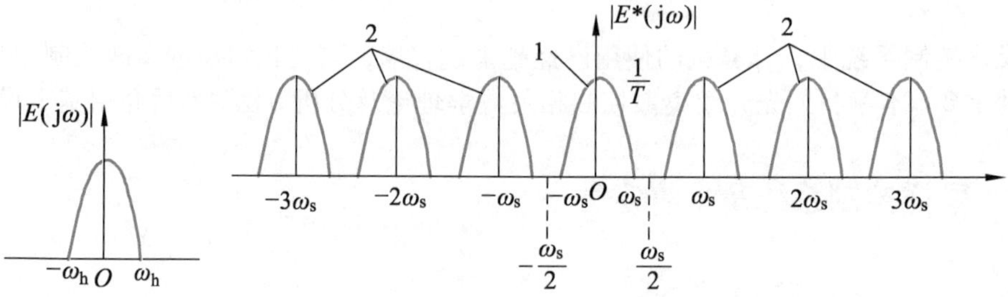


图 7-1-4 $c(t)$与 $c(k)$频谱

由图 7-1-4 可看出，$c(k)$频谱为 $c(t)$频谱按采样频率 $\omega_s$ 平移叠加得到。这样我们看到，如果 $c(t)$频谱最高频率低于 $\omega_s/2$（见图 7-1-4），则在 $c(k)$频谱中，$c(t)$频谱数据在低频段保持不变，只是多了很多高频分量。这时，如果存在理想低通滤波器，我们即可通过 $c(k)$频谱恢复出 $c(t)$频谱，同理对应的低通滤波器可以从 $c(k)$脉冲序列中无失真地恢复出连续信号 $c(t)$。反之则不行，如图 7-1-5 所示。

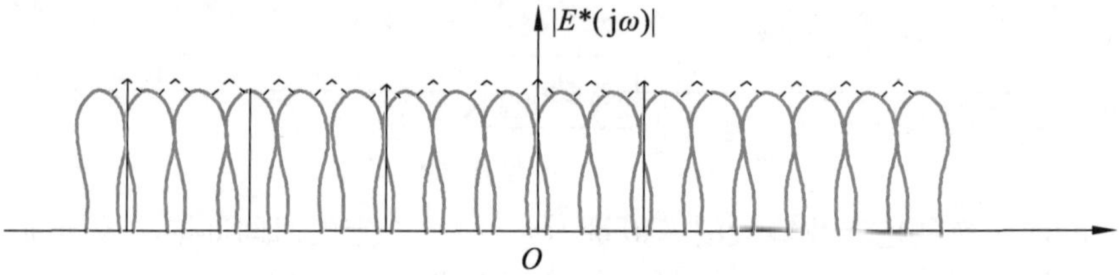


图 7-1-5 有混叠的采样信号频谱

### 7.1.2 香农采样定律

如果采样器输入信号 $c(t)$具有有限带宽，最高频率为 $\omega_h$，只要采样周期 $T_s$ 满足以下条件：$T_s \leqslant \frac{2\pi}{2\omega_h}$ 或者 $\omega_s \geqslant 2\omega_h$（$\omega_s$ 为 $T_s$ 对应的采样频率），则可从其采样信号 $c(k)$中恢复原信号 $c(t)$。

当然，理想低通很难达到，但是信号恢复后，失真也会很小。

接下来再来看一看输出部分。

输出信号可以看作一系列阶梯信号的组合，可以看作是脉冲信号序列与单位零阶保持器的卷积。单位零阶保持器为

$$g_h(t)=1(t)-1(t-T) \quad （T \text{ 为采样周期}） \quad (7\text{-}1\text{-}2)$$

时域卷积等效于频域相乘，我们看一看零阶保持器 $g_{\mathrm{h}}(t)$ 的频域特性。

其对应的拉氏变换为

$$G_{\mathrm{h}}(s)=L\left(g_{\mathrm{h}}(t)\right)=L\left(1(t)-1(t-T)\right)=\frac{1}{s}-\frac{\mathrm{e}^{-Ts}}{s}=\frac{1-\mathrm{e}^{-Ts}}{s}$$

其频率特性为

$$G_{\mathrm{h}}(\mathrm{j}\omega)=\frac{1-\mathrm{e}^{-\mathrm{j}\omega T}}{\mathrm{j}\omega}=2\mathrm{e}^{-\mathrm{j}\omega T/2}\frac{\left(\mathrm{e}^{\mathrm{j}\omega T/2}-\mathrm{e}^{-\mathrm{j}\omega T/2}\right)}{2\mathrm{j}\omega}=\frac{2\pi}{\omega_{\mathrm{s}}}\cdot\frac{\sin\left(\pi\omega/\omega_{\mathrm{s}}\right)}{\pi\omega/\omega_{\mathrm{s}}}\cdot\mathrm{e}^{-\mathrm{j}\pi\omega/\omega_{\mathrm{s}}};\omega_{\mathrm{s}}=\frac{2\pi}{T} \tag{7-1-3}$$

由频率特性图 7-1-6 可看出，其幅频特性为低通特性，在 $N\omega_{\mathrm{s}}$（$N$ 为正整数）处有 0 值输出，高频抑制作用良好；其相频特性为延迟环节特性，延迟时间为 $T/2$（$T$ 为采样周期）。

注意：如果采样频率远高于信号频率，则几乎可以近似等效为 $T/2$ 延迟环节。

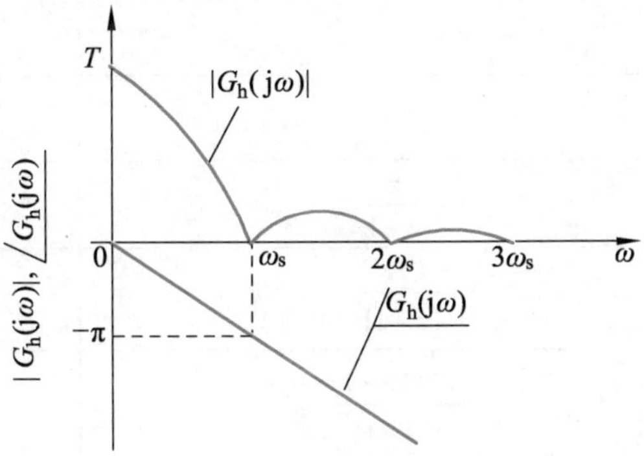


图 7-1-6 频率特性

对 A/D、D/A 变换环节做了基本特性分析后，我们再对其进行较为完善的数学分析。

## 7.2 $z$ 变换及其特性

### 7.2.1 $z$ 变换定义

对式（7-1-1）采样信号 $c(k)$做拉氏变换：

$$\begin{aligned}C^{*}(s)&=L\left(c(k)\right)=L\left(\sum_{k=0}^{\infty}c(kT)\delta(t-kT)\right)\\&=\sum_{k=0}^{\infty}c(kT)L\left(\delta(t-kT)\right)=\sum_{k=0}^{\infty}c(kT)\mathrm{e}^{-kTs}\end{aligned} \tag{7-2-1}$$

【例 7-2-1】 设 $c(t)=1(t)$，即为单位阶跃信号，求其采样序列 $c(k)$的拉氏变换。

解：$C^{*}(s)=\sum_{k=0}^{\infty}c(kT)\mathrm{e}^{-kTs}=1+\mathrm{e}^{-Ts}+\mathrm{e}^{-2Ts}+\cdots+\mathrm{e}^{-nTs}+\cdots=\frac{1-\mathrm{e}^{-nTs}}{1-\mathrm{e}^{-Ts}},n\to\infty$

当 $Ts<1$ 时，序列收敛，$\mathrm{e}^{-nTs}=0$，所以 $C^{*}(s)=\frac{1}{1-\mathrm{e}^{-Ts}}$；如果序列不收敛，积分不存在。

$z$ 变换定义：

在这里我们定义 $z=\mathrm{e}^{Ts}$，则式（7-2-1）变换为

$$C(z)=\sum_{k=0}^{\infty}c(kT)\cdot z^{-k} \qquad (7\text{-}2\text{-}2)$$

这就是 $z$ 变换的定义。

例 7-2-1 中的单位阶跃函数采样序列对应的 $z$ 变换为 $C(z)=\dfrac{1}{1-z^{-1}}$；如该例中，信号序列的 $z$ 变换由级数序列求和得到。

## 7.2.2 常用函数的 $z$ 变换

在这里，我们列出一些常用函数的 $z$ 变换及其对应的拉氏变换，如表 7-2-1 所示。

表 7-2-1 常用信号 $z$ 变换

| 时间函数 $c(t)$ | $z$ 变换 $C(z)$，$T$ 为周期 | 拉氏变换 $C(s)$ |
|---|---|---|
| $\delta(t)$ | $1$ | $1$ |
| $\delta(t-nT)$ | $z^{-n}$ | $\mathrm{e}^{-ns}$ |
| $1(t)$ | $\dfrac{z}{z-1}$ | $\dfrac{1}{s}$ |
| $t$ | $\dfrac{Tz}{(z-1)^2}$ | $\dfrac{1}{s^2}$ |
| $\dfrac{t^2}{2!}$ | $\dfrac{T^2z(z+1)}{z(z-1)^3}$ | $\dfrac{1}{s^3}$ |
| $a^{t/T}$ | $\dfrac{z}{z-a}$ | $\dfrac{1}{s-(1/T)\ln a}$ |
| $\mathrm{e}^{-aT}$ | $\dfrac{z}{z-\mathrm{e}^{-aT}}$ | $\dfrac{1}{s+a}$ |
| $t\cdot\mathrm{e}^{-aT}$ | $\dfrac{T\cdot z\cdot\mathrm{e}^{-aT}}{(z-\mathrm{e}^{-aT})^2}$ | $\dfrac{1}{(s+a)^2}$ |
| $\dfrac{1}{2}t^2\mathrm{e}^{-aT}$ | $\dfrac{T^2z\mathrm{e}^{-aT}}{2(z-\mathrm{e}^{-aT})^2}+\dfrac{T^2z\mathrm{e}^{-2aT}}{(z-\mathrm{e}^{-aT})^3}$ | $\dfrac{1}{(s+a)^3}$ |
| $\sin\omega t$ | $\dfrac{z\sin\omega T}{z^2-2z\cos\omega T+1}$ | $\dfrac{\omega}{s^2+\omega^2}$ |
| $\cos\omega t$ | $\dfrac{z(z-\cos\omega T)}{z^2-2z\cos\omega T+1}$ | $\dfrac{s}{s^2+\omega^2}$ |
| $\mathrm{e}^{-at}\sin\omega t$ | $\dfrac{z\mathrm{e}^{-aT}\sin\omega T}{z^2-2z\mathrm{e}^{-aT}\cos\omega T+\mathrm{e}^{-2aT}}$ | $\dfrac{\omega}{(s+a)^2+\omega^2}$ |
| $\mathrm{e}^{-at}\cos\omega t$ | $\dfrac{z^2-z\mathrm{e}^{-aT}\cos\omega T}{z^2-2z\mathrm{e}^{-aT}\cos\omega T+\mathrm{e}^{-2aT}}$ | $\dfrac{s+a}{(s+a)^2+\omega^2}$ |
| $\sinh\omega t$ | $\dfrac{z\sinh\omega T}{z^2-2z\cosh\omega T+1}$ | $\dfrac{\omega}{s^2-\omega^2}$ |
| $\cosh\omega t$ | $\dfrac{z(z-\cosh\omega T)}{z^2-2z\cosh\omega T+1}$ | $\dfrac{s}{s^2-\omega^2}$ |

### 7.2.3 z 变换性质

z 变换与拉氏变换有很多相似之处，性质上也有很多类似。

1. 线性定理

若 $C_1(z)=Z(c_1(t)),C_2(z)=Z(c_2(t)),c(t)=a_1c_1(t)+a_2c_2(t)$,则

$$C(z)=Z(c(t))=a_1C_1(z)+a_2C_2(z) \tag{7-2-3}$$

z 变换满足齐次性和叠加性。

2. 实数位移定理

滞后定理： $Z(c(t-kT))=z^{-k}C(z)$

超前定理： $$Z(c(t+kT))=z^k\left(C(z)-\sum_{n=0}^{k-1}c(nT)z^{-n}\right) \tag{7-2-4}$$

时域位移中的滞后定理为我们在计算机实现 z 变换函数提供了便利，相应的有理多项式形式的 z 变换表达式十分便于用计算机实现。

3. 复数位移定理

$$Z\left(\mathrm{e}^{\mp at}c(t)\right)=C\left(z\cdot\mathrm{e}^{\pm aT}\right) \tag{7-2-5}$$

4. 终值定理

$$\lim_{n\to\infty}c(nT)=(z-1)C(z) \tag{7-2-6}$$

与拉氏变换类似，终值定理可用于计算稳态误差。

5. 卷积定理

设 $x(nT)$和 $y(nT)$为两个采样序列，其离散序列卷积定义为

$$x(nT)*y(nT)=\sum_{k=0}^{\infty}x(kT)\cdot y(n-kT)$$

则卷积定理为

$$\begin{aligned}&g(nT)=x(nT)*y(nT)\Leftrightarrow G(z)=X(z)\cdot Y(z)\\&X(z)=Z(x(nT)),Y(z)=Z(y(nT))\end{aligned} \tag{7-2-7}$$

与时域卷积定理类似，其提供了离散滤波器设计基本方法。

与拉氏变换类似，z 变换可以把差分方程转换为代数方程，在 z 域求解，然后再返回至时域，得到差分方程的解序列。

例如，$y(k)=a_1c(k)-a_2c(k-1)$，利用式（7-2-4）滞后定理和式（7-2-3）线性定理，可得

$Y(z)=a_1C(z)-a_2z^{-1}C(z)=(a_1-a_2z^{-1})C(z)$，由此可求出 $Y(z)$。

但若要得到 $y(k)$，还需 $z$ 反变换，由 $Y(z)$ 求出。

### 7.2.4 z 反变换

这里主要有 3 种求解 $z$ 反变换的方法。

1. 部分分式法

与拉氏变换类似，如果 $C(z)$ 表达式为有理多项式分式形式，把 $C(z)$ 展开成部分分式形式，每个部分分式可查 $z$ 变换表，得到对应的时域序列，再叠加即可得到变换结果。这个过程需要对 $C(z)$ 分母的有理多项式做因式分解，得到极点值，再做部分分式展开。例如，对于 $C(z)=\sum_{i=1}^{n}\frac{A_iz}{z-z_i}$，逐项查表得到 $c_i(nT)=Z^{-1}\left(\frac{A_iz}{z-z_i}\right),i=1,2\cdots n$，最终反变换序列 $c(nT)=\sum_{i=1}^{n}c_i(nT)$，对应的时域信号为 $c^*(nT)=\sum_{n=0}^{\infty}\sum_{i=1}^{n}c_i(nT)\delta(t-nT)$，对于有理多项式形式的 $z$ 函数表达式，大多采用此种方法。与拉氏反变换类似，如需获得相应极点值，需要求解高阶代数方程。

2. 幂级数法

$C(z)$ 为有理多项式分式形式，采用长除法，即可获得对应的时域输出序列。

【例 7-2-2】 $X(z)=\frac{10z^{-1}}{1-3z^{-1}+2z^{-2}}$，求 $x(kT)$，$k$=0，1，2，3，4 的值。

解：应用长除法，得到 $x(kT)=10z^{-1}+30z^{-2}+70z^{-3}+150z^{-4}\cdots$

可得 $x(0)=10$，$x(1)=30$，$x(2)=70$，$x(4)=150$

幂级数法计算简便，但是难以得到 $x(k)$ 的解析表达式。

3. 反演积分法

与拉氏反变换类似，我们可以根据定义，用积分的方法获得时域解，即

$$x(kT)=\frac{1}{2\pi \mathrm{j}}\oint X(z)z^{k-1}\mathrm{d}z$$

拉氏变换时选择一根与虚轴平行的线（在所有极点右边）进行积分，$z$ 反变换时，采用对应闭环圆回路（包含所有极点）积分即可。

## 7.3 脉冲传递函数

### 7.3.1 z 函数的实现：差分方程的求解

一阶差分可表示为

$$\frac{x(k)-x(k-1)}{T}$$

式中，$T$ 为采样周期。

二阶差分可表示为

$$\frac{x(k)-x(k-1)}{T^2}-\frac{x(k-1)-x(k-2)}{T^2}=\frac{x(k)-2x(k-1)+x(k-2)}{T^2}$$

则 $n$ 阶后向线性常系数差分方程一般形式为

$$c(k)+a_1c(k-1)+\cdots+a_nc(k-n)=b_0r(k)+b_1r(k-1)+\cdots+b_mr(k-m)$$

整理可得

$$c(k)=-\sum_{i=1}^{n}a_ic(k-i)+\sum_{j=0}^{m}b_mr(k-j) \tag{7-3-1}$$

对式（7-3-1）两边做 $z$ 变换，利用式（7-2-3）线性定理和式（7-2-4）实数滞后定理，可得

$$C(z)\left(1+\sum_{i=1}^{n}a_iz^{-i}\right)=R(z)\sum_{j=0}^{m}b_jz^{-j}\Rightarrow G(z)=\frac{C(z)}{R(z)}=\frac{\sum_{j=0}^{m}b_jz^{-j}}{1+\sum_{i=1}^{n}a_iz^{-i}} \tag{7-3-2}$$

我们看到，拉氏变换对应的是微分方程，$z$ 变换对应的是差分方程。

由式（7-3-1）和式（7-3-2）可知，如果有一个 $z$ 域的有理多项分式 $G(z)$，就可以利用式（7-3-1）求出时域的差分方程。

### 7.3.2 脉冲传递函数的计算

**脉冲传递函数**：一离散系统，输入序列为 $r(k)$对应 $z$ 变换为 $R(z)$，零状态时的输出序列为 $c(k)$对应 $z$ 变换为 $C(z)$，则该离散系统脉冲传递函数为

$$G(z)=\frac{C(z)}{R(z)}$$

采样环节系统方框图如图 7-3-1 所示。

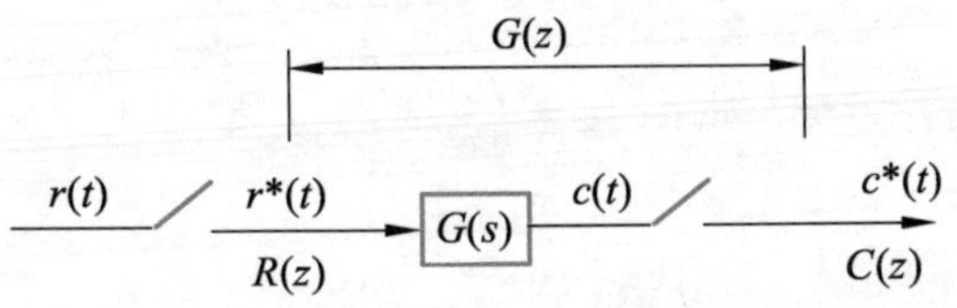


图 7-3-1 采样环节系统方框图

该定义与传递函数定义十分类似，$G(z)$也反映了离散系统的特征，由系统参数决定。对离散系统设计而言，计算出校正环节的 $G(z)$即可。其实现可根据式（7-3-1），用差分方程，由计算机方便实现。

由式（7-3-1）和（7-3-2）可知，离散系统的脉冲传递函数 $G(z)$和其对应差分方程以及相对应的脉冲激励输出序列均代表了离散系统的特征，互相之间可以相互转换。这与连续系统中的系统传递函数 $G(s)$，系统微分方程与单位脉冲输出信号之间的关系类似。

如图 7-3-1 所示，脉冲传递函数 $G(z)$与连续函数 $G(s)$的关系是：对于 $G(s)$系统，若输入为 $r(t)$则输出为 $c(t)$，其对应的脉冲传递函数 $G(z)$需满足条件，若其输入 $r^*(t)(r(k))$为 $r(t)$的采样值时，其输出信号 $c^*(t)(c(k)$序列)为 $c(t)$的采样值。这样，我们认为该 $G(z)$为原连续系统传递函数 $G(s)$在采样周期 $T$ 时对应的脉冲传递函数。

注意：$c(k)$序列只是在采样时刻与 $c(t)$相等，其他时刻信息缺失。因此，只有当 $c(t)$信号频谱与采样周期 $T$ 满足香农采样定律时，我们能从 $c(k)$中无损恢复出 $c(t)$。若条件不满足，我们将无法从 $c(k)$中复原 $c(t)$。

图 7-3-1 中，在 A/D 输入端口，$r^*(t)$为 $r(t)$的采样，须满足香农定律；请注意，在输出端 D/A 环节，$c^*(t)$也是 $c(t)$的采样，也许满足香农采样定律，这一点较容易被忽略。

如果信号不满足采样定律，出现频谱混叠，如图 7-1-5 所示，则 $c^*(t)$对应的时域信号波形和 $c(t)$原有波形就会有较大区别。高频损失很多，低频也有较大畸变，系统的实际响应及系统性能将难以把握。

如果出现频谱混叠，高频部分将混叠到低频部分，形成较强的低频干扰。实际系统，通常会具备较多的惯性环节，可以非常有效地抑制高频干扰对系统的影响。但是对于低频干扰却无能为力。而采样环节的混叠现象，会把系统中常见的高频干扰转移到低频段，使得系统受到大的低频干扰，从而使系统产生较大的动态波动，影响系统运行的平稳性。尤其是某些非线性系统，干扰幅度过大，会导致系统进入非稳定工作区间，导致系统发散。

如果 $c^*(t)$满足香农采样定律，则输出端 D/A 变换器对应的零阶滤波器及后续的惯性低通环节，均能有效滤除 $c^*(t)$的高频信号，比较好地还原出原有 $c(t)$，这样除了一点轻微的时延$(T/2)$外，$c^*(t)$与 c$(t)$几乎相等。这样的离散系统与原连续系统具有几乎一致的响应特性及控制特性。

那么如何求出 $G(s)$对应的 $G(z)$呢？由定义可知，只要输出序列为输出连续信号采样即可。这样，根据叠加定理，我们可以把 $G(s)$按部分分式法分解为多个基本环节之和，每个基本环节对应 $z$ 域环节可查 $z$ 变换表（见表 7-2-1），再加起来，即可得到等效的 $G(z)$了。

【例 7-3-1】 求 $G(s)=\dfrac{3}{s(s+3)}$对应的 $G(z)$。

解：$G(s)=\dfrac{1}{s}-\dfrac{1}{s+3}$

查表 7-2-1 可得

$$G(z)=\frac{z}{z-1}-\frac{z}{z-\mathrm{e}^{-3T}}=\frac{z\left(1-\mathrm{e}^{-3T}\right)}{(z-1)\left(z-\mathrm{e}^{-3T}\right)}$$

系统除了有离散控制环节，通常还有许多连续量环节，两者共同构成整个控制系统。我们可以把离散控制环节按照连续环节来处理分析，注意香农采样定律即可；我们也可以把整个系统按照离散模型来建模，然后分析其特性，进而对其进行校正设计。

### 7.3.3 混合系统的等效脉冲传递函数

**混合系统的离散建模：**

串联环节如图 7-3-2 所示。

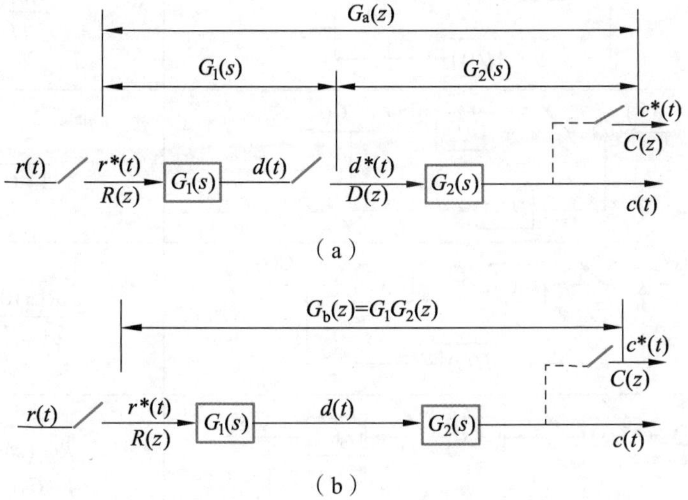


图 7-3-2　混合模型系统离散建模示意图

图 7-3-2（a）中，$G_a(z)=G_1(z)G_2(z)$，图 7-3-2（b）中 $G_b(z)=G_1G_2(z)$；

注意：$G_a(z)$和 $G_b(z)$差别很大。若 $G_1(s)=1/s$，$G_2(s)=3/(s+3)$，则查表 7-2-1 有 $G_1(z)=z/(z-1)$，$G_2(z)=3z/(z-\mathrm{e}^{-3T})$；这样我们得到：

$$G_a(z)=\frac{3z^2}{(z-1)(z-\mathrm{e}^{-3T})},\quad G_b(z)=\frac{z(1-\mathrm{e}^{-3T})}{(z-1)(z-\mathrm{e}^{-3T})}$$

所以，准确的等效离散系统建模很重要。

如果 D/A 环节有零阶保持器模型，则串联一个等效传递函数即可：

$$G_h(s)=\frac{1-\mathrm{e}^{-sT}}{s}$$

其

$$G(z)=(1-z^{-1})Z\left(\frac{G_0(s)}{s}\right)$$

式中，$G_0(s)$为不考虑零阶保持器时，对应的传递函数。

闭环离散系统相应离散建模如表 7-3-1 所示。

表 7-3-1　**闭环离散建模**

| 序号 | 结构图 | $G(z)$表达式 |
| --- | --- | --- |
| 1 | 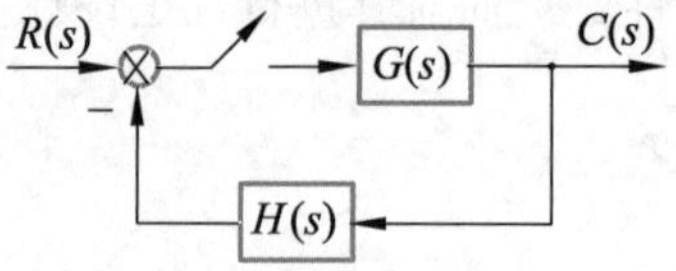 | $\dfrac{G(z)R(z)}{1+GH(z)}$ |
| 2 | 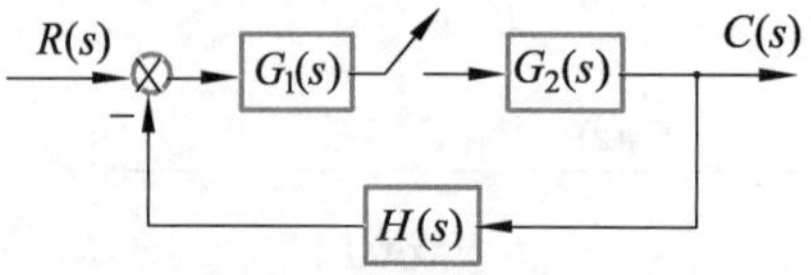 | $\dfrac{RG_1(z)G_2(z)}{1+G_1HG_2(z)}$ |
| 3 | 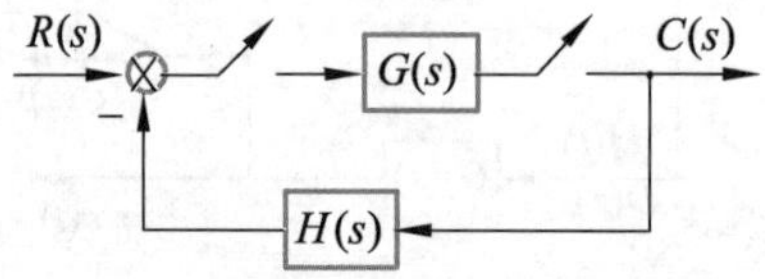 | $\dfrac{G(z)R(z)}{1+G(z)H(z)}$ |
| 4 | 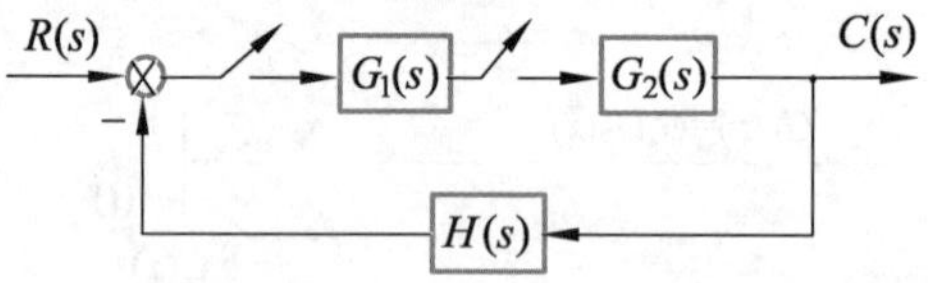 | $\dfrac{R(z)G_1(z)G_2(z)}{1+G_1(z)G_2H(z)}$ |
| 5 | 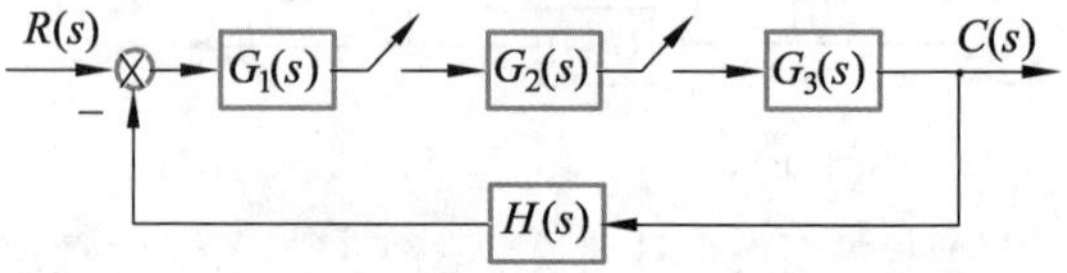 | $\dfrac{RG_1(z)G_2(z)G_3(z)}{1+G_2(z)G_1G_3H(z)}$ |
| 6 | 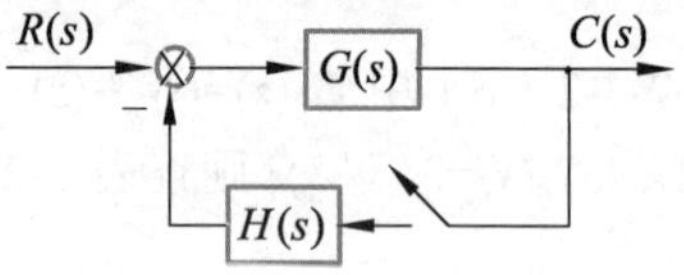 | $\dfrac{RG(z)}{1+GH(z)}$ |
| 7 | 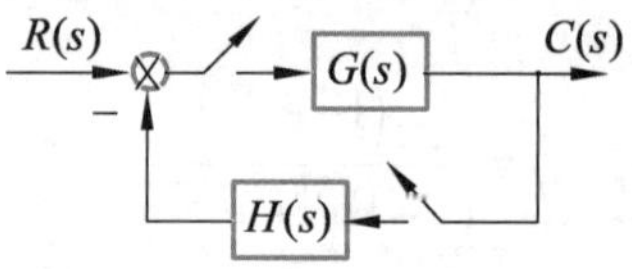 | $\dfrac{G(z)R(z)}{1+G(z)H(z)}$ |
| 8 | 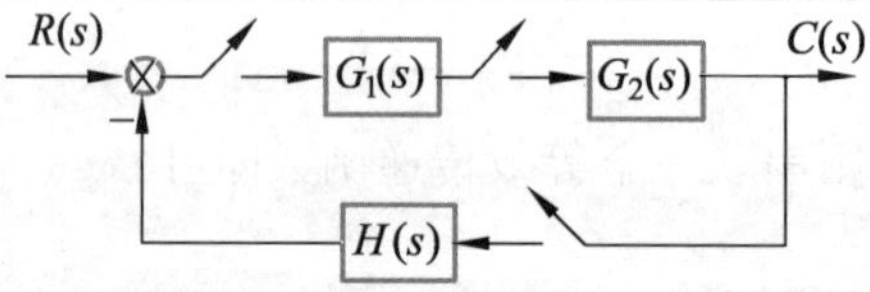 | $\dfrac{R(z)G_1(z)G_2(z)}{1+G_1(z)G_2(z)H(z)}$ |

通过表 7-3-1，我们就可以计算常见结构的系统等效离散传递函数 $G(z)$了。

建模时，注意 D/A 环节等效的零阶保持器建模。

表中有些结构有多个离散环节，表征了模拟量的 A/D 变换，以及 D/A 变换。有些系统（结构）只有一个采样环节，可能对应的是某些脉冲控制系统，也可能是某些器件及处理过程有等效的采样建模。

有了 $G(z)$我们可以分析系统性能，并能在离散域进行相关的校正设计。

在离散域进行设计时，一定要注意香农采样定律，若各个离散点均满足采样定律，那么离散设计的信号域连续信号相似度非常高，反之，则会有较大偏差。



## 7.4 离散系统的稳定性分析与稳态误差

有了系统离散传递函数 $G(z)$，如何分析其稳定性及稳态误差？

### 7.4.1 离散系统的稳定性分析

离散系统稳定性定义：若离散系统在有界输入信号作用下，其输出也是有界的，则该系统稳定。

与线性连续系统稳定性判据相对应，线性离散系统的稳定性判据为：离散系统传递函数 $G(z)$的极点均在单位圆内，则系统稳定，反之，则不稳定。

证明与连续系统类似，当其极点在单位圆外，按部分分式展开，再查表获取其时域序列时，单位圆外极点对应的序列是发散的，反之则是收敛的。

该定义与连续系统类似，均需对高阶方程求根。连续系统有劳斯-霍尔维茨准则，可以直接根据有理多项式的系数判决其稳定性，不用求根。

在离散系统，也有类似的方法。

1. *W* 变换与劳斯判据

令 $$z=\frac{w+1}{w-1} \tag{7-4-1}$$

我们有 $$w=\frac{z+1}{z-1} \tag{7-4-2}$$

将复变量 $z=x+\mathrm{j}y, w=u+\mathrm{j}v$ 代入式（7-4-2）中可得

$$u+\mathrm{j}v=\frac{\left(x^2+y^2\right)-1}{(x-1)^2+y^2}-\mathrm{j}\frac{2y}{(x-1)^2+y^2}$$

式中，$u=\dfrac{\left(x^2+y^2\right)-1}{(x-1)^2+y^2}$；当 $z$ 在单位圆内时( $x^2+y^2<1$ )，$u<0$；即 $z$ 在单位圆内 $\Leftrightarrow$ $w$ 在左半平面，如图 7-4-1 所示。

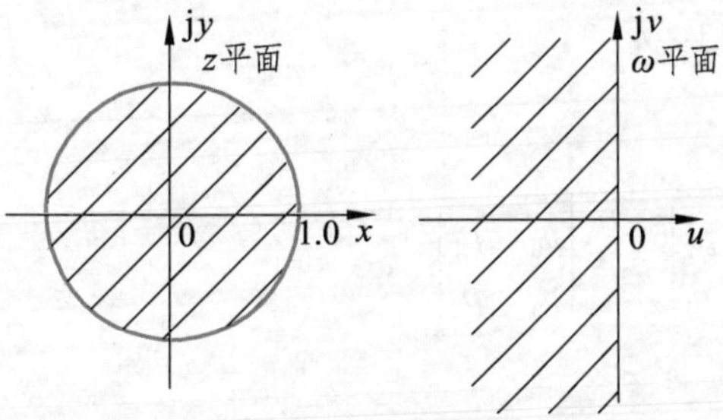


图 7-4-1 ω平面与 z 平面的映射关系

这样，我们把 $G(z)$分母多项式做变量代换 $z=\frac{w+1}{w-1}$，转换成 $w$ 的多项式，再判断 $w$ 的根在左半平面即可。对于 $w$ 我们利用劳斯-霍尔维茨判据即可。

2. 朱利（Jury）稳定判据

直接利用 $G(z)$分母有理多项式系数进行判断。

闭环系统特征方程表达式：$D(z)=a_0+a_1z+a_2z^2+\cdots+a_nz^n=0,a_n>0$。

按下述方法构造朱利矩阵：

| 行数 | $z^0$ | $z^1$ | $z^2$ | $z^3$ | $\cdots$ | $z^{n-k}$ | $\cdots$ | $z^{n-1}$ | $z^n$ |
|---|---|---|---|---|---|---|---|---|---|
| 1 | $a_0$ | $a_1$ | $a_2$ | $a_3$ | $\cdots$ | $a_{n-k}$ | $\cdots$ | $a_{n-1}$ | $a_n$ |
| 2 | $a_n$ | $a_{n-1}$ | $a_{n-2}$ | $a_{n-3}$ | $\cdots$ | $a_k$ | $\cdots$ | $a_1$ | $a_0$ |
| 3 | $b_0$ | $b_1$ | $b_2$ | $b_3$ | $\cdots$ | $b_{n-k}$ | $\cdots$ | $b_{n-1}$ | |
| 4 | $b_{n-1}$ | $b_{n-2}$ | $b_{n-3}$ | $b_{n-4}$ | $\cdots$ | $b_{k-1}$ | $\cdots$ | $b_0$ | |
| 5 | $c_0$ | $c_1$ | $c_2$ | $c_3$ | $\cdots$ | $c_{n-2}$ | | | |
| 6 | $c_{n-2}$ | $c_{n-3}$ | $c_{n-4}$ | $c_{n-5}$ | $\cdots$ | $c_0$ | | | |
| $\vdots$ | $\vdots$ | $\vdots$ | $\vdots$ | $\vdots$ | | | | | |
| $2n-5$ | $p_0$ | $p_1$ | $p_2$ | $p_3$ | | | | | |
| $2n-4$ | $p_3$ | $p_2$ | $p_1$ | $p_0$ | | | | | |
| $2n-3$ | $q_0$ | $q_1$ | $q_2$ | | | | | | |

其中 $b_k=\begin{vmatrix}a_0 & a_{n-k}\\ a_n & a_k\end{vmatrix}=a_0a_k-a_{n-k}a_n,k=0,1\cdots n-1$

$$c_k=\begin{vmatrix}b_0 & b_{n-k-1}\\ b_{n-1} & b_k\end{vmatrix},k=0,1\cdots n-2$$

$$d_k=\begin{vmatrix}c_0 & c_{n-k-2}\\ c_{n-2} & c_k\end{vmatrix},k=0,1\cdots n-3$$

...

$$q_0=\begin{vmatrix}p_0 & p_3\\ p_3 & p_0\end{vmatrix},q_1=\begin{vmatrix}p_0 & p_2\\ p_3 & p_1\end{vmatrix},q_3=\begin{vmatrix}p_0 & p_1\\ p_3 & p_2\end{vmatrix}$$

**朱利稳定性判据：**

$D(z)$=0 根在单位圆内的充分必要条件是：

$$D(1)>0，D(-1)\begin{cases}>0，当n为偶数；\\<0，当n为奇数。\end{cases}$$

以及下列 $n-1$ 个约束成立：

$$|a_0|<a_n,|b_0|>|b_{n-1}|,|c_0|>|c_{n-2}|,|d_0|>|d_{n-3}|\cdots|q_0|>|q_2|$$

### 7.4.2 离散系统的稳态误差分析

与连续系统类似，先求出误差变量的表达式 $E(z)$，再利用终值定理，即式（7-2-6）计算即可。

【例 7-4-1】 如图 7-4-2 所示系统，求稳态误差。

解：系统 $E(z)=R(z)-C(z)=\Phi_e(z)R(z)$；

$\phi_e(z)$ 为误差传递函数：

$$\phi_e(z)=\frac{E(z)}{R(z)}=\frac{1}{1+G(z)}$$

则

$$e_{ss}(\infty)=\lim_{t\to\infty}e^*(t)=\lim_{z\to1}\left(1-z^{-1}\right)E(z)=\lim_{z\to1}\frac{(z-1)R(z)}{z\left(1+G(z)\right)}$$

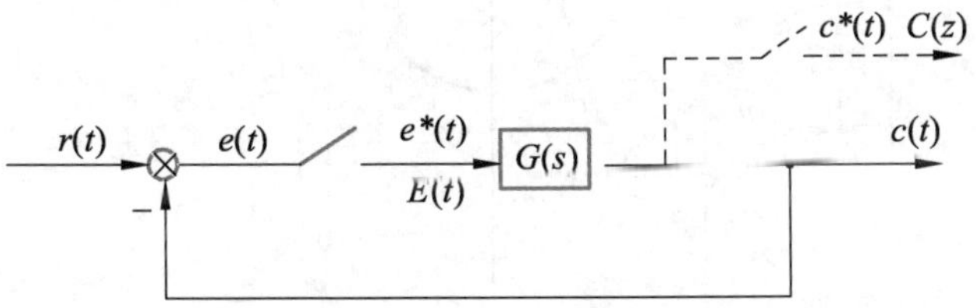


图 7-4-2 例 7-4-1 系统方框图

### 7.4.3 离散系统的一些特点

（1）在采样环节，若被采样信号频率高于 $\omega_s/2$，这会被采样系统转换成 $\omega_s/2$ 之内的信号，再进行处理。例如 $x(t)=\sin((\omega_1+k\omega_s)t+\varphi_0)$采样后变为

$$x^*(t)=\sum_{i=0}^{\infty}\sin\left(\left(\omega_1+k\omega_s\right)i\cdot T+\varphi_0\right)=\sum_{i=0}^{\infty}\sin\left(\omega_1\cdot i\cdot T+k\omega_s\cdot i\cdot T+\varphi_0\right)$$

由于 $T=\frac{1}{f_s}=\frac{2\pi}{\omega_s}$，我们有 $x^*(t)=\sum_{i=0}^{\infty}\sin\left(\omega_1\cdot i\cdot T+k\cdot i\cdot 2\pi+\varphi_0\right)$。

所以，对采样系统而言，没有超越采样 $\omega_s/2$ 的信号，它会把所有超频信号全部折算为 $\omega_s/2$ 内的信号来处理。这样，原有信号的高频和中低频均严重失真。高频失真可能影响不大，因为后续低通环节本来就会滤除掉高频分量，但中低频混叠失真则对系统有较严重影响，且很难恢复。某些系统设计采用的是时域求解方法，如果时域系统建模中忽略的频谱混叠的影响，则实际系统和建模有较大区别，运行结果可能达不到预期。

（2）我们看一看离散系统的极点分布：系统极点分布会决定系统过渡态信号的形式。对于连续系统，一般为衰减或振荡衰减。对离散系统，有表 7-2-1 所示正常的衰减或振荡衰减，其对应的部分分式环节为 $\dfrac{z}{z-\mathrm{e}^{-aT}}$ 和 $\dfrac{z\mathrm{e}^{-aT}\sin\omega T}{z^2-2z\mathrm{e}^{-aT}\cos\omega T+\mathrm{e}^{-2aT}}$；其对应的极点为 $\mathrm{e}^{-aT}$和$\mathrm{e}^{-aT}\cos\omega T\pm\mathrm{j}\mathrm{e}^{-aT}\sin\omega T$，由于 $\omega T<\pi$，对应极点实部均大于 0。但是，设计的离散控制环节，其极点分布在位于单位圆内的条件下，实部却可以小于 0；如图 7-4-3 所示，具有负实部的极点，其对应的时域序列相邻两个点符号相反。这样，一个变化并不太剧烈的衰减信号，却变为了一个剧烈抖动的序列，其高频含量非常高，这会在系统中引入相应的等效高频噪声，对系统性能产生影响。而且，有时我们为了提高系统性能，常常会调高系统采样率，希望减少误差与噪声。但这样，却会带来更高频的噪声干扰，降低系统性能。

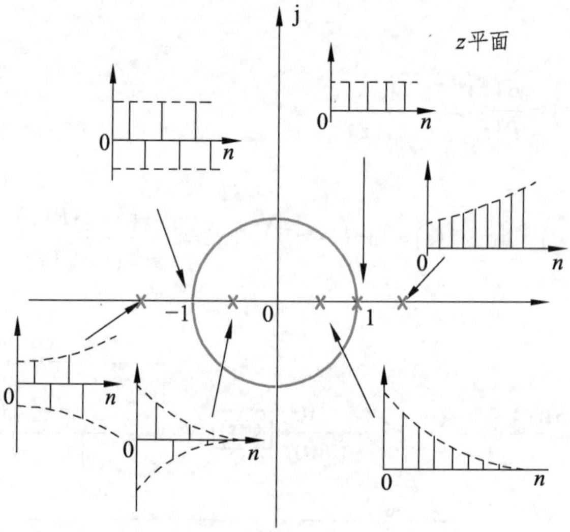


图 7-4-3　离散系统极点分布图

当然，这样的极点分布并不会影响线性系统的稳定性（它是收敛的），但是对于非线性系统，其潜在危险较大，因而应该尽量避免。建议检查每个离散环节的系统传输函数，尽量避免该类极点的出现。

（3）离散系统的稳定性相较于对应的连续系统而言要差一些。二阶最小相位的连续系统是绝对稳定的。但是，转换为离散系统后却可能失稳，主要原因是经过 $w$ 变换后，系统可能变为非最小系统。总之，离散系统稳定裕度、噪声容量相对于对应的连续系统都有所降低。

（4）采样环节除了 A/D，D/A 及脉冲控制之外，可能还有其他物理过程也会具备。比较常见的是使用十分广泛的 PWM 调整占空比调压技术。许多文章中把这一环节除了增益之外，再串联一个延时环节来建模。其实，它是典型的采样+保持模型，与 D/A 输出环节建模十分相似。相关频谱分析一定要注意，相关低通滤波器设计也不可忽略。更古老一点的晶闸管调整导通角调压电路，也应该是采样+保持模型。其他器件及过程，大家还应仔细分析，以免遗漏。

## 7.5 离散系统的校正设计

具有数字处理环节的控制系统如图 7-5-1 所示。

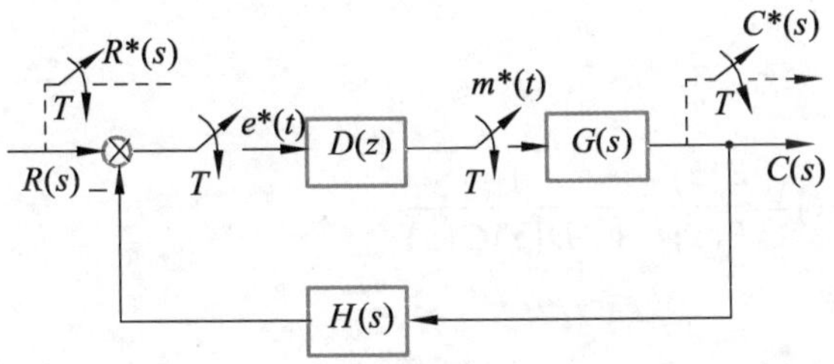


图 7-5-1 典型离散控制系统方框图

离散系统设计的任务，一般而言，就是在知道 $G(s)$和 $H(s)$的前提下设计 $D(z)$，使得系统可以达到设计要求。

若 $D(z)$得到，可利用其对应的差分方程用计算机实现。

### 7.5.1 连续域设计法

设计时，按照连续域设计方法，设计得到 $D(s)$，再按照 $z$ 变换表转换成 $D(z)$即可。这种设计要求所有采样点均不能有过采样，同时 $D(s)$带低通输出，确保离散系统输出信号和原连续系统几乎一致，无大的畸变。这时，离散系统与连续系统相比，至多有轻微延迟，基本可以忽略。

这样的设计要求系统有较完善的低通滤波处理，以去除掉离散环节带来的高频分量。低通滤波的设计准则是不影响原连续系统的低频和中频特性，同时截止频率低于 $\omega_s/2$，以确保香农采样定律的条件。

这样的设计要使系统中频截止频率 $\omega_c$ 远低于采样频率一半，即$<\omega_s/2$，如此才方便低通滤波器的设计与实现。但这可能导致 $\omega_c$ 偏低，系统响应较慢。若想获得理想的响应速度，就需要提高采样频率，以满足前述要求。

这样设计的系统，其冗余度较大，但高频噪声抑制较好，可靠性较高，抗干扰能力较强。

### 7.5.2 $w$ 变换法

参考连续系统频域设计方法，我们先计算系统开环离散传递函数 $G(z)$，然后对其进行 $w$ 变换，得到 $G(w)$。对 $G(w)$，按照连续系统的频域设计法，设计控制环节 $D(w)$。然后再把 $D(w)$ 转换为 $D(z)$即可。$D(w)$的设计由 $G(w)$按连续性设计方法进行即可（参见第 6 章）。

### 7.5.3 离散域直接设计：最少拍系统设计

最少拍系统是指在典型激励作用下，能以有限拍结束过渡态，且在采样时刻稳态误差为 0 的离散系统。

其基本设计思路是构造一个符合实际要求的系统传递函数，然后再通过代数运算，求解出校正环节的脉冲传递函数。

先来看一看目标传递函数的设计。

单行典型输入信号通常有单位阶跃、单位速度，单位加速度等，其 $z$ 变换的一般形式为 $R(z)=\dfrac{A(z)}{\left(1-z^{-1}\right)^m}$，$A(z)$为不含$\left(1-z^{-1}\right)$因子的$z^{-1}$多项式。

对于图 7-5-1 所示系统，有

$$\Phi_e(z)=\frac{E(z)}{R(z)}=\frac{1}{1+D(z)G(z)} \tag{7-5-1}$$

式中，$E(z)=\Phi_e(z)R(z)$。

按照设计准则，有

$$e_{ss}(\infty)=\lim_{z\to1}\left(1-z^{-1}\right)R(z)\Phi_e(z)=\lim_{z\to1}\left(1-z^{-1}\right)\frac{A(z)}{\left(1-z^{-1}\right)^m}\Phi_e(z)$$

为了使得 $e_{ss}(\infty)=0$，我们取

$$\Phi_e(z)=\left(1-z^{-1}\right)^m\cdot F(z) \tag{7-5-2}$$

即可，为简单起见，可取 $F(z)=1$，则

$$\Phi_e(z)=(1-z^{-1})^m$$

$m$ 由系统输入函数类型决定。

又根据式（7-5-1），可以求出

$$D(z)=\frac{1-\varphi_e(z)}{G(z)\cdot\varphi_e(z)}$$

得到 $D(z)$，设计完成。

如此设计的 $D(z)$阶数较高，对于模拟系统的实现，较为复杂。但是，对于数字系统，用计算机差分方程实现则并无太大难度，只是权衡计算量的问题。

无纹波最少拍设计：纹波的出现是由于离散系统固有的高频分量决定的，参考图 7-4-3 所示，设计时，可考虑在离散环节后增加相应低通滤波器，以尽量抑制高频分量，从而减少或基本消除纹波。

或者按照如下附加原则设计：

（1）$D(z)$后续的 $G(z)$含有$(q-1)$个积分环节（等同于低通滤波器)。

（2）闭环传递函数 $\Phi(z)$需要包含 $G(z)$全部零点。此时式（7-5-2）中 $F(z)$不再为 1，需增加零点，具体参数需满足对应的 $\Phi(z)$需要包含 $G(z)$全部零点。

### 7.5.4 数字 PID 设计

与连续 PID 控制类似，数字 PID 也由比例、积分和微分环节组成。如下式：

$$D(s)=K_{\mathrm{P}}+\frac{K_{\mathrm{I}}}{s}+K_{\mathrm{D}}s$$

对于微分，转变为差分处理：

$$u(k)=(x(k)-x(k-1))/T$$

对应的 $z$ 变换为

$$U(z)=\frac{\left(1-z^{-1}\right)}{T}X(z)=\frac{(z-1)}{Tz}X(z)$$

对于积分：

$$u(k)=u(k-1)+T\cdot x(k)$$

对应 $z$ 变换为

$$U(z)=z^{-1}U(z)+T\cdot X(z)\Rightarrow U(z)=\frac{Tz}{z-1}X(z)$$

综合得到数字 PID 控制差分函数：

$$\begin{aligned}&u_{\mathrm{I}}(k)=u_{\mathrm{I}}(k-1)+T\cdot x(k)\\&u(k)=K_{\mathrm{P}}x(k)+K_{\mathrm{I}}u_{\mathrm{I}}(k)+\frac{K_{\mathrm{D}}}{T}\big(x(k)-x(k-1)\big)\end{aligned}$$

整理得到

$$\begin{aligned}&u_{\mathrm{I}}(k)=u_{\mathrm{I}}(k-1)+T\cdot x(k)\\&u(k)=\left(K_{\mathrm{P}}+\frac{K_{\mathrm{D}}}{T}\right)x(k)-\frac{K_{\mathrm{D}}}{T}x(k-1)+K_{\mathrm{I}}u_{\mathrm{I}}(k)\end{aligned}\tag{7-5-3}$$

式中，$K_{\mathrm{P}}$，$K_{\mathrm{I}}$，$K_{\mathrm{D}}$ 参数一般由现场整定方法得到（参考第 6 章相关内容），再依据式（7-5-3）差分方程，由计算机编程实现即可。

### 7.5.5 离散系统设计注意点

（1）各离散点的频谱及对应采样频率最好满足香农采样定律。由于离散采样点较多，每个点都要分析，如输入点（A/D）、输出点（D/A）以及一些隐含采样点，如 PWM 等。

（2）离散系统有较多高频分量，最好利用低通滤波器抑制其高频分量，以防止其不良影响。最好分析每个离散输出点的频谱特性，以确定相应滤波方案。

## 7.6 案例分析

下面分析交流异步电机变频调速恒速控制系统。

交流异步电机调频调速应用十分广泛，其恒速伺服控制十分重要。

电机建模：电机转矩-转速关系图如图 7-6-1 所示。

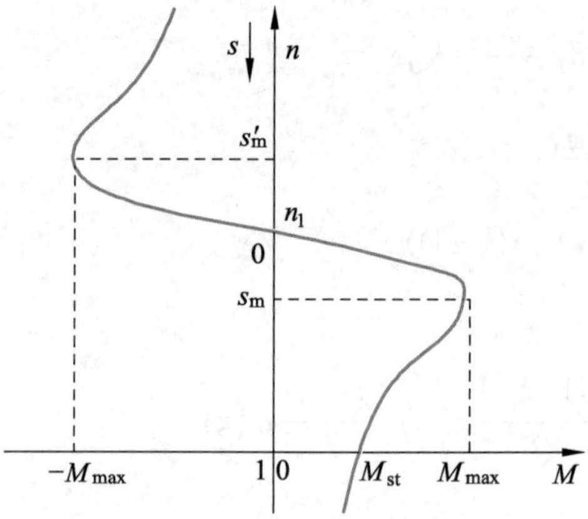


图 7-6-1 电机转矩-转速关系

对应的电机方程为

$$T=\frac{m_1 p {U_0}^2 \frac{R_2'}{s}}{2\pi f_0\left[\left(R_1+\frac{R_2'}{s}\right)^2+\left(X_1+X_2\right)^2\right]}$$

我们考虑实际控制使用时，电机均工作在线性区，因此对电机方程进行近似简化，令$s\to 0$，有

$$T=\frac{m_1 p U_0^2 \frac{R_2'}{s}}{2\pi f_0\left(\frac{R_2'}{s}\right)^2}=K_1\frac{U_0^2\times s}{f_0}$$

式中，$s=\frac{f_0-f_c}{f_0}$，代入可得

$$T=K_1\frac{U_0^2}{f_0^2}\left(f_0-f_c\right)$$

若降频降压调速，则$\frac{U_0^2}{f_0^2}$为一常量，得到近似方程为

$$f_0=K_T\cdot T+\omega/2\pi$$

式中，$f_0$为当前交流电频率；$\omega$为电机当前转速。

运动方程为

$$T-B\cdot\omega=J_L\frac{\mathrm{d}\omega}{\mathrm{d}t}$$

整理得到电机系统传递函数为

$$G_1(s)=\frac{\omega(s)}{F_0(s)}=\frac{1}{K_T\cdot J_L\cdot s+K_T\cdot B+1/2\pi} \tag{7-6-1}$$

式（7-6-1）为一阶系统；

结合第 6 章的机械进给系统传递函数为

$$G_2(s)=\frac{X_0(s)}{\theta(s)}=\frac{z_2}{z_1}\frac{L}{2\pi}\frac{\omega_n^2}{s^2+2\xi\omega_n s+\omega_n^2}$$

系统总的开环传递函数为三阶系统，如图 7-6-2 所示。

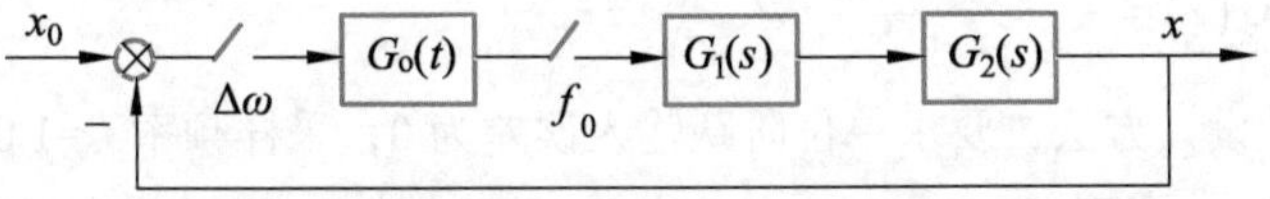


$\Delta\omega$—转速差；$f_0$—控制频率（交流电的工作频率）。

图 7-6-2　离散控制系统框图

设系统开环传递函数为

$$G(s)=G_1(s)\cdot G_2(s)=\frac{10}{(0.2s+1)}\cdot\frac{0.2}{(0.01s+1)(0.02s+1)}$$

设计一离散控制系统 $G_0(z)$，如图 7-6-2 所示，要求如下：

（1）使得系统总的超调小于 15%，单位阶跃稳态误差小于 0.01，系统采样频率 $f_c$=1 000 Hz。

解：采用模拟系统等效法，先求出对应模拟控制系统参数，再转换成对应的数值控制系统；

对应模拟系统采用滞后校正法：$\gamma\geqslant 45°$，考虑到采样频率，选择校正后穿越频率 $\omega_c'=100$，经计算模拟校正环节参数为 $\omega_2$=100/10=10，$T$=0.1，$\beta$=1.58，$\omega_1$=6.32；校正函数为

$$G_0(s)=\frac{50(0.1s+1)}{0.158s+1}$$

原系统已经具备低通特性，如需更好抑制高频噪声，可针对添加低通滤波：

$$G'(s)=\frac{1}{(0.001s+1)(0.002s+1)}$$

总的调整函数为

$$G'_0(s)=\frac{50(0.1s+1)}{(0.158s+1)(0.001s+1)(0.002s+1)}$$

控制系统参数为采样频率 $f_s$=1 000 Hz，$\omega_s$=6 280。

调整函数转换为对应的离散控制函数为

$$G(s)=116.14/(s+6.33)-31\ 500/(s+1\ 000)+31\ 500/(s+500)\text{；}f_s=1\ 000\ \text{Hz}$$
$$G(z)=116.14z/(z-0.99)-31\ 500z/(z-0.37)+31\ 500z/(z-0.6)$$

整理得到

$$D(z)=\frac{116.14z^3-7\ 132z^2-7\ 219z}{z^3+1.18z^2-1.96z-0.22}$$

若不附加低通滤波器（滞后函数具有低通特性），则

$$G(s)=31.6(s+10)/(s+6.33)=31.6+116/(s+6.33)$$

对应的 $$G(z)=\frac{147.6z-31.6}{z-1}$$

（2）采用最小拍设计方法，要求单位阶跃输入误差为 0，采样频率 $f_c$=1 000 Hz，$T$=0.001 s。

解：单位阶跃输入无误差：$\phi_e(z)=1-z^{-1}$；$\phi(z)=z^{-1}$；

$$G(s)=\frac{10}{(0.2s+1)}\cdot\frac{0.2}{(0.01s+1)(0.02s+1)}$$

对应的离散传递函数为

$$G(z)=\frac{11.7z}{z-0.995}+\frac{10.5z}{z-0.9}-\frac{20z}{z-0.95}$$
$$D(z)=\frac{\phi(z)}{\phi_e(z)G(z)}=\frac{1}{(z-1)\left(\frac{11.7z}{z-0.995}+\frac{10.5z}{z-0.9}-\frac{20z}{z-0.95}\right)}$$

整理得到

$$D(z)=\frac{z^3-2.845z^2+2.7z-0.85}{2.2z^4-7.2z^3+7z^2-2z}$$

本章小结：本章主要讲解了离散系统的数学基础、采样过程、采样定律及 z 变换；讲解了线性离散系统稳定性的判决方法，介绍了离散系统设计的几种基本方法，以及相关设计注意事项。

## 习　题

7-1　请简述香农采样定律的基本内容。

7-2　请写出采样保持器的传递函数，并简要介绍其特点。

7-3　$z$ 变换的定义是什么？有哪几个主要性质？

7-4　求下列传递函数的 $z$ 变换形式，$T$=2$s$，若输入为 1($t$)，计算稳态误差：

（1）$G(s)=\dfrac{5}{s(s+3)}$；（2）$G(s)=\dfrac{5}{(s+2)(s+3)}$；（3）$G(s)=\dfrac{5(s+1)}{s^2(s+3)}$。

7-5　$z$ 反变换主要有哪几种方法？

7-6　求下列函数的 $z$ 反变换：

（1）$E(z)=\dfrac{z}{(z+0.5)(3z^2+1)}$；（2）$E(z)=\dfrac{z}{(z-0.8)(z+0.5)^2}$。

7-7　试求图 7-1（a）、（b）系统的 $C(z)$：

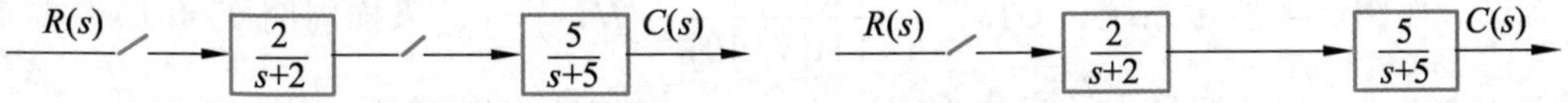


（a）　　　　　　　　　　　　（b）

图 7-1　题 7-7 图

7-8　试求图 7-2 所示闭环传递函数的 $C(z)$。

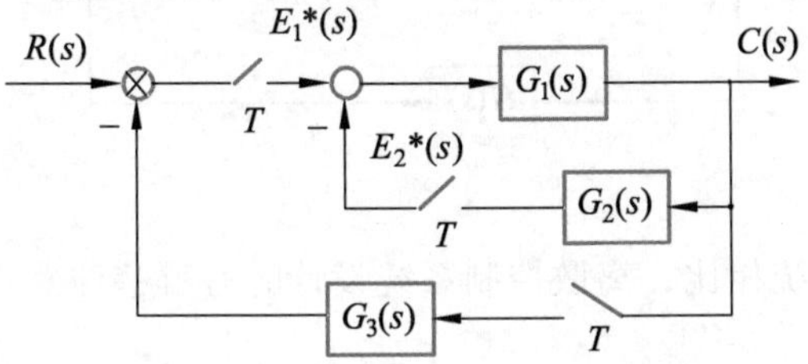


（a）

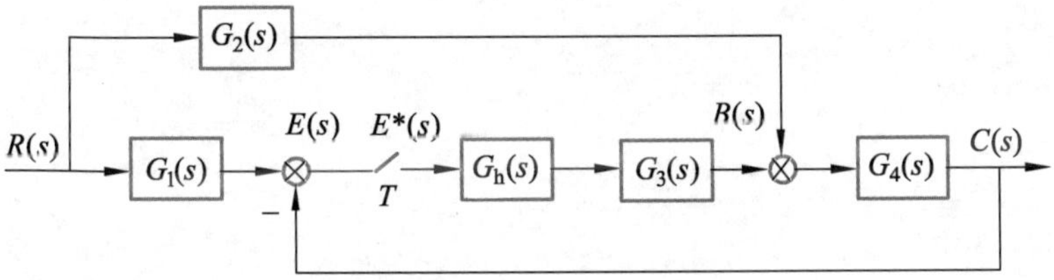


（b）

图 7-2　题 7-8 图

7-9　线性离散系统稳定性判据是什么？

7-10　离散系统稳定性判别时，$w$ 方法的基本原理及过程是什么？

7-11　如图 7-3 所示系统，采样周期 $T_s$=0.1 s，$G_h(s)$为零阶保持器，$G(s)=\dfrac{K}{s(0.2s+1)}$。

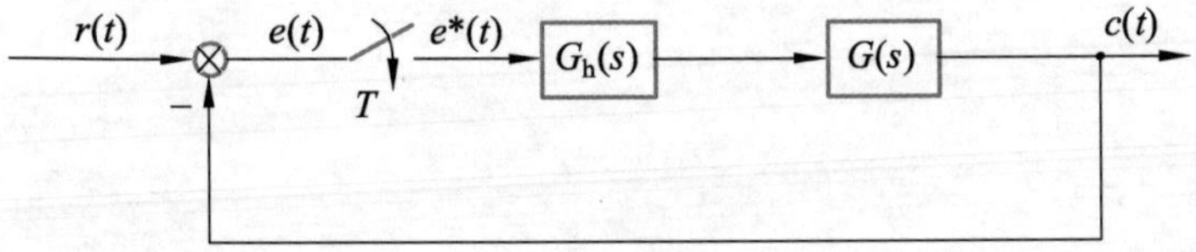


图 7-3　题 7-11 图

求：（1）$K$=5 时，在 $z$ 域和 $w$ 域判断系统稳定性。

（2）求使得系统稳定的 $K$ 取值范围。

7-12　离散系统出现负频率，原因是什么？对系统性能有什么影响？

7-13　离散系统校正设计有哪些基本方法？

7-14　如何利用计算机实现离散系统控制方程 $E(z)=\dfrac{10z(z+0.4)}{(z+1)(5z+3)}$？

7-15　最小拍设计法基本思路是什么？

7-16　如图 7-4 所示系统，$G(s)=\dfrac{10(s+5)}{(s+1)(s+10)}$；$H(s)=1$，采样周期 $T_s$=0.1 s，要求单位阶跃误差为 0，请按照最小拍系统方法设计 $D(z)$，并用计算机实现。

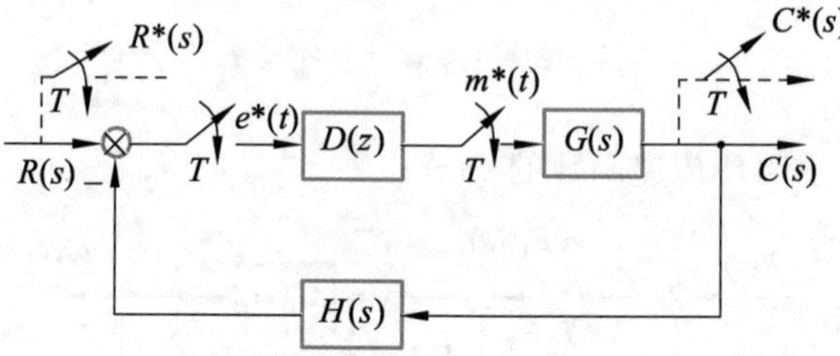


图 7-4　题 7-16 图

7-17　与连续控制系统相比，离散控制系统设计时有哪些注意事项？

# 参考文献


[1] 徐立友. 控制工程基础[M]. 成都：电子科技大学出版社，2017.

[2] 胡寿松. 自动控制原理[M]. 5 版. 北京：科学出版社，2007.

[3] 绪方胜彦. 现代控制工程[M]. 路伯英，佟明安，罗维铭 译. 北京：科学出版社，1978.

[4] 南航，西工大，北航. 自动控制原理[M]. 北京：国防工业出版社，1979.

[5] 李先允. 自动控制系统[M]. 3 版. 北京：高等教育出版社，2015.

[6] 孔祥东，姚成玉. 控制工程基础[M]. 4 版. 北京：机械工业出版社，2021.

[7] 张建辉，徐晓玲. 电机学与拖动基础[M]. 成都：西南交通大学出版社，2020.

[8] 尹昶，王宁. 离散控制系统简要分析[C]. 第二届兵器工程大会，2019.

[9] 刘琪. 自动控制工程基础与应用[M]. 北京：航空工业出版社，2013.

[10] 陈祥光，孙玉梅，吴磊，等. 自动控制原理及应用[M]. 3 版. 北京：清华大学出版社，2018.

[11] 胡寿松 .自动控制原理[M]. 7 版. 北京：科学出版社，2021.

[12] 郝芸，陈相志. 自动控制原理及应用[M]. 4 版. 大连：大连理工大学出版社，2021.

[13] 王万良. 自动控制原理[M]. 北京：高等教育出版社，2020.

[14] 尹昶，王宁. Frequency Spectrum Analyze about the Discrete Control System[C].American Control Conference,2023.

# 参考文献


[illegible]